动物疫病净化系列丛书

种鸡场主要疫病净化
理论与实践

中国动物疫病预防控制中心　组编

U0239125

中国农业出版社
北京

图书在版编目（CIP）数据

种鸡场主要疫病净化理论与实践/中国动物疫病预防控制中心组编 . —北京：中国农业出版社，2020.12
ISBN 978-7-109-27681-9

Ⅰ.①种… Ⅱ.①中… Ⅲ.①鸡病－防疫 Ⅳ.
①S858.31

中国版本图书馆 CIP 数据核字（2020）第 258867 号

中国农业出版社出版

地址：北京市朝阳区麦子店街 18 号楼
邮编：100125
责任编辑：刘 伟 尹 杭
版式设计：王 晨 责任校对：刘丽香
印刷：北京万友印刷有限公司
版次：2020 年 12 月第 1 版
印次：2020 年 12 月北京第 1 次印刷
发行：新华书店北京发行所
开本：700mm×1000mm 1/16
印张：21.25
字数：450 千字
定价：90.00 元

本书编审人员

前　言

　　随着《国家中长期动物疫病防治规划（2012—2020 年）》和《关于创新体制机制推进农业绿色发展的意见》的出台，要求实施动物疫病净化计划，实现重点疫病从有效控制到净化消灭的目标，这对我国动物疫病防控工作提出了更高的要求。然而随着我国畜牧业生产规模不断扩大，动物养殖密度持续增加，家禽感染病原微生物机会增多，病原微生物变异概率加大，禽流感等多种主要疫病依旧严重威胁着畜牧业安全和公共卫生安全。因此，以动物疫病净化工作为抓手，提高养禽场生物安全水平为着力点，加强动物疫病防控基础能力建设，从根本上做好动物疫病防控工作，现已成为新时代我国动物疫病防控的重大任务。

　　为进一步推广和普及疫病净化知识，提升种鸡场动物疫病综合防治能力，提高疫病净化技术应用效能，中国动物疫病预防控制中心组织有关专家，研究总结国内外实践做法和经验，以种鸡场禽白血病等主要动物疫病监测净化技术为基础，结合分析部分种鸡场疫病净化案例，编写了《种鸡场动物疫病净化——理论与实践》，为我国种鸡场开展主要动物疫病净化工作提供理论依据和实践指导。

　　由于动物疫病净化工作在我国尚属起步阶段，随着新的理论和技术不断发展，书中某些理论方法和实践措施也需随之改进完善。限于知识和经验，本书难免有不足之处，恳请读者批评指正。

目　录

第一章

概　　述

　　家鸡为鸟纲今鸟亚纲鸡形目雉科原鸡属红原鸡种，家鸡源出于野生的原鸡，其驯化历史至少已有 4 000 年，但直到 1 800 年前后，鸡肉和鸡蛋才成为大量生产的商品。改革开放后，我国养鸡业得到快速发展，养殖水平已与发达国家接近，涌现出一大批现代化的养殖企业。当前，我国禽类传染病的流行态势复杂严峻，常见的动物疫病多达 60 多种。其中，对养鸡业影响较大的有禽流感、新城疫，主要通过垂直方式传播的有禽白血病、鸡白痢、支原体病等多种疫病。不但给养鸡业造成巨大的生产损失，而且难以突破发达国家的贸易壁垒。当前需转变家禽疫病的防控思路，由控制转向净化，从种鸡疫病净化入手源头管控，将成为今后一段时期内疫病防控最主要、最根本的防控策略。

第一节　我国养鸡业发展史

一、我国养鸡业的历史

(一) 古代养鸡业

　　鸡是我国很早就驯养的动物，我国养鸡业具有悠久的历史。殷商时代（约公元前 16 至公元前 11 世纪）鸡已是人们时常食用的家禽，饲养极为普遍。殷墟出土的甲骨文已有鸡的象形文字。从春秋战国时代起，鸡已成为农家生活中不可缺少的伴侣。鸡，特别是公鸡，以其艳丽的羽毛，给人类以美的享受。加之公鸡在黎明时的啼鸣，使人们自古以来就利用它作为司晨的活工具。古代缺乏时钟，在日出而作日入而息且有规律的农事活动中，几千年来曾靠着"鸡鸣报晓"来开始一天的农事活动。据老子《道德经》所载："邻国相望，鸡犬之声相闻"，这说明古代居民是喜欢养鸡的。春秋战国时期，奴隶主之间玩斗鸡已很盛行，可见养鸡业不但相当发达，而且为最高统治者所重视。又如《越绝书》载有："鸡山，勾践以畜鸡，将伐吴以食士"，同时也记载了"娄门外鸡坡墟，故吴王所畜鸡，使李保养之，去县二十里"，这说明当时养鸡已提到战备物资地位，并非专供帝王将相观赏和筵席之品了。秦汉商品经济时期，各地有人专门从事畜牧生产，养鸡业也有一定的进步。由于马、牛主要作为军事和耕地的动力，为了解决肉食问题，汉代大力提倡养猪和饲养鸡鸭等家畜家禽。汉代一些地方官吏也鼓励百姓家家养猪养鸡，养鸡已成各个阶层普遍的风气。我国出土的大量形态各异的陶鸡、陶鸭、陶禽等文物充分反映了我国古代养鸡业的兴盛。

（二）近代养鸡业

1. 缓慢发展阶段（1949—1978 年）　在新中国成立前的长期封建、半封建和半殖民地的统治下，养禽业一直处于农家副业、粗放饲养的状态，养禽发展十分缓慢，如 1935 年国民党政府实业部统计资料，全国约有鸡 2.96 亿只，鸭 0.56 亿只，共约 3.5 亿只。抗日战争胜利后降为 3.0 亿只，新中国建立的前一年仅有 3.0 亿只。

从新中国成立初期到改革开放前，养禽业受到政府的重视，得以迅速恢复和发展。但由于一段时期受各种因素的影响，**农林牧渔业生产结构不仅没有得到进一步优化**，而且家禽养殖业的发展十分缓慢，养鸡业未能得到真正的发展。1949 年全国养禽 2.1 亿只，年人均仅 0.4 只；1952 年底，全国家禽数量恢复到 3.0 亿只；1957 年底，全国家禽数量增至 7.1 亿只；1980 年虽然养禽总数增长到 9.4 亿只，比 1949 年大约增长 3 倍，但由于人口也在成倍增长，从而人均年占有家禽数仍然不到 1 只，远低于当时的世界平均水平。

在传统计划经济时期，我国养鸡业的主要特征是，作为农民家庭副业的重要组成部分，即农民家庭养鸡，它属于农业生产的一个附属部分。鸡多为散养，农民家庭养鸡的数量十分有限，一般为 2～3 只，多为 4～5 只，同时由于受到养鸡品种的限制，鸡的产蛋率非常低，基本上只能满足农户家庭自身消费的需求。

2. 初步发展阶段（1979—1990 年）　这个时期养鸡业由小规模生产自给自足、传统技术养鸡逐步向市场经济模式发展，农户养鸡规模由几十只发展到户养几百只，多的上千只。养殖技术日趋成熟，养殖业在良种供应、饲料开发、疫病防治、技术咨询服务以及加工销售等方面都有了新的发展，养鸡业的规模化、社会化程度不断提高。养鸡业的发展对丰富城市居民的"菜篮子"起到了重要的作用。

在这一时期，我国鸡产业的主要特征是，养鸡业仅仅是整个家庭复合生产中一个组成部分。在广大的农村地区，养鸡业得以初步发展的主要原因是：粮食产量不断增加，特别是玉米的产量迅速增加。玉米产量的增加引起价格下跌和农户收入下降。农民为了提高收入，开始发展畜牧业，通过把玉米转化为畜产品来提高附加价值。因此，我国种植业的发展推动了养鸡业的发展。但由于受到他们自身消费的限制，这阶段农民家庭养鸡规模非常小。

3. 快速发展阶段（1991—2010 年）　20 世纪 90 年代，特别是 90 年代中期以来，农业和农村经济进入了一个新的发展阶段，国内农产品市场由长期短缺、供不应求转为总量平衡、丰年有余；国内国际农产品市场竞争日益激烈。农业发展面临着资源与市场双重约束，深刻地影响着农业经济效益的提高和农民收入的增加。在这样新的形势下，对农业经济结构进行战略性调整已成为农业工作的主要任务。在农业结构调整中，各级政府均将发展养殖业作为结构调整的重要内容。同时养鸡业作为一种投资相对较少，见效快，投入产出比高的产业，为广大农民所青睐，成为农民提高收入水平的重要途径之一。特别是各地把养殖业作为农业结构调整的战略重点，通过加强领导，深化改革，强化管理，依靠科技，开拓市场等有力措施，使得养鸡业得以稳定发展。

随着我国引进先进的生产工艺、饲养管理技术，肉鸡生产已逐渐由分散走向集中，由散户走向合作化经营，向专业化、标准化，甚至是机械化、信息化发展。经过多年迅猛发展，肉鸡与蛋鸡在国际上占据着举足轻重的地位，至 2000 年肉鸡生产已经成为全球第二大肉鸡生产国，鸡蛋的生产于 2007 年已经占世界鸡蛋总量的 40%。2010 年，我国家禽存栏量为 57.47 亿只，占世界家禽存栏总量的 26.43%。

4. 现代养鸡业形成阶段（2010 年至今）　2013 年我国鸡肉的产量占世界鸡肉产量的 13.27%，仅次于美国的 18.21%。近几年祖代白羽肉雏鸡引进数量也是呈现上升趋势，在白羽鸡方面对国外的依赖性还是比较强，2013 年比 2005 年增加了 1.3 倍。

当前我国中型和大型规模的肉鸡、蛋鸡饲养已成为我国生产的主要形式，并且还有不断上升的趋势。肉鸡、蛋鸡的养殖受地域品种、社会经济已有市场需求的影响较大，主要集中在东部，其次是中部，西部较弱，呈阶梯形分布。2013 年鸡蛋产量分布从高到低依次是华东、华南、华北、东北、西南、西北；其中全国鸡蛋产量前 5 位的省份依次是河南省、山东省、河北省、辽宁省、江苏省，产量最低的是西藏自治区，比产量最高的河南省产量少了 874 倍。2013 年肉鸡产量分布从高到低依次是华东、华南、东北、西南、华北、西北；其中全国肉鸡产量前 5 位的省份依次是山东省、广东省、广西壮族自治区、江苏省、辽宁省，产量最低的是西藏自治区，比产量最高的山东省少了 1 343 倍。产品结构也随地域呈现多元化，以肉鸡为例，北方以饲养白羽肉鸡为主，南方以饲养黄羽肉鸡为主，长江流域等北方市场以青脚鸡为主，而珠江流域南方主要是黄脚鸡，华中地区又偏好黑羽黑脚鸡。我国 2015 年 38 家白羽肉鸡集团企业养殖量 31.3 亿只，占全国总量 50％以上，年出栏肉鸡数量不足 1 万只的从 2011 的 31％下降到 2015 年的 10％，年出栏肉鸡数量超过 10 万只的从 2011 年的 25％上升到 2015 年的 50％。

目前国内有"公司＋农户""公司＋基地＋农户""公司＋担保公司＋农户""公司＋经纪人＋农户""公司一体化经营"等多种形式的产业化经营模式。研究表明，占全国肉鸡出栏总量 90％以上的 19 个省（直辖市、自治区）的 1 153 户有效样本中，加入产业化链条的养殖户数量达到 85％，其中"公司＋农户"模式占到 90％。公司与农户合作的模式有利于资金链的流通，节省租赁土地的费用，有利于扩大养殖规模。但不便于统一管理，例如，"速生鸡"事件，就是由于"公司＋农户"模式下部分养殖户违规用药而导致药残问题。为了避免此类问题的发生，大部分公司一体化经营已经形成了一个初级的标准化饲养管理模式。"公司＋农户"也已经逐渐形成了统一规划的养殖基地，具备了较完善的基础设施，养殖、防疫、运输等管理标准，以温氏食品集团股份有限公司为例，采取的是"五统一"的管理形式，即统一进苗、统一品种、统一用料、统一防疫消毒、统一产品上市。

二、我国养鸡业现状及存在的问题

(一) 现状

改革开放以来，我国养鸡业得到长足发展，已成为畜牧业中发展最快、经济效益最好的一个产业。1998 年肉鸡产量达到 1 110.8万 kg，一跃成为仅次于美国的第二大肉鸡生产国。1998 年鸡蛋产量达到 1 781.4 万 kg，总产量居世界第一。经过近 20 年的发展，我国家禽业生产的基本特点已形成：一是现代化家禽生产所需的良种繁育、商品生产、产品加工及市场销售等环节基本形成。二是商品生产的组织形式形成了规模化、适度规模的专业化和千家万户的分散化三大生产群体，其中前 2 种生产模式的数量正逐步扩大，"公司＋农户"的推广体系的建立，促进了养禽业的发展。从种鸡场性质上看："三资"企业居我国肉种鸡市场的主导地位，其种鸡场多属于一条龙企业，即"公司＋农户"模式，种鸡场层次高，科技含量高，并形成连贯作业态势，受肉种鸡市场变化影响较小，是稳定我国肉种鸡市场的骨干力量，也是带动农村肉鸡业发展的主要动力。分布于广大农村的中小型种鸡场多为私有，由于"公司＋农户"良性管理机制的运行，规模化、标准化的养殖业已逐步代替了分散化的养殖业。三是我国加入了 WTO 后，生产的规范化、标准化程度有了一定的提高，禽产品生产能力也有较大提高，但质量控制还参差不齐，在疫病防治、药物残留等方面与世界标准有较大差距。同时，相对于发达的生产能力，在产品加工和流通方面发展速度不快。导致国内禽产品价格的波动。四是我国是禽产品出口大国，一部分生产出口产品的企业，其生产水平达到或接近世界先进水平，尤其是在禽肉的精细分割产品市场上，我国占有很大的优势。

我国养鸡业在蓬勃发展的同时也受到生产水平、检疫标准、兽药残留、禽病、加工技术等方面的影响，养鸡业正处于瓶颈中，表现为：①土地资源紧张，养殖用地污染严重，2008 年全国畜禽粪便排放总量达 27 万亿 kg，污水排放量 110 亿 kg。COD（Chemical Oxygen Demand，化学需氧量）排放量为 1267 万 kg，占全国总的 35％，水体富营养化严重。面临环境约束的同时，受玉米、豆粕等饲料原料供应资源的约束也日趋明显。②产品品质和食品安全的问题，过度追求肉鸡产量、生产性能，致使鸡肉品质下降，兽药残留、重金属超标和激素的使用，导致食品安全隐患。禽流感暴发更是直接影响肉鸡的生产和消费。③我国肉鸡加工技术远远落后于发达国家，发达国家的肉鸡产品深加工程度一般都在30％以上，世界肉鸡平均深加工程度为 20％，而我国只有 5.8％，鸡蛋的加工率只有 0.8％。④随着工业化的发展，年轻一代的农民倾向于去城市务工，不愿意从事畜牧养殖行业，导致年轻新生劳动力短缺，如何解决劳动力或吸引新一代农民从事养殖业也是一个关键的问题。⑤生产效率水平低下，在国内 1 名饲养员平均饲养 2 万～3 万只；而在美国的肉鸡生产由 46 个大型肉鸡企业组织完成，前 10 个大型企业的产量占总产量的 67％，肉鸡场平均单批饲养规模为 6.28 万只，平均每年饲养 5.9 批，饲养人员为 1 人，即 1 名饲养员 1 年饲养 37.05 万只。

我国肉鸡、蛋鸡的产量基本是逐年增加，但遇到严重疫病时，对肉鸡、蛋鸡的生产以及养殖户的收益影响还是比较大的。以 2013 年 H7N9 为例，随着 H7N9 流感的蔓延，消费者"闻鸡色变"，肉鸡产品消费量下降，市场价格急剧下跌，肉鸡产量降低，甚至导致肉鸡滞销，养殖利润大幅下降。黄羽肉鸡销售价格为 2.8 元/kg，降幅 60％～70％，鸡蛋批发价格 5.8 元/kg，降幅 60％，仅广东省就日亏 5 亿元。根据畜牧业协会监测数据，2013 年祖代白羽肉鸡引种量为 149.99 万套，比 2012 年引种量降低了 14.32 万套。白羽祖代种鸡存栏 188.68 万套，比 2012 年下降约 5%，父母代种鸡存栏 4 185 万套，同比下降超 10%。黄羽祖代种鸡存栏量为 149.87 万套，比 2012 年增加了 14.63%，产能明显过剩，而父母代存量为 3 864.84 万套，比 2012 年降低了 8.83%。白羽肉鸡商品鸡苗销量 48.12 亿只，比 2012 年下降 2.42%，黄羽肉鸡商品鸡苗产销量 41.61 亿只，同比下降 8.83%，肉鸡出栏量 84.41 亿只，同比减少 4.99%，鸡肉产量较 2012 年减少 2.61%。肉鸡的养殖利润受事件的影响大幅下降，其中白羽肉鸡平均养殖利润为 0.68 元/只，同比下降 53.4%；黄羽肉鸡平均养殖利润为 1.35 元/只，同比下降 47.3%。

（二）存在的问题

1. 有毒有害物质威胁禽产品的安全　鸡产品由于其生产特点，易受其他工农业生产污染，容易造成最终产品的有毒有害物质的残留与污染。

2. 疫病问题制约养鸡业的经济效益　随着养鸡业集约化程度越来越高，鸡病混合感染的情况越来越多，而且症状越来越边缘化，鸡病诊治难度越来越大。鸡病频发给养鸡业造成了巨大经济损失。

我国养鸡业最大的威胁是疫病，它严重影响肉鸡、蛋鸡的生产、销售和收益。据 2005 年调查，每年猪死亡头数占存栏数的 10%～12%，鸡占 20%～30%，全国每年猪、鸡等因病死亡的直接经济损失约 260 亿元；而在发达国家，猪的死亡率一般在 5%，鸡在 10% 以下。疫病的种类繁多，其中禽流感对肉鸡产业的威胁是最大的。以中国香港为例，1997 年香港禽流感，损失近 10 亿元；2001 年香港禽流感扑杀 120 万只鸡，损失港币 8 000 万元；2002 年香港禽流感扑杀 86 万只鸡，损失了上亿港元。以中国大陆为例，2004 年禽流感扑杀 121.5 万只鸡；2005 年禽流感死亡的鸡只有 14 万只，扑杀 210 万只；2013 年 H7N9 流感直接损失 600 亿元。在疫病防控方面，存在不足之处有疫病防疫体系、监控预报系统以及疫病防疫应急系统不够完善，对疫病防疫控制的技术支持能力不足，在管理和防治方面，对疫苗和药物的依赖性较高，而对环境和管理不当等因素带来的危害不够重视。预防第一、治疗第二是养殖业基本原则。目前过分强调免疫的作用，过分依赖疫苗的现象很普遍。不能科学使用疫苗，对疫苗质量把关不严格等问题也同时存在。再好的疫苗，保护率也不可能是 100%，平时精细的饲养管理、控制环境条件，都是预防疫病不可或缺的措施。

3. 环境污染制约养鸡业的可持续发展　一些地方大力发展连片的小型规模养殖小区，大多未经过环境影响的评估，大多数养殖场都缺乏干湿分离这一必要的污染防治措施，缺乏废弃物处置能力，乱排乱放者比比皆是。大量的有机肥不但未能有效地处理和利用，还成为污染环境的一大污染源。养殖业产生的各种废弃物及污染物进入大气、水、土壤后，或直接造成环境污染，或以昆虫为媒介损害人和动物的健康，使城乡居民的生活受到严重威胁，其他农业生产在一定程度上也受到了损害。

4. 快大型养殖方式影响产品的风味和营养价值　各类促生长的添加剂加快了鸡的生长速度及产蛋量，同时也影响了产品的质量和风味。工厂化生产、缩短禽生产周期的做法，使禽机体内营养物质积累少、水分含量增加，不仅降低了抵抗疫病的能力，而且降低了肉质的营养价值与口感。一些学者已注意到这一现象，对鸡肉及鸡蛋营养成分及风味物质的研究表明，鸡产品的营养价值不仅受遗传因素的影响，也受不同养殖方式的影响。

三、我国养鸡业发展方向

我国现代化、集约化养禽业始于 20 世纪 70 年代中期。在一个很长的历史时期内，养鸡业主要是农家副业，以产品自给自足为主的生产方式。20 世纪 50 年代开始，西方主要一些发达国家的养鸡方式开始由传统养鸡方式向现代化养鸡业过渡。在我国，首先在北京等大城市郊区创建了机械化大型养鸡场，并引进国外现代商品杂交鸡，发展生产，发展配合饲料工业。加强卫生防疫措施，使养禽业进一步从农村副业向现代专业化商品经营方向转变。

我国现代化养禽业经过多年发展已初步形成了现代养禽生产体系。先后建立了原种鸡场 7 个，引进肉鸡曾祖代 3 个配套系，白壳蛋鸡曾祖代 3 个配套系，褐壳蛋鸡曾祖代 2 个配套系。现在已育成了"京白"和"滨白"2 个配套系。以 7 个原种鸡场为中心，形成了我国蛋鸡和肉鸡良种繁育体系，已基本能满足生产上的良种需求。

此外，我国饲料工业发展飞快，为现代化养鸡提供了全价饲粮，发展起养鸡饲料工业体系。我国的养鸡场设计工程及环境控制、设备、笼具等生产体系也随着集约化养鸡业的兴起而逐渐发展起来。正是由于我们已经基本建成了现代化养鸡生产体系，集约化养鸡场才得以不断发展，鸡的单产水平和鸡的产品产量也有了很大的提高。

随着我国养鸡业的蓬勃发展，大、中、小型鸡场不断增加，养鸡业日益繁荣。这样就迫切需要利用先进的生产技术来提高生产效率。我国今后发展养鸡业战略应该是：蛋鸡保证适当的发展速度，主要依靠科学进步提高单产水平。我国肉鸡起步较晚，鸡肉在人们膳食中占的比例较小，因此，应引导消费，优先发展物美价廉的肉用仔鸡业。随着人们生活水平的不断提高，我们应逐步发展火鸡、珍珠鸡等特种禽类的生产。

近年来，发达国家家禽的增长速度逐渐缓慢，甚至停滞或有所减少，而发展中国家普遍增长迅速，这些情况无疑为我国大力发展养鸡业提供了良机。鸡的优势是生长快，生产周期短，肉鸡7～8周龄可出场，蛋鸡16～20周龄即可开始产蛋。养鸡业是当年投资当年即可获利，是资金周转最快的养殖产业。肉用仔鸡可以进行大群和较高密度的饲养，采用不换垫料，机械喂料和自动饮水，工人的劳动简单轻便，劳动效率不断提高。蛋鸡可以笼养，机械喂料、自动饮水、机械清粪、机械捡蛋。鸡的产品加工利用途径广泛，以肉用仔鸡为主要原料的快餐业如雨后春笋般在世界各地兴起，禽蛋是中西糕点菜肴中不可缺少的原料，一些蛋类卤制品相继出现。

随着养鸡业的发展，以上这些行业也会日趋丰富完善。今后，我国现代化养鸡业必将不断发展壮大。

（一）环保养鸡是趋势

只要看看全国各地如火如荼的猪场拆迁，鸡场鸭场整治的形势，我们就不难明白，养殖业正面临一场艰难的环保革命。无论各地的拆迁是真为了节能减排，还是暗地里为了争夺土地，养殖业的污染已经不容回避。粪水到处流，苍蝇满天飞，鸡场周边臭气熏天，必须进行整治。养鸡人希望干干净净赚钱，昂首挺胸走路，养殖场要想继续生存和发展，实现环保工艺的升级换代是必经之路。

（二）绿色无药残鸡养殖势在必行

近几年发生的三聚氰胺、瘦肉精、毒奶粉等事件让人们越来越注重食品安全。速生鸡事件的发生让人们疏远了与鸡肉的距离，当前国家严格禁止人药兽用以及禁止、限制西药的使用，因此，如何生产出绿色安全的鸡产品迫在眉睫，甚至成为关系到民生幸福的头等国家大事。用中药防治与使用益生菌生产无药残肉鸡已是众望所归，大势所趋。

（三）规模化、标准化养殖是趋势

一直以来，散户养殖存在规模小、设备技术落后、抗风险能力弱等短板。如今高成本微收益，甚至亏本，更令其生存空间受到了挤压。专业大户、家庭农场、农民专业合作社蓬勃发展，新型畜牧经营体系建设稳步推进，适度规模经营步伐加快。我国正适度促进养殖规模化、集约化发展，这必将改变当前小散户的养殖格局，大户时代就要来临了。

（四）专业化管理是趋势

这几年，鸡场老板们感慨，工人难请，人工成本大幅上涨。鸡场除了提高薪酬福利、改变工作环境以增加吸引力，别无他法。随着规模化、标准化程度越来越高，管理者的水平跟不上说到底是脱离专业，标准化鸡场管理人才会很受青睐。大力推进肉鸡、蛋鸡饲养向规模化、标准化的发展是我国养鸡业未来的发展趋势。今后的市场发展对产品质量、安全要求更高，为适应市场以及打破当前肉鸡生产的瓶颈，需要更系列化、专业化和标准化的服务指导、科技应用、质量控制和产品销售。

（五）治疗型兽医向疫病净化推进

随着养殖环境的恶化，疫病会越来越复杂，病毒不断变异，细菌耐药性加强，甚至有超级细菌的出现，加大了治疗的难度。如果我们不能有效地加强保健提高鸡群的免疫力，净化饲养环境，只会导致越来越难养，保健做好了，环境干净了，鸡群自身抵抗力就强了，自然疫病也就少了，重治疗就会形成恶性循环，到最后什么疫病也控制不住。肉鸡、蛋鸡的饲养管理和环境因素对疫病防控起着重要的作用，科学、规范化、标准化的饲养管理，构建肉鸡、蛋鸡场生物安全体系，预防和减少疫病发生和传播。建立疫病预警预报系统和控制计划。加强动物疫情的信息监管，动态监测病毒的存在和变化特征。大力推进我国种鸡场主要疫病净化工作，提升我国养鸡业总体健康水平。伴随着饲养量逐年上升，疫病防控压力随之增加，鉴于当前养鸡业的现状，针对不同情况，采取分类措施推动种鸡群的净化是我国养鸡业转型发展的必经之路。

第二节　主要鸡病流行状况

改革开放 40 年来，我国养禽业取得了长足的发展，人均禽蛋消费量达到发达国家的水平，禽肉生产也有很大的提高，基本满足了市场的需求。但随着养禽业的迅猛发展，由于多渠道不规范的国外引种、家禽和禽类产品的频繁流通和粗放的养殖方式等原因，一些动物疫病和人畜共患病不断出现，防控难度不断加大，不仅造成了严重的经济损失，影响了国际贸易，而且对人类健康也构成了严重威胁，成为制约养禽业发展的重大障碍。2013 年发生人感染 H7N9 流感疫情后，我国家禽产品销售严重受挫，家禽产品销量和价格双双大幅下降，部分养殖企业破产。据中国畜牧业协会调查，仅 2013 年上半年，养殖场户直接经济损失超过 600 亿元。由此可见，禽类传染病的防控已成为我国养禽业健康发展的重中之重。

当前，我国禽类传染病的流行态势复杂严峻，对我国养禽业造成危害的动物疫病多达 60 多种。其中，对养鸡业影响较大的疫病包括禽流感、新城疫、禽白血病、鸡传染性支气管炎、马立克氏病、传染性法氏囊病、支原体病、鸡白痢、鸡大肠杆菌病、鸡球虫病等多种疫病。

一、当前我国禽类传染病流行特点

（一）新发禽类传染病不断出现，病原持续变异

20 世纪 80 年代以来，随着我国养禽业的不断发展，新发禽类传染病，如 J 型禽白血病、鸡传染性贫血、网状内皮组织增殖症、鸡包涵体肝炎等不断出现。旧病不去，新病不断，禽类传染病防控面临巨大的挑战。同时在免疫压力下，病原变异加快，尤其是禽流感病毒的持续变异，严重威胁公共卫生安全和养禽业发展。而新城疫、传染性法氏囊病、传染性支气管炎、马立克氏病等病毒出现了超强毒株，防控压力进一步加大。

（二）细菌性疫病和寄生虫病的危害加大

随着抗生素频繁滥用，耐药菌株和虫株不断出现，细菌性疫病和寄生虫病的

危害加重。主要包括鸡的大肠杆菌病、沙门氏菌病、葡萄球菌病、支原体病、鸡球虫病和鸡卡氏住白细胞虫病等。抗生素耐药性问题不仅关乎养殖业的发展，也与人类健康和经济发展息息相关。2016 年 G20 峰会上将抗生素耐药性列为影响世界经济的五大深远因素之一。为应对动物源细菌耐药挑战，提高兽用抗菌药物科学管理水平，保障养殖业生产安全、食品安全、公共卫生安全和生态安全，维护人民群众身体健康，促进经济社会持续健康发展，农业部制定了《全国遏制动物源细菌耐药行动计划（2017—2020 年）》，以推进兽药的规范化和减量化使用。

（三）免疫抑制性疫病的危害日趋严重，多病原混合感染普遍存在

养禽业受到网状内皮组织增殖症、马立克氏病、传染性法氏囊病、鸡传染性贫血等免疫抑制性疫病的危害日趋严重。免疫抑制性疫病可降低禽群生产性能，导致禽群出现疫苗免疫失败和继发感染等问题，给养禽业带来不可估量的经济损失。同时，继发感染和混合感染普遍存在，为禽病诊断和防治带来困难。

（四）垂直性传播疫病危害严重

有多种疫病能够通过种蛋垂直传播，重要的垂直传播性疫病病原包括禽白血病病毒、禽网状内皮组织增殖症病毒、沙门氏菌、鸡传染性贫血病毒、禽脑脊髓炎病毒、鸡产蛋下降综合征病毒、支原体等。现代不同类型的养鸡业都分别有原祖代-曾祖代-祖代-父母代-商品代的繁育生产链。上一代携带垂直传播的病原可经种蛋传给下一代的雏鸡，并且感染率往往会逐代放大，对整个养鸡产业造成严重影响。现阶段我国垂直传播性疫病病原种类多样，且广泛存在，危害十分严重。物理性的生物安全措施不足以阻断垂直传播性疫病的传播，必须从种源净化着手，降低重要的垂直传播性疫病的流行。

二、禽流感

禽流感（Avian influenza，AI），是由正黏病毒科 A 型流感病毒属禽流感病毒（Avian influenza virus，AIV）引起的禽类和部分哺乳动物发病的一种传染病，是危害养禽业发展的头号杀手，不仅给养禽业带来重大的经济损失，而且可以导致人感染和死亡，严重威胁人类健康。禽流感宿主范围广泛，主要侵害鸡、

火鸡、鸭、鹅等多种家禽和野禽，也可以感染猪、人、水貂等哺乳动物。

禽流感基因组由 8 个 RNA 节段组成，编码 11 种蛋白，血凝素（Hemagglutinin，HA）和神经氨酸酶（Neuraminidase，NA）是病毒主要的囊膜纤突蛋白。根据 HA、NA 的抗原性不同，禽流感可分为不同的亚型，目前已确定的有 16 种 HA 亚型和 9 种 NA 亚型。其中，至今发现能感染人的禽流感病毒至少有 H5N1、H5N6、H5N8、H7N1、H7N2、H7N3 、H7N7、H7N9、H9N2 等多种亚型。

在禽类中，根据致病力的不同可将禽流感分为非致病性禽流感、低致病性禽流感和高致病性禽流感。高致病性禽流感病毒亚型主要是 H5 亚型和 H7 亚型。高致病性禽流感暴发突然，发病率和死亡率极高，对家禽生产具有毁灭性的打击，世界动物卫生组织（OIE）将高致病性禽流感列为必须报告的动物疫病，我国《一二三类动物疫病病种名录》将其列为一类动物疫病，在《国家中长期动物疫病防治规划（2012—2020 年）》（以下简称《规划》）中，高致病性禽流感被列为优先防控的动物疫病之一。

（一）全球禽流感流行情况

1878 年，意大利首次报道了鸡群暴发类似禽流感的疫病，当时称之为"鸡瘟"，1901 年证实其病原为滤过性病原，1955 年首次证明病原是 A 型流感病毒。1959 年，科研人员首次在苏格兰鸡中分离到 H5N1 亚型禽流感病毒。自 1959 年以来，全世界范围内暴发了多次高致病性禽流感疫情，尤其是 20 世纪 90 年代以后，高致病性禽流感疫情频频暴发，疫情范围不断扩大，侵袭着全球养禽业。目前，禽流感在全球范围流行，亚洲、非洲、澳大利亚、欧洲和南、北美洲都有禽流感疫情的报道，高致病性禽流感暴发流行也时有发生。2016 年国际上报道的高致病性禽流感包括 H5N1、H5N2、H5N3、H5N8、H5N9、H7N1、H7N3、H7N7 和 H7N8 等多种亚型，涉及 46 个国家和地区。2014 年以来，H5N1 亚型高致病性禽流感疫情持续在亚洲、欧洲和非洲暴发流行，H5N8 亚型高致病性禽流感病毒相继在韩国、日本、德国、荷兰、英国、美国、中国台湾等国家和地区暴发，目前已蔓延至亚洲、欧洲和北美洲范围内的十多个国家和地区，与此同时，美国、加拿大相继发生了 H5N2 亚型高致病性禽流感疫情。2016 年在中国、越南和老挝等国家禽群中发生了多起 H5N6 亚型高致病性禽流感疫情，同时该亚型病毒还引起人感染和死亡的事件。

（二）我国禽流感流行情况

目前，禽流感在我国流行十分广泛，严重威胁我国养禽业发展和公共卫生安全。在我国大陆境内分离到的禽流感病毒至少包括 20 种亚型，其中 H5N1、H5N2、H5N6、H7N9、H9N2 等亚型病毒影响较大。禽流感在我国大部分地区均有分布，主要集中在我国的长三角地区、华中地区及华南地区。这些地区气候温和，多河流湖泊，是我国重要的家禽产地和水禽栖息地，同时也是候鸟迁徙路线的重要中转站，是我国禽流感传播的高风险区域。

2014 年以来，我国北方地区主要以 H9N2 亚型禽流感病毒为主；长三角、华中、华南有一定比例 H7N9 亚型流感病毒存在；而在长三角地区以南，H5N6 亚型禽流感病毒比重逐渐增大，逐渐取代 H5N1 亚型成为优势流行毒株；鸭群中以 H5N6 和 H6N6 亚型禽流感病毒为主，鸡群中则以 H9N2 亚型为主；鸭群在 H5N6 亚型流感的产生和传播过程中发挥了重要作用。

活禽交易和大范围调运是我国禽流感病毒持续感染和疫情持续发生的重要原因。活禽交易市场是禽流感病毒传播的高风险环节和关键环节，活禽交易市场集中了来自各地的鸡、鸭、鹅、鸽等各种禽类，人为地制造了一个各亚型禽流感病毒重组变异、跨种间传播的理想环境。相对于养殖场、屠宰场、批发市场等环节，活禽市场禽流感病毒不但亚型众多，而且病毒检出率、分离率最高。

1. H5 亚型高致病性禽流感流行状况　1996 年，中国农业科学院哈尔滨兽医研究所从广东省发病鹅中首次分离到 H5N1 亚型高致病性禽流感病毒。1997 年，我国香港暴发 H5N1 亚型高致病性禽流感疫情，不仅造成大批感染鸡群的死亡，也首次报道了人感染 H5N1 亚型禽流感并死亡的事件。

2003—2004 年，亚洲暴发 H5N1 亚型禽流感，亚洲各国养禽业损失惨重，且出现了多例人感染 H5N1 亚型流感病毒并死亡的事件。2004 年 1 月，广西隆安县暴发禽流感疫情。随后，疫情不断扩散，在不到 1 个月的时间里，我国就有 16 个省（直辖市、自治区），超过 40 个县（市、区）暴发了禽流感疫情，共 49 个疫点的疫情被确诊为 H5N1 亚型高致病性禽流感。

2005 年 10 月以后，国家针对 H5 亚型高致病性禽流感实施全面免疫政策，禽流感疫情得到了有效地控制，疫情发生的数量大幅下降，流行整体呈下降趋势。但在家禽中，疫情还是有零星的散发，并且近年来流行毒株出现了新的变化。2004—2012 年，我国 H5 亚型高致病性禽流感病毒以 H5N1 亚型为主；2013

年，我国流行毒株以 H5N8 亚型为主；2014—2015 年，多血清亚型共存，H5N2、H5N6 等亚型增多，并且在长三角地区以南，H5N6 亚型逐渐成为优势流行毒株。特别是 2015—2019 年，H5N6 亚型高致病性禽流感疫情呈多发态势。据我国公布的疫情数据，2015 年全国共发生 8 起 H5 亚型高致病性禽流感疫情，江西省九江市、江苏省常州市武进区、贵州省黔南州发生 3 起 H5N1 亚型疫情；江苏省扬州市发生 1 起 H5N2 亚型疫情；江苏省常州市、广东省清远市、湖南省娄底市、湖南省益阳市相继发生 4 起 H5N6 亚型疫情。2016 年共报道 11 起 H5 亚型高致病性禽流感疫情，1 起为 H5N1 亚型，其余 10 起均为 H5N6 亚型禽流感；2017 年湖南省益阳市、湖北省黄石市、贵州省黔南州、安徽省马鞍山市相继发生 4 起 H5N6 亚型疫情，内蒙古通辽市发生 1 起 H5N1 亚型疫情；2018 年广西灵川县、贵州惠水县、湖南凤凰县、湖北点军区、云南腾冲市、云南禄劝县、江苏扬州市相继发生 7 起 H5N6 亚型疫情，青海大柴旦行政区发生 1 起 H5N1 亚型疫情；2019 年云南省丽江市、新疆霍尔果斯市相继发生 2 起 H5N6 亚型疫情，辽宁省新民市发生 H5N1 亚型疫情，辽宁省锦州市发生 H7N9 亚型疫情。

我国 H5 亚型高致病性禽流感病毒 HA 基因谱系发生显著变化，多个分支病毒共存，呈现复杂多变的特征。2013 年上半年以前，以 clade 2.3.2.1 分支病毒为主，同时也有 clade 2.3.4 和 clade 7.2 的病毒。但从 2014 年以来，clade 2.3.4.4 病毒呈大幅度上升趋势，是目前最主要的流行分支。从抗原性角度来看，目前 clade 2.3.2.1 的部分毒株出现了较大变异，与现在使用的 Re-6 疫苗株之间的交叉反应性较差，2016 年该分支毒株主要分布在 clade 2.3.2.1e 和 clade 2.3.2.1d 亚分支，与 Re-6 疫苗 clade 2.3.2.1c 亚分支呈现明显的序列差异，2017 年农业部批准保护效果更好的 Re-10 疫苗替代 Re-6 疫苗。clade 2.3.4.4 病毒与 Re-4、Re-5、Re-6、Re-7 疫苗株的抗原性差异较大，2015 年底农业部批准 Re-8 疫苗株替代 Re-5 疫苗株。疫苗免疫在防控 H5 亚型高致病性禽流感中具有非常关键的作用，但疫苗全面免疫使得 H5 亚型禽流感病毒变异加快，病毒分支增多，使得疫苗毒株更换频繁。

2. H7N9 流感流行状况　2013 年 3 月底，在上海、安徽首先发现了人感染 H7N9 亚型流感疫情，截至 2017 年 7 月 12 日，人感染 H7N9 亚型流感确诊病例共有 1 580 例，其中 609 例死亡。H7N9 亚型流感在我国引起了极大的公众恐慌，给养禽业造成了极大的经济损失。根据联合国粮食及农业组织（FAO）网站发布的数据，2013 年至 2017 年 7 月 12 日，在动物和环境共检测出约 2 500 份 H7N9 亚型流感病原学阳性样品，阳性样品大多数来源于活禽交易市场和运输工具，也有部分来源于养殖场。在阳性样品中，环境、鸡、鸭、鸽等样品所占的比例分别为 49%、40%、3%、1%。从 2013 年以来，H7N9 亚型流感共经历了 5 波疫情，原先 H7N9 亚型流感主要分布于长三角、华中、华南等地区，2016—2017 年第 5 波疫情，H7N9 亚型流感分布范围进一步扩大，在西北、西南、东北均有检出，并且疫情流行时间提前，持续时间延长。过去，H7N9 亚型流感病毒被认为对禽类是低致病性的，禽类感染并不表现临床症状。2017 年初广东首次在活禽交易市场发现了高致病性 H7N9 亚型流感病毒。截至 2017 年 7 月 12 日，全国从 23 个活禽交易市场中共检出高致病 H7N9 流感病毒 48 份，分布于广东、广西、福建、湖南等省份，在广西、河北、河南、湖南、陕西、天津、内蒙古和黑龙江等省份均有养鸡场发生高致病性 H7N9 亚型流感疫情，给养禽业造成了严重的经济损失。总体来看，2016—2017 年第 5 波疫情，H7N9 亚型流感的流行表现出从南向北、由东往西扩散、从活禽交易环节向养殖环节扩散、从低致病向高致病转变的趋势，病毒污染面进一步扩大，防控形势愈加严峻。因此，农业部决定从 2017 年秋季开始，在家禽免疫 H5 亚型禽流感的基础上，对全国家禽全面开展 H7 亚型流感免疫。H7 全面免疫政策实施后，人感染 H7N9 流感病例和活禽交易市场 H7N9 的污染情况得到有效遏制。

3. H9N2 亚型禽流感流行状况   1992 年，陈伯伦等在广东某蛋鸡场首次分离到了 H9N2 亚型禽流感病毒。此后，H9N2 亚型禽流感在我国鸡群中广泛流行，成为我国禽流感流行的主要亚型。H9N2 亚型禽流感污染面广，在大多数省份活禽交易市场中，均检出 H9N2 亚型禽流感。H9N2 亚型禽流感已通过多种变异机制获得跨种间传播的能力，可感染鼠、猪、犬等哺乳动物以及人。2013 年新出现的 H7N9 和 H10N8 亚型流感病毒的 6 个内部基因全部来源于近年在我国流行的 H9N2 亚型禽流感病毒，凸显了 H9N2 亚型禽流感病毒潜在威胁和重大的公共卫生意义。

三、新城疫

新城疫（Newcastle disease，ND）又名亚洲鸡瘟、伪鸡瘟，是由新城疫病毒（Newcastle disease virus，NDV）引起禽的一种急性、热性、败血性和高度接触性传染病。以高热、呼吸困难、下痢、神经紊乱、黏膜和浆膜出血为特征。新城疫具有很高的发病率和病死率，给许多国家的养禽业造成了巨大的经济损失。OIE 将其列为必须报告的动物疫病，我国《一二三类动物疫病病种名录》将其列为一类动物疫病，在《规划》中，新城疫被列为优先防控的动物疫病之一。

新城疫病毒属于单股负链病毒目、副黏病毒科、副黏病毒亚科、禽腮腺炎病毒属成员。虽然新城疫病毒只有 1 个血清型，但经历长时间的遗传变异，其基因组已经有较大的变化。目前学术界普遍认可的新城疫病毒基因分型方法是通过比对新城疫病毒不同毒株全基因组序列，并绘制遗传系谱发生树，将新城疫病毒分成 Class I 和 Class II 2 个谱系。其中 Class I 进一步被分成 1～9 共 9 个基因型，Class II 进一步被分为 I～IX 11 个基因型，基因 I、II、VI、VII 型又进一步被分为基因亚型 I a 和 I b、II a 和 II b、VI a 到 VI f、VII a 到 VII h。

（一）全球新城疫的流行情况

1926 年首先发现于印度尼西亚的爪哇，同年发现于英格兰的新城（Newcastle），故名新城疫。自 1926 年以来，全球范围内共发生了 4 次新城疫大流行，每次大流行均由不同基因型的新城疫病毒所引起。

第 1 次全球大流行（20 世纪 20—60 年代）起源于东南亚，主要是由基因 II、III 和 IV 等 3 种主要基因型的新城疫病毒所引起，这次大流行前后持续近 30 多年，由亚洲逐步向欧洲传播，主要危害鸡，水禽、鸟类等几乎不发病，由于当时养鸡规模和家禽贸易的相对落后，本次新城疫疫情传播速度相对缓慢，一直呈局部零星暴发。

第 2 次全球大流行（20 世纪 60—70 年代）可能起源于中东，主要危害观赏鸟、笼养鸟等禽类，并伴随笼养鸟的国际贸易把该类型的新城疫病毒传向全球，这次流行的主要基因型包括基因 V 型和 VI 型，这次疫情的快速传播主要与养禽急剧产业化以及鹦鹉的国际贸易有关。

第 3 次全球大流行（20 世纪 70—80 年代）首先是由鸽引起的，可能亦起源于中东，然后传至欧洲，进而传遍全球。在这次新城疫大流行中，首先被感染的是鸽，临床表现与鸡的嗜神经型新城疫相似，但没有呼吸道症状，可导致鸽群严重死亡，随后该病危害到鸡群。这次大流行主要与基因 VI b 亚型新城疫病毒有关。

20 世纪 90 年代，新城疫开始第 4 次大流行，起源也可能是东南亚，基因型主要是Ⅶ型。世界范围内的 4 次新城疫的流行几乎都与亚洲国家有关，尤其是远东和中东地区，被认为是大流行毒株发源地。

目前，新城疫在亚洲、非洲、中美洲和南非地区的大多数发展中国家已经成为一种地方流行性疫病，即使在一些发达国家，如日本、韩国等，近年来也有发生新城疫的报道。21 世纪后新城疫疫情以强毒感染为主，且有毒力增强的趋势。基因Ⅶ型在流行中已占据绝对优势，但其他基因型仍然造成新城疫散在发生，并且新的基因型不断出现。最近有专家提出，在亚洲和中东地区多个国家新出现的基因Ⅶh 和Ⅶi 以及Ⅷa 和Ⅷb 亚型新城疫病毒可能会导致全球第 5 次新城疫大流行。

（二）我国新城疫的流行情况

1946 年，梁英和马闻天等人首次在国内分离到新城疫病毒，从而确认了该病毒在我国的存在。随后，新城疫在我国大规模流行。我国于 20 世纪 80 年代对新城疫实行了全面免疫策略，对我国新城疫的防控起到了关键作用，使得该病的流行得到一定的控制。近年来，随着新城疫全面免疫防控策略的不断深入，我国养禽业发展规模化程度越来越高，虽然局部地区仍有持续性地方流行，但新城疫疫情暴发的次数呈逐年下降趋势。国家新城疫参考实验室对养禽密集地区、水禽主要养殖地区和边境地区的活禽市场、养殖场等高风险地区开展了新城疫监测。监测数据表明，2011—2014 年间，我国家禽中新城疫强毒带毒率逐年下降，新城疫强毒阳性场点比例 2011 年高达 24.29%，2014 年降至 2.76%。

同时，随着免疫政策不断深入和新城疫不断变异，我国新城疫也呈现出新的流行病学特点，如非典型性新城疫、多基因型并存和新基因型出现、宿主范围扩大等，使得该病的控制和根除面临较大的挑战。

1. 非典型新城疫 急性暴发式流行的典型性新城疫较为少见，新城疫引起的呼吸道感染、亚临床感染及产蛋下降则越来越普遍。蛋鸡出现呼吸道症状、产蛋下降为主要特征，雏鸡表现呼吸困难，张口呼吸，"呼噜"声，气喘，咳嗽，有摇头和吞咽动作，并出现死亡，少数鸡出现神经症状，剖检病变不典型。

2. 多基因型并存和新基因型出现 我国主要流行的新城疫病毒基因型在不断进化中，最早分离到的毒株属于经典的基因Ⅸ型；在 20 世纪 70 年代后期和 80 年代初期，西部地区曾出现过基因Ⅷ型毒株，20 世纪 80 年代和 90 年代初期分离到的毒株则以基因Ⅵ型为主，20 世纪 90 年代中期首次出现了基因Ⅶ型新城疫病毒。目前，我国新城疫病毒主要以Ⅶ型为主，同时存在基因Ⅰ、Ⅱ、Ⅲ、Ⅳ、Ⅴ、Ⅵ、Ⅷ、Ⅸ和Ⅺ型的流行，但新城疫病毒基因Ⅶd型毒株流行趋势不断上升。近年来，在部分地区还出现了基因Ⅻ型，与主要流行的基因Ⅶ型新城疫病毒存在明显差异。

3. 宿主范围扩大　近几年，除鸡和鸭发生新城疫疫情外，鸽、鹅、火鸡、鹌鹑等多种家禽也感染新城疫，甚至还发现了白鹭感染新城疫。过去认为新城疫病毒感染水禽但并不致病，但1997年在华南地区分离到对水禽具有致病性的鹅源强毒株。

四、禽白血病

禽白血病（Avian leucosis，AL）是一种由禽白血病病毒（Avian leucosis virus，ALV）引起的禽类肿瘤性传染病。禽白血病的危害主要表现为发病鸡群出现肿瘤性死亡，亚临床感染所导致的慢性消耗性死亡、生产性能下降和免疫抑制等。该病给我国养禽业造成了巨大经济损失，我国《一二三类动物疫病病种名录》将其列为二类动物疫病，在《规划》中，禽白血病被列为优先防控的动物疫病之一。禽白血病病毒是一种具有囊膜的反转录病毒，根据其gp85囊膜糖蛋白，被划分为A～J 10个亚群，其中自然感染鸡群的ALV有A、B、C、D、E、J 6个亚群。此外，在中国地方品系鸡中分离的多个毒株其gp85序列显著不同于已知的其他亚群，属于1个新亚群，暂定为K亚群。

(一) 全球禽白血病的流行情况

1980年以前A、B、C、D、E 5个亚群禽白血病病毒已经确定，诱发鸡群肿瘤的主要是A、B亚群禽白血病病毒。其可诱发淋巴细胞瘤、纤维肉瘤、髓细胞瘤、成红细胞瘤、骨硬化、血管瘤等多种不同类型的肿瘤。

1980年末国际跨国育种公司，通过连续多年对原种鸡群实施净化，将规模化养殖鸡群中的外源性A、B、C、D亚群禽白血病病毒感染基本净化。1988年，Payne等在英国的白羽肉用型鸡中发现并鉴定出新的J亚群禽白血病病毒，主要引起髓样细胞瘤。几年内，J亚群禽白血病病毒很快传入全世界几乎所有培育品系的白羽肉用型种鸡。1997年和1998年，J亚群禽白血病病毒在世界范围内大暴发，给全球白羽肉鸡业带来了巨大的经济损失，许多育种公司被迫倒闭。随后经过 15 年的努力，绝大多数大型育种公司 J 亚群禽白血病病毒得到了基本净化。

（二）我国禽白血病的流行情况

目前，我国禽白血病病毒分布十分广泛，并且在各类鸡群中普遍存在，是影响我国养鸡业发展的重要疫病之一。当前禽白血病病毒感染主要以 J 亚群为主，A/B 亚群同时存在。自 20 世纪 90 年代初，J 亚群禽白血病病毒随着引进的白羽肉种鸡带入我国白羽肉鸡群，随后，J 亚群禽白血病病毒从肉用鸡群向自繁自养的蛋用型鸡群和地方品系鸡群传播。1999 年，崔治中等首先在山东和江苏的市场上具有疑似病变的白羽肉鸡和白羽肉种鸡中分离鉴定到 J 亚群禽白血病病毒。2004 年，引起骨髓瘤的 J 亚群禽白血病病毒首次在我国蛋鸡群中出现，随后地方品种鸡中也出现 J 亚群禽白血病病毒感染病例。由于跨国公司恰当的净化措施，目前我国依靠进口祖代鸡为种群来源的白羽肉用型种鸡群已很少发生 J 亚群禽白血病病毒感染及其引起的肿瘤。然而，由于我国养禽场数量多、分布较散，我国地方品系鸡群和蛋鸡群中 J 亚群禽白血病病毒感染仍然很严重。2014 年农业部组织针对全国重点种畜禽场主要垂直传播性疫病监测结果显示，我国地方品种鸡群中普遍存在 J 亚群和 A/B 亚群禽白血病病毒的感染，病毒分布较广。近二十年来，J 亚群禽白血病病毒一直是引发我国各种类型鸡群禽白血病流行的主要亚群，在全国呈蔓延的态势。同时，J 亚群禽白血病病毒对鸡群的致病性也逐渐增强，过去，蛋鸡即使感染 J 亚群禽白血病病毒，也不易发生肿瘤。但 2008—2013 年，J 亚群禽白血病病毒诱发的肿瘤/血管瘤在我国的蛋鸡群中广泛流行。仅 2008—2009 年，据保守估计，在全国饲养的 12 亿～15 亿只产蛋鸡中，一年至少因 J 亚群禽白血病病毒直接死亡 5 000 万～6 000 万只，造成了巨大的经济损失。

五、鸡白痢

鸡白痢是由鸡白痢沙门氏菌引起任何日龄鸡均可发生的传染病。鸡白痢沙门氏菌主要引起雏鸡下痢或急性败血症，发病率和死亡率相当高，其致死率达 $10\%\sim60\%$；成年鸡的感染率相对较低，且多呈隐性感染，可长期带菌，造成产蛋量减少，受精率与孵化率下降。此病既可经病鸡粪便污染的饲料、饮水及用具等水平传播，也可以经卵垂直传播。OIE 将其列为必须报告的动物疫病，我国

《一二三类动物疫病病种名录》将其列为二类动物疫病，在《规划》中，鸡白痢被列为优先防控的动物疫病之一。

（一）全球鸡白痢的流行情况

最早于 1899 年由美国 Rettger 报道为雏鸡致死性败血病。本病当时在美国和其他国家普遍存在。1900—1910 年确定本病是一种经卵传播的疫病。1929 年正式将由沙门氏菌引起的传染病命名为鸡白痢。目前，在美国、日本和欧洲等一些养鸡先进国家，通过采取严格的检疫、消毒和淘汰病鸡等防疫措施，该病已经被消灭或基本消灭，只在个别小的禽群中有发生。在英国及一些其他欧洲国家，自由养殖未经严格消毒和野生动物带菌等因素使鸡白痢沙门氏菌难以得到根除。目前该病主要在发展中国家流行，如墨西哥，美洲中部和南部地区，非洲和部分亚洲地区。

（二）我国鸡白痢的流行情况

我国鸡白痢流行非常广泛，是造成雏鸡死亡、成活率低的主要细菌性疫病之一，给养殖户造成重大的经济损失。2013 年张香斋等人调查河北省蛋种鸡场鸡白痢沙门氏菌感染情况，结果显示，唐山、秦皇岛、保定、邢台、邯郸、石家庄 6 个地区共 19 个蛋种鸡场均有鸡白痢感染，个体阳性率 0.01%～4%。2014 年李海琴等人调查江西省 13 个地方品种种鸡场鸡白痢的感染状况，结果显示，12 个种鸡场有鸡白痢感染，个体阳性率 4.06%～28.13%。近年来在临床诊疗中发现，鸡白痢发病年龄和临床症状出现了一定的变化。一个是发病年龄的变化，鸡白痢的高发期出现在育成阶段，被称为青年鸡的鸡白痢；另一个是发病日龄提前，初生雏发病率明显升高，这主要发生在种蛋来源于鸡白痢血清阳性率高的种鸡群，雏鸡刚出壳甚至不能出壳就大量死亡，有的甚至在 3～5 日龄达到死亡高峰。

目前我国主要使用抗菌药物防治鸡白痢，由于长期反复使用，加之用药不合理，鸡白痢耐药现象日趋严重。鸡白痢菌株对多种抗菌药物的耐药性呈现不同程度的上升趋势，其中对氨苄青霉素、复方磺胺、甲氧苄氨嘧啶、链霉素、四环素、壮观霉素的耐药率明显上升。查华等从来源于江苏、安徽、上海等地区分离到 78 株鸡白痢沙门氏菌，药敏试验结果表明，分离株对萘啶酸、氨苄青霉素、链霉素、磺胺异噁唑和氨苄西林等抗菌药物具有较高的耐药性，而对庆大霉素、头孢曲松、氯霉素和卡那霉素具有较强敏感性。没有分离株对所有药物均敏感，在所有分离株中，有 62 株为多重耐药菌，占总数的 79.49%，其中耐药性最高的分离株对 9 种抗菌药物耐药，耐 4 种抗菌药物的分离株最多，达分离总数的 23.08%，其余依次是耐 6 种和耐 7 种抗菌药物的分离株。由此可见，鸡白痢沙门氏菌耐药性越来越普遍，单纯依赖抗生素防治鸡白痢解决不了根本问题，必须从种源开展鸡白痢的净化工作，从根本上解决鸡白痢对我国养禽业的危害。

六、鸡传染性支气管炎

鸡传染性支气管炎（Infectious bronchitis，IB）是由鸡传染性支气管炎病毒（Infectious bronchitis virus，IBV）引起鸡的急性、高度接触性、呼吸道传染性疫病，是危害世界家禽养殖业的重要疫病之一。OIE 将其列为必须报告的动物疫病，我国《一二三类动物疫病病种名录》将其列为二类动物疫病。

鸡传染性支气管炎病毒属于尼多病毒目（Nidovirale）、冠状病毒科（Coronaridae）、冠状病毒属（*Coronavirus*）、冠状病毒Ⅲ群的成员。鸡传染性支气管炎病毒属于单股正链 RNA 病毒，在合成过程中易出现错配，使得病毒易出现点突变。病毒表面 S 蛋白由 S1 和 S2 蛋白组成。大多数 IBV 的血清型抗原决定簇位于 S1 蛋白。鸡传染性支气管炎病毒的抗原漂移和致病性改变主要与 S1 基因的变异有关。S1 基因高度变异特性，使得鸡传染性支气管炎病毒新的基因型和血清型不断出现。

鸡传染性支气管炎病毒主要侵害鸡的呼吸系统、泌尿生殖系统和消化系统。病毒首先感染呼吸道，紧接着可能会引起肾脏和输卵管感染。鸡传染性支气管炎病毒抗原异常复杂，不同毒株在毒力、致病性和组织嗜性上存在很大差异。根据病毒的组织亲嗜性、损害器官和引起临床症状确定鸡传染性支气管炎临床分型有呼吸型、生殖道型、肾型、肠型、腺胃型和肌肉型等。

（一）全球流行情况

自 20 世纪 30 年代以来世界各国不断有鸡传染性支气管炎发生的报道，该病在全球范围内几乎所有养禽的国家和地区存在并呈地方性流行。目前常见的血清型有 Mass 型、Conn 型、Holte 型、Arkanass99 型和 Australian T 型等。运用分子生物学手段，根据 S1 基因进行基因分型，目前该病毒流行的基因型有 Mass 型、QX 型（亦称 LX4 型）和 ITA-02 型等。鸡传染性支气管炎病毒血清型众多，全世界已有 30 多个血清型，不同血清型没有或仅有部分交叉保护。虽然广泛使用疫苗，但鸡传染性支气管炎并未得到有效的控制，而且变异株不断出现，给世界养禽业生产带来巨大的经济损失。

鸡传染性支气管炎病毒的流行具有地域性，即在特定国家或地区流行的病毒型一般很少在其他国家或地区存在或流行。近年来随着交通运输日益发达和动物及动物产品国际贸易日益频繁，部分基因型鸡传染性支气管炎病毒毒株开始出现跨国家和地区传播与流行的趋势。1997 年，王玉东等在山东青岛某鸡场感染腺胃炎的鸡群中分离发现 QX 型鸡传染性支气管炎病毒，2001—2002 年分别在俄罗斯的东部地区和西部地区分离到 QX 型毒株。现今，QX 型毒株已在欧洲、非洲、日本均见报道，该型病毒近年呈严重流行的趋势。

（二）我国流行情况

1972 年邝荣禄首次报道了鸡传染性支气管炎在广东暴发，主要以呼吸道症状为主；1982 年首次报道了肾型鸡传染性支气管炎，分离到的毒株可以引起肾脏病变、尿酸盐沉积和花斑肾，并且有着极高的感染率和死亡率；2001 年，Li 等在北京分离到 Mass 型的肾型鸡传染性支气管炎病毒分离株。

目前，鸡传染性支气管炎病毒在我国广泛流行，主要以肾型为主。几乎全国所有省份均有鸡传染性支气管炎病毒的流行，并且不断有新的鸡传染性支气管炎病毒出现。鸡传染性支气管炎病毒进化树分析表明，我国有多种基因型毒株流行，大部分毒株与 Mass 型疫苗株亲缘关系较远。同一时期的分离株可能会有较高的同源性，并且没有明显地域差异性。

近年来，QX 型毒株在我国大部分地区的免疫或非免疫的鸡群中广泛存在，是目前最主要的优势流行毒株，比例超过 50%。该毒株与 Mass 型疫苗株的亲缘关系较远，两者之间同源性仅为 77%～78%，该型各毒株之间核苷酸和氨基酸的同源性为 94%～95%。该型病毒不同的毒株致病性不同，发病率为 0～100%，死亡率为 0～80%。病理变化主要以肾脏病变为主，属肾型 IBV。

Mass 型病毒在我国最早发现于 20 世纪 80 年代，至今全国几乎所有的养鸡场都有存在，虽然该血清型的疫苗在我国应用超过 20 年，但该病每年仍然零星流行。

CK/CH/LSC/99 I 型病毒株最早分离于 1999 年，该型病毒主要存在和流行于四川省、重庆市和广西壮族自治区等西南地区，统计表明，超过 10% 的 IB 病例都是由该型病毒引起，目前是流行于我国的第 2 种主要血清型 IBV。该型病毒不同的毒株致病性也不相同，发病率为 0~100%，死亡率为 0~80%。病理变化主要以肾脏病变为主，属肾型 IBV。

tl/CH/LDT3/03 型毒株在 20 世纪 90 年代首先发现于我国，分布于全国几乎所有的养鸡场，呈零星流行。目前超过 7% 的鸡传染性支气管炎病例都是由该型的病毒引起。该型病毒不同的毒株致病性也不相同，发病率在 0~100%，死亡率在 0~80%。病理变化主要以肾脏病变为主，属肾型 IBV。

2012—2014 年，宋新宇等人从华东、华北和华中等地区出现鸡传染性支气管炎的养鸡场中，分离鉴定出鸡传染性支气管炎病毒流行株 69 株。毒株共包含 6 个基因型，QX 型（54 株，占 78.26%）、Mass 型（6 株，占 8.7%）、4/91 型（3 株，占 4.35%）、TW-I 型（2 株，占 2.90%）、tl/CH/LDT3/03 型（2 株，占 2.90%）和 CK/CH/LSC/99I 型（2 株，占 2.90%）。

除了上述血清型的鸡传染性支气管炎病毒在我国存在和流行外，还有大量的变异毒株在我国流行。加上其他外来血清型的鸡传染性支气管炎病毒不断传入，给我国鸡传染性支气管炎防控带来了极大的挑战。

七、禽败血支原体（鸡毒支原体）感染

鸡毒支原体感染（*Mycoplasma gallisepricum* infection）又称为禽慢性呼吸道病、鸡毒支原体感染、鸡败血霉形体感染，是由鸡毒支原体（*Mycoplasma gallisepricum*，MG）感染引起的慢性呼吸道病，主要感染鸡与火鸡，引起鸡的气管炎、气囊炎和火鸡的鼻窦炎、气囊炎。该病在世界范围内广泛流行，造成极大危害，OIE 将其列为必须报告的动物疫病，我国《一二三类动物疫病病种名录》将其列为二类动物疫病。

鸡毒支原体在分类学上属于软皮体纲、支原体目、支原体科、支原体属。到目前为止，鸡毒支原体只发现有 1 个血清型。鸡毒支原体既可通过呼吸道、消化道水平传播，也可以通过配种、受精或经卵传播。经疫苗传播也是不容忽视的途径，我国疫苗中败血支原体的污染达 70%，因此，提倡使用 SPF 鸡胚疫苗和灭活疫苗。鸡毒支原体各种年龄的鸡都可感染，3~6 周龄鸡最易感。鸡毒支原体

感染后，在一般情况下该病呈隐性感染，死亡率一般很低，主要表现为产蛋率、孵化率降低，出栏期延长和饲料利用率降低等。但本病极易受环境因素影响，如雏鸡的气雾免疫、卫生状况差、饲养管理不良、应激、其他病激发等均可诱发本病。

1905 年 Dodd 在英国首次精确描述了火鸡的鸡毒支原体感染。1943 年，Delaplane 和 Stuart 在鸡胚慢性呼吸道疫病鸡中分离出鸡毒支原体。目前，鸡毒支原体广泛分布于世界上所有养禽国家，感染鸡、火鸡、鸭等多种禽类。我国于 1976 年首次分离到鸡毒支原体。目前，鸡毒支原体在我国分布非常广泛，南自海南岛，北至黑龙江，西起新疆，东到江苏、福建都有发生的报告。根据血清学调查，感染率为 70%～80%。

抗生素是目前防治鸡毒支原体感染的主要手段，但鸡毒支原体耐药性问题也越来越凸显。林居纯等人对 2004—2006 年临床分离的 33 株鸡败血支原体进行了耐药性研究，结果显示，鸡毒支原体对恩诺沙星等 6 种氟喹诺酮类药物耐药已相当严重，耐药率均超过 50%。鸡毒支原体对其他药物，如大观霉素、红霉素、罗红霉素及泰乐菌素的耐药性也十分严重，耐药率接近或超过 50%，但对多西环素和替米考星保持较高的敏感性。在兽医临床，氟喹诺酮药物、大观霉素、红霉素、罗红霉素和泰乐菌素等是防治鸡毒支原体感染的常用药，用药量大而且时间长，泰乐菌素还作为饲料添加剂长期使用以控制支原体感染，导致鸡毒支原体对这些药物耐药严重。

八、鸡球虫病

鸡球虫病是由艾美耳球虫引起的以肠道病变为主的细胞内寄生虫病。艾美耳球虫在鸡肠道上皮细胞内大量繁殖，引发急性肠炎。病鸡表现出羽毛松乱、精神萎靡、排血便等症状。所有日龄和品种的鸡都有易感性，多发于 15～50 日龄雏鸡，发病率高达 50%～70%，死亡率为 20%～30%，严重时高达 80%，严重影响肉鸡饲料转化率和蛋鸡的产蛋率。据统计，全球每年因鸡球虫病损失约 80 亿美元，仅美国年损失就高达 45 亿美元，我国每年因该病损失 6 亿～18 亿元。鸡球虫病已经成为困扰集约化养鸡生产的全球性疫病，美国农业部（USDA）已经将其列为危害养禽业最严重的五大疫病之一，我国《一二三类动物疫病病种名录》将其列为二类动物疫病。

目前球虫学界公认的鸡球虫种类包括 7 种，分别是柔嫩艾美耳球虫、堆型艾美耳球虫、巨型艾美耳球虫、毒害艾美耳球虫、和缓艾美耳球虫、布氏艾美耳球虫和早熟艾美耳球虫。各种鸡球虫的致病性不同，以柔嫩艾美耳球虫的致病性最强，其次为毒害艾美耳球虫，但生产中多是多种球虫混合感染。

1870 年鸡球虫病首次发现，20 世纪 50 年代以后养鸡业规模化程度越来越高，该病已经遍及全球各地，规模化鸡场球虫病发病率高达 100%，成为影响养鸡业发展的重要疫病之一。

我国最早在 1959 年报道，在陕西省西安市发现巨型艾美耳球虫及和缓艾美耳球虫；第二年在甘肃兰州市发现了柔嫩艾美耳球虫、巨型艾美耳球虫及和缓艾美耳球虫，随后在北京、上海、新疆、云南等省、直辖市、自治区，乃至全国范围内均有关于发现艾美耳球虫的报道。

目前，我国几乎所有省市均有鸡球虫的分布，几乎所有的养鸡场都受到鸡球虫的困扰。近几年来，球虫病的发病率逐渐上升，除温暖潮湿季节外，在秋冬季节也呈现较高的发病率，而且反复发作，很难治愈。我国普遍存在 7 种鸡艾美耳球虫，其中柔嫩艾美耳球虫、堆型艾美耳球虫、毒害艾美耳球虫、巨型艾美耳球虫、和缓艾美耳球虫和早熟艾美耳球虫等 6 种球虫的分布最广泛。柔嫩艾美耳球虫、堆型艾美耳球虫、巨型艾美耳球虫是主要的感染虫种。1945 年在美国最早分离到对磺胺类药物具有抗性的虫株，后来陆续分离到多种耐药虫株，我国也不断有关于鸡球虫耐药的报道，几乎所有的抗球虫药均已出现了耐药虫株。因此，必须合理使用抗球虫药物，以延缓球虫耐药性的产生。

第三节　种鸡场主要疫病净化进展和意义

上面重点介绍了我国常见家禽疫病的流行状况，由于养殖模式、引种渠道、家禽品种等缘故，禽类疫病层出不穷，一方面导致了禽类疫病形势严峻，造成活禽及其产品出口难以突破发达国家的贸易壁垒；另一方面家禽疫病控制成本居高不下，致使禽类产品在质量和价格上均缺乏竞争力。因此，开展家禽疫病净化显得尤为重要，其中种鸡疫病净化将成为今后一段时期内疫病防控最主要、最根本的防控策略。

一、我国种鸡场疫病净化进展

目前我国养鸡业主要包括蛋鸡养殖和肉鸡养殖 2 个部分，养殖规模较大，品种较为丰富。根据品种来源不同，可分为国外引进品种和国内培育品种。国外引进品种已成为各地发展养殖的主要品种，同时国内培育品种也占据了我国部分养鸡产品市场。国外引进品种和国内培育品种除在生产性能上的差异之外，在种源的疫病防控和疫病净化难度上也具有较大差异。

调查显示，我国祖代以上种鸡场约 200 家，遍布全国各地，各省分布不均。2011—2015 年中国动物疫病预防控制中心对全国祖代及以上种鸡场开展了禽流感、禽血病、鸡白痢等疫病监测。监测范围覆盖了北京、天津、河北、辽宁、吉林、上海、江苏、浙江、安徽、福建、江西、山东、河南、湖北、广东、广西、重庆、四川、云南和宁夏共 20 个省（自治区、直辖市）。选择 50 家祖代鸡场作为重点监测对象，其中包括 2011—2013 年持续监测的蛋种鸡场，2014 年新增的肉种鸡场和几个地方原种场。2015 年中国动物疫病预防控制中心首批认证了 2 个家禽白血病净化示范场和 5 个家禽白血病净化创建场。各省疫控机构对疫病净化工作也非常重视，建立了各项疫病净化标准和指南。目前，已有 12 个省制订了禽病净化技术标准、技术规范或技术方案等文件，9 个省建立了疫病净化场评估认证体系，推动各省疫病净化工作的深入开展。

（一）动物疫控机构重视和推动净化工作

2013 年 5 月，国务院发布《规划》，并提出种禽场重点疫病的净化考核标准。《规划》作为纲领性文件，为推动我国种鸡疫病净化提供了政策依据。2013 年，中国动物疫病预防控制中心印发《关于加强规模化养殖场主要动物疫病净化技术集成与示范工作的意见》[疫控（监）〔2013〕76 号]，明确了"净化示范"工作的指导思想、目标任务、基本原则、工作内容、保障措施等。2014 年，中国动物疫病预防控制中心率先在全国范围内开展规模化养殖场"动物疫病净化示范场"和"动物疫病净化创建场"（即"两场"）建设和评估工作，并制定了一整套管理措施和评估办法与标准。提出"两场"评估以"逐场推进、自愿申请、科学评估、有效监督"为基本原则，确保动物疫病净化效果。

（二）企业作为净化主体具有较高的认知度

祖代种鸡场作为净化主体，对疫病监测和净化的重要性有较高的认知度。调查结果显示，祖代种鸡场对免疫抗体监测比较重视，能够定期开展抗体水平监测和病原监测。大部分祖代种鸡场开展了疫病净化工作，且具备自行检测能力，能够开展血凝抑制试验（HI）和酶联免疫吸附试验（ELISA），有的企业甚至建立了自己的研发检测中心，可以开展病原分离培养和聚合酶链反应（PCR）检测等项目。如宁夏晓鸣农牧股份有限公司创建了宁夏家禽工程技术中心；北京市华都峪口禽业有限责任公司建立了蛋鸡研究院，经过多个世代的持续净化，实现了曾祖代鸡群禽白血病的净化；福建圣农发展股份有限公司投资亿元建研发中心，项目建成后能满足公司 10 亿只肉鸡生产规模的监测及研发需要；广东温氏南方家禽育种有限公司等企业，饲养国内培育品种，大力开展疫病净化工作，培育国产品种的高品质种鸡。

（三）较成熟的净化技术可供推广

任何一种疫病的净化需要进行大量研究、试验、成本效益分析，才能够获得可行的净化技术，并在临床上推广应用。以禽白血病和鸡白痢为例，近年来，部分大型种鸡场开展自主探索改善养殖环境、消除病原、促进畜禽健康、提高生产力的新模式，并且在科研院所专家和动物疫病防控专家的指导下，采用科学的监测净化工作，积累了成功的经验。这些成功的经验，经过进一步的总结、分析和整理，形成了《种鸡场主要疫病净化技术集成与示范方案》及《规模化种鸡场主要动物疫病净化技术指南》等文件，在其他种鸡场推广应用，显著提高疫病净化工作效率。

（四）种鸡场疫病净化面临的困难和问题

虽然推动种鸡场疫病净化已具有较成熟的条件，但仍存在很多需要改进的方面：一是动物疫病净化工作刚刚起步，推动动物疫病净化工作的总体规划、配套政策措施尚未形成；二是国家对种禽疫病净化尚无明确的标准与规范，市场上没有形成优质优价的竞争环境，部分企业缺乏开展疫病净化的内在动力；三是深入开展疫病净化尚无完善的财政保障机制，开展疫病净化需要花费大量的检测、淘汰等费用，育种企业希望能够获得国家的经费扶持；四是当前现有的用于净化的检测试剂还存在一定的问题，仍不能满足净化工作的要求，需要持续开展检测试剂的研发和推广工作；五是可供学习的疫病净化经验、技术和培训资源有限，无法满足种鸡场开展疫病净化的技术需求。

二、我国种鸡场疫病净化的措施

种鸡场疫病净化工作是一项十分艰巨的综合性技术工作。随着养鸡业集约化程度的不断提高，虽然各操作流程也日益改进，但困扰我们的疫病没有减少反而日趋严重。因此，在鸡的饲养管理过程中，鸡病防治成为至关重要的环节，只有保持鸡群健康，充分发挥其生产潜力，保持高的生产性能，才能保证养鸡的高效益。

种鸡场疫病净化工作一般需要经历 3 个阶段，即本底调查阶段、免疫控制（或监测净化）阶段和净化维持监测阶段。有条件的种鸡场可根据本场本底调查情况，自主选择进入免疫控制阶段或净化维持监测阶段。

（一）禽流感、新城疫

1. 本底调查阶段

（1）调查目的　掌握本场禽流感、新城疫的感染情况，了解鸡群健康状态、免疫水平，评估净化成本和人力物力投入，制定适合于本场实际情况的净化方案。

（2）调查内容　全面考察鸡场实际情况，包括基础设施条件、生产管理水平、防疫管理水平及兽医技术力量等，观察鸡群健康状况，了解本场禽流感、新城疫的流行历史和现状、免疫程序、免疫效果等，针对实际情况提出改进措施。同时对种鸡场的鸡群按照一定比例采样检测，掌握禽流感、新城疫带毒和免疫抗体水平情况。

2. 免疫控制阶段　本阶段种鸡场应根据疫病的本底调查结果和疫病特点，采取免疫、监测、分群、淘汰、强化管理相结合的综合防控措施，为下一步非免疫无疫净化奠定基础。

（1）控制目标　对有禽流感、新城疫临床疑似病例的鸡群和死亡鸡进行病原学监测，淘汰感染鸡，及时清除病原。通过强化免疫和免疫抗体监测，维持较高的免疫抗体水平，降低鸡群易感性，将临床发病控制在最低水平，逐步实现免疫无疫。

（2）控制措施　种鸡场应优先选用本场或区域优势毒株相对应的优质疫苗，制定禽流感、新城疫免疫程序和抗体监测计划，在保障养殖管理科学有效、生物安全措施有力和环境可靠的同时，根据抗体监测效果及周边疫情动态适时调整免疫程序，在做好种鸡群免疫的基础上，重点做好雏鸡、育成鸡的免疫。

（3）监测内容及比例　本阶段的监测重点是后备鸡转群和开产前（或留种前）的免疫抗体监测和病死鸡的病原监测，确保种鸡群及个体良好的免疫保护屏障，跟踪鸡群病原感染情况。

（4）监测结果处理　对免疫抗体不合格的种鸡群加强免疫1次，3～4周后重新采血检测，按照制定的淘汰计划，淘汰加强免疫后抗体仍不合格的种鸡群。对病死鸡进行病原学监测，对病原学监测阳性和发现的禽流感或新城疫临床疑似病例，报告当地动物疫病预防控制机构，及时采集病料送省级动物疫控机构诊断，如确诊发生禽流感或新城疫，养殖场应配合兽医部门按照国家有关规定处理。

（5）控制效果评价　当种鸡群经历2次及2次以上普检和隔离淘汰，种鸡群抽检群体免疫抗体合格率达到90％以上（其中HI平均滴度≥7log2，群体HI免疫抗体合格率达到80％以上）；连续2年未发现禽流感、新城疫病原学阳性且未出现禽流感、新城疫临床病例，即认为达到禽流感、新城疫的免疫无疫状态，可按照程序申请净化评估。有条件的种鸡场，可探索哨兵动物监测预警机制，鸡舍可设置非免疫育成鸡，跟踪观察，定期监测。

3. 检测方法

（1）禽流感　一是血清学检测。执行标准：GB/T 18936—2020。方法：HI。二是病原学检测。执行标准：GB/T 19438.2—2004、GB/T 19440—2004及NY/T 772—2013。方法：采用病毒分离或禽流感病毒RT-PCR对于所有亚型的AIV进行检测。必要时对病毒进行分型鉴定。

（2）新城疫　一是血清学检测。执行标准：GB/T 16550—2020。方法：HI。二是病原学检测。执行标准：GB/T 16550—2020。方法：采用病毒分离或新城疫病毒荧光RT-PCR检测。通过基因测序区分野毒和疫苗毒。

（二）禽白血病

1. 本底调查阶段

（1）调查目的　了解本场禽白血病的感染情况，了解鸡群健康状态和疫病带毒情况，评估净化成本和人力物力投入，制定适合于本场实际情况的净化方案。

（2）调查内容　全面考察鸡场实际情况，包括基础设施条件、生产管理水平、防疫管理水平及兽医技术力量等，观察鸡群健康状况，了解本场及引种来源种鸡场的白血病流行历史和现状，引种来源种鸡场对白血病定期检测的资料。同时对种鸡场的鸡群按照一定比例采样检测，掌握禽白血病带毒情况。

2. 监测净化阶段　根据本底调查结果和禽白血病特点，采取监测、分群、淘汰、强化管理相结合的综合防控措施，将禽白血病的感染控制在最低水平，甚至无疫状态，逐步清除带毒鸡，实现种群净化，达到净化状态。

（1）阶段目标　病原学抽检，原种场全部为阴性，祖代场、父母代场阳性率低于1‰；血清学抽检，A/B和J亚群抗体及蛋清p27抗原检测，原种场全部为阴性，祖代场、父母代场阳性率低于1‰；连续2年以上无临床病例。

（2）监测内容及比例

①原种鸡场

a. 种鸡群。对同一批次的种鸡群，按以下顺序开展净化工作，依次完成多个世代的监测净化，直至建立阴性种鸡群。

步骤一：孵化室雏鸡检测。收集阴性种鸡的种蛋，同一只种鸡来源的种蛋放在一起，分群孵化。采集全部1日龄雏鸡的胎粪，检测p27抗原。有一只雏鸡为阳性，则同一种鸡来源的雏鸡均判为阳性，不作他用。阴性雏鸡分成小群饲养（20～50只）。对选留的雏鸡，以母鸡为单位，同一母鸡的雏鸡放在1个笼中隔离饲养。每个笼间不可直接接触，包括避免直接气流的对流。饲养期间要采取避免水平传播的各种措施。接种疫苗时避免共用1支注射器。

步骤二：后备种鸡筛选检测。采集5～6周龄鸡血浆，分离培养ALV。选出阴性鸡，隔离饲养，作为后备种鸡。

步骤三：种鸡开产初期检测净化。选择每只种鸡开产最初的2～3枚蛋，取蛋清的混合样品，用ELISA检测蛋清中的p27抗原，淘汰抗原阳性鸡。其余鸡采集血浆接种DF-1细胞分离病毒，用ELISA检测p27抗原，淘汰阳性鸡。

步骤四：40～45周龄留种前检测净化。取每只鸡的2～3枚蛋对蛋清做p27抗原检测，淘汰阳性鸡。其余鸡采集血浆接种DF-1细胞分离病毒，用ELISA检测p27抗原，淘汰阳性鸡。

步骤五：对建立的阴性种鸡群每6个月抽检血清样品200份，监测A/B亚群抗体和J亚群抗体。

步骤六：种蛋的选留和孵化。在经步骤四留种前检测淘汰阳性鸡后，每只母鸡仅选用 1 只检测阴性公鸡的精液授精。按规定时间留足种蛋，每只母鸡的种蛋均标号。在出壳前，将每只母鸡的种蛋置于标注同一母鸡号的专用纸袋中，置于出雏箱中出雏。

步骤七：第二世代鸡的检测和淘汰。经上述步骤一到步骤五检测淘汰后种鸡出壳的雏鸡，作为净化后第二世代鸡。继续按步骤一到步骤五的程序，实施第二世代的检测和净化。第三世代后可按此程序继续循环进行。

步骤八：连续进行多个世代种鸡的 ALV 检测与净化，直至 p27 抗原、A/B 亚群抗体和 J 亚群抗体达到净化标准。

b. 公鸡。对种鸡群配套的公鸡，按以下顺序开展净化工作：

步骤一：孵化室 1 日龄雏鸡检测，同母鸡的检测（先收集胎粪 1 次，再鉴别雌雄）。

步骤二：第一次挑选公鸡时，采集血浆进行病毒分离检测。在开始供精之前，至少经过病毒分离检测 1 次，淘汰阳性鸡。

步骤三：在生产阶段采血浆进行病毒分离检测 1 次。采集精液后，检测精液 p27 抗原及接种 DH1 细胞分离病毒，淘汰阳性鸡。

②祖代场、父母代鸡场　对于祖代和父母代鸡场的种鸡群和公鸡，按照要求开展净化。

（3）监测结果处理　对带毒鸡应及时淘汰，加强同群鸡的监测，直至建立本场阴性种鸡群。

（4）监测效果评价　原种鸡场连续 3 个世代未分离到外源性禽白血病病毒，祖代场、父母代场病原阳性率低于 1%；抽检 A/B 和 J 亚群抗体，原种鸡场全部为阴性，祖代场、父母代场阳性率低于 1%；连续 2 年以上无临床病例，即认为达到禽白血病净化状态，可按照程序申请净化评估。

3. 净化维持监测阶段　种鸡场达到禽白血病净化状态或通过评估后，可开展维持性监测。原种鸡场从逐只鸡分离病毒改为在开产后按一定比例（如 5%～10%）检测血清抗体和蛋清 p27 抗原，如无阳性，可逐年减少检测比例；祖代场和父母代场从无白血病鸡场引种连续 2 年，可按 5%～10% 比例进行维持性监测。

4. 检测方法

（1）血清学检测　方法：A/B 和 J 亚群抗体 ELISA 检测。

（2）病原学检测 方法：蛋清 p27 抗原 ELISA 检测、病毒分离鉴定。

（三）鸡白痢

1. 本底调查阶段

（1）调查目的 掌握本场鸡白痢的感染情况，了解鸡群健康状态和带菌情况，评估净化成本和人力物力投入，制定适合于本场实际情况的净化方案。

（2）调查内容 全面考察鸡场实际情况，包括基础设施条件、生产管理水平、防疫管理水平及兽医技术力量等，观察鸡群健康状况，了解本场鸡白痢流行历史和现状、免疫程序、免疫效果等，针对实际情况提出改进措施。同时对种鸡场鸡群按照一定比例采样检测，掌握鸡白痢感染情况。

2. 监测净化阶段 应根据疫病的本底调查结果和疫病特点，采取监测、分群、淘汰、强化管理相结合的综合防控措施，将鸡白痢的临床发病控制在最低水平，甚至无疫状态，逐步清除感染鸡，实现种群净化，达到鸡白痢净化状态。

（1）阶段目标 血清学抽检，原种场全部为阴性，祖代种鸡场阳性率低于 0.2%，父母代种鸡场阳性率低于 0.5%，种公鸡全部为阴性；连续 2 年以上无临床病例。

（2）监测内容及比例 重点是后备鸡转群和开产前的感染抗体监测、死胚或弱雏的细菌分离监测。

监测期间，如发现种群鸡白痢阳性异常升高，应及时分析管理因素及技术因素，加大监测密度，评估生物安全措施有效性及感染风险。

（3）监测结果处理 对发现的感染鸡应及时淘汰、扑杀，加强同舍鸡群监测。

（4）监测效果评价 曾祖代及以上连续 3 代血清学检测全部为阴性，祖代种鸡场鸡白痢血清学阳性率低于 0.2%，父母代种鸡场阳性率低于 0.5%；种公鸡的鸡白痢血清学全部为阴性，连续 2 年以上无临床病例，即认为达到鸡白痢净化状态，可按照程序申请净化评估。

3. 净化维持监测阶段 种鸡场达到鸡白痢净化状态或通过评估后，可开展维持性监测。曾祖代及以上连续 3 代血清学检测全部为阴性，可按 5%～10% 比例进行监测。祖代场和父母代鸡场从无白痢鸡场引种连续 2 年，可按 5%～10% 比例进行监测。

4. 检测方法

（1）血清学检测　执行标准可参照 NY/T 536—2017。方法：平板凝集试验检测血清或全血。

（2）病原学检测　执行标准可参照 NY/T 536—2017。方法：病原分离和鉴定。

（四）净化效果维持措施

1. 加强管理　严格执行卫生防疫制度，全面做好清洁和消毒，严格执行生物安全管理措施，实行人员进出控制隔离制度，规范饲养管理行为。

2. 规范免疫　根据本地区和本场疫病流行情况，依据《动物防疫法》及有关法律法规的要求，制定免疫程序，并按程序执行。通过净化评估的企业，根据自身情况可逐步退出免疫，实施非免疫无疫管理。如净化维持期间监测发现隐性感染或临床发病，应及时调整免疫程序，必要时全群免疫，加大监测和淘汰力度，实行全进全出，严格生物安全操作，维持净化效果。

3. 开展持续监测　净化鸡群建立后，定期开展监测，以维持净化鸡群的健康状态。

4. 保障措施　养殖企业是疫病净化的实施主体和实际受益者，应遵守净化管理的相关规定，保障疫病净化的人力、物力、财力的投入，结合本场实际，开展动物疫病净化。种鸡场应做好疫病净化必要的软硬件设计改造，保障净化期间采样、检测、阳性鸡群淘汰清群、无害化处理等措施顺利实施。种鸡场应健全生物安全防护设施设备、加强饲养管理、严格消毒、规范无害化处理，按时向净化评估单位提交疫病净化实施材料，及时向净化评估单位报告影响净化维持体系的重大变更及疫病净化中的重大问题等。

三、我国种鸡场疫病净化的意义

快速发展的养鸡业不仅造成鸡存栏基数不断增加和散养与规模化养殖并存的现实问题，也增加了重大动物疫病的防控难度。目前实行的动物疫病综合防控措施不能从长远角度消除或消灭一些动物疫病。针对家禽养殖业而言，只有实施种鸡疫病净化才能从根本上实现疫病的消除或消灭状态。因此，开展种鸡疫病净化工作是当前实现鸡病由控制到净化的最主要措施。但是，目前在净化种鸡疫病方面还面临很多问题和挑战。

（一）长期高强度免疫不利于种鸡疫病净化

目前，疫病防控的 3 个有效手段是消灭传染源、切断传播途径和保护易感动物（疫苗免疫）。国际社会普遍认为，疫苗免疫虽是疫病控制的重要手段，且动物机体经过免疫之后，如群体抗体水平达到 70% 即可控制疫病的大范围传播，有效降低疫病感染率。但是，长期高强度使用疫苗免疫可导致免疫压增高，造成种鸡免疫压力。另外，弱毒疫苗在使用过程中也可能存在毒力返强现象，导致种鸡接种后持续感染。

我国受养殖模式、经济能力限制，不得不采取以免疫为主的综合措施防控种鸡疫病，绝大多数种鸡疫病只能以控制发病与抑制流行为目标。当疫情频繁、大范围暴发时，只能以扑灭疫情为主要手段，难以达到消灭疫病的目的。因此，免疫只是一个阶段性手段。从根除鸡疫病的实际需要看，如果过度依赖免疫并将其作为种鸡疫病防控的长期战略，不利于实现消灭种鸡疫病的最终目标。因此，要实现种鸡疫病的消灭，只有在停止免疫之后实施净化措施才是消灭疫病的基础和前提。

（二）净化条件不成熟不利于净化成功

从国外疫病净化经验来看，要想完善种鸡疫病净化措施，必须具备净化的基本条件：首先，国家要有消灭疫病的意向和相应的保障措施（如完善的法律法规制度和财政投入制度，以及先进的技术和配置周密的实施和监督机构等）；其次，公众有较强的灭病意识，并以各种社会组织的形式积极支持或参与灭病计划；最后，国家制定严格且详细的各项措施，消灭理论上可行的疫病。因此，净化条件形成的净化大环境直接影响净化的成功与否。

（三）种鸡疫病净化存在的难度

首先是养殖模式和消费习惯造成动物疫病病原分布广泛。散养比例大导致疫源地分布广泛和疫病种类繁多。加之居民喜食鲜活家禽的消费习惯，以及活禽的长途运输和活禽交易，促进了种鸡疫病的扩散和人畜共患病的发生，疫病防控和种鸡产品安全监管的难度随之加大。

其次是严峻复杂的动物疫情防控形势，对动物疫病净化形成了巨大的挑战。

近年来，禽流感病毒变异重组呈现加速趋势，防控难度进一步加大，严重威胁畜牧业发展和公共卫生安全。从全球看，随着全球气候的变化、人类活动领域的拓宽、活禽及禽产品国际贸易的频繁，全球新发、再发的鸡病不断出现。

最后是种鸡疫病防控方式、手段的制约。我国作为发展中国家，经济的快速发展加快了种鸡疫病的发生，使得疫情比预期的严重。之前固有的防疫方式和手段显得力不从心，成为制约动物疫病净化的因素。当前，我国防疫理念和技术手段与时俱进的突破口就是结合 OIE 动物疫病区域化管理措施，并采用种禽无特定病原体（SPF）技术从源头开始逐级净化，分病种、分阶段、分区域的制定疫病净化计划。其中，区域化管理是净化的行政手段，而 SPF 技术是净化的技术手段。

（四）兽医管理体制仍需完善

兽医工作的主要职责包括行政管理、监督执法和技术支撑 3 个方面内容。目前存在的主要问题有：一是地区分割、政出多门；二是技术支持体系支持能力不足；三是基层兽医防疫体系无法发挥作用。

鉴于以上问题，有必要完善种鸡疫病净化措施，且应先从大环境建设抓起，完善符合种鸡疫病净化的条件，即从法律法规、财政、技术手段、机构设置和人员管理等方面入手，为净化方案的顺利实施提供保障，并先通过区域化管理的方式试行净化方案，在各项措施应用成熟后全面推广，最终达到从点到面实现某种种鸡疫病的净化。

四、我国种鸡场疫病净化工作的建议

（一）完善动物疫病净化相关法规和标准

《动物防疫法》第三十四条明确规定对三类动物疫病开展净化，但目前关于动物疫病净化的法律条款过于原则，实际操作层面还面临一些障碍，需要制定相应的配套规章进一步细化。广东、海南两省无疫区建设的相关法规虽丰富了目前净化工作所需的配套法规，包括一些条例和规范，但仍需要进一步完善。净化工作从养殖场生物安全措施的建立、日常畜禽饲养管理、畜禽标识及管理、移动控制、监测和淘汰阳性病例及建立阴性群、废弃物和病死动物的无害化处理，到由点及面，对多个净化场的评估管理，建立动物移动控制、相关市场准入机制，形成无特定病原体的净化区域，均需要完善的法律、规范和标准，确保疫病净化工作有法可依、有章可循。建议尽快出台疫病净化相关的法律、法规、规范和标准，全面推进种鸡场疫病净化工作。

(二) 建立疫病净化工作长效机制

从世界各国动物疫病净化经验看，疫病的净化少则需要十几年，多则长达几十年的时间才能实现，这需要我们在借鉴其他国家经验的基础上，结合我们国情建立疫病净化工作长效机制。一是明确疫病净化的职责。政府机构制定疫病净化相关的法规、标准，确定动物疫病净化的总体规划、配套政策，明确养殖企业是疫病净化的主体，需积极主动开展动物疫病净化，同时各级动物疫病预防控制中心需提供技术支持和监督指导。二是建立疫病净化财政保障政策。建立国家扶持，各相关责任方分头承担的财政政策，保障疫病净化所需的各项费用，维持净化机制的长效性。三是完善各项监督制度。持续开展种鸡场疫病监测和监督，掌握我国种源疫病感染和净化状况，推动种禽企业疫病净化创建场和示范场评估。四是提升技术支撑能力。充分发挥动物疫病防控体系、高等院校和科研院所的技术力量，为养殖企业的疫病净化工作提供技术支撑，提高疫病净化技术水平。

(三) 因地制宜推动疫病净化工作

我国幅员辽阔，种鸡饲养量大，品种资源丰富，动物疫病防控水平参差不齐。除了白羽肉鸡和部分蛋鸡品种是引进国外已经过净化的种群之外，黄羽肉鸡、国内培育的蛋鸡、地方品种的蛋鸡或肉鸡核心群的育种工作是我国的重要项目，且这些品种在我国的饲养量逐年上升，但研究表明，全国禽白血病和鸡白痢的感染情况较严重，疫病净化压力较大。鉴于当前养鸡业的现状，针对不同情况，采取分类措施，因地制宜推动种鸡群疫病净化工作变得尤其重要：一是加强对进口种鸡检疫和风险评估，防止祖代场在引种的同时引入疫病；二是加强对育种企业的引导和扶持，促进国内品种种鸡群的疫病净化；三是推进疫病净化示范场的评估和监管，提高净化场的社会认知度；四是强化种鸡场疫病净化技术培训和指导，提高养鸡企业疫病净化的技术水平；五是推进疫病净化项目上升为疫病净化工作，加快疫病净化创建场和示范场建设步伐，总结经验，集成技术，形成完善的政策和技术方案，全面开展种鸡场疫病净化工作。

附　美国家禽改良计划

美国家禽改良计划（National Poultry Improvement Plan，NPIP）是一项由美国农业部动植物卫生检疫局和各州官方兽医机构进行日常管理、养殖业从业人员自愿参加的合作项目，得到美国相关法律保护。该项目最初于1933年由国际养禽协会（IBCA）提出，1935年由美国国会通过该计划，同年7月1日正式实施。在此计划中，各组织各司其职，分工协作。其中，动植物卫生检疫局（APHIS）主要负责协调工作，各州官方兽医机构具体负责实施，满足条件的养殖场均可自愿参加。此计划旨在通过组建一个类似于"国家企业联盟"的组织，有效推广运用养殖和疫病控制新技术，从而改善全美家禽和家禽制品品质。

最初，NPIP的主要任务是实行美国全境鸡白痢检疫的标准化，进而控制鸡白痢。随着计划逐步扩展，后续增加了多种禽类疫病的防控。通过NPIP，到1985年，美国已经有30个州扑灭了鸡和火鸡白痢和伤寒。

（一）NPIP特点

1. 国家层面总体规划、养殖场户自愿参与　NPIP是一个全国性的规划，具有统一术语，实施规范检疫、严格落实各项防控措施。动植物卫生检疫局以及除阿拉斯加、夏威夷以外的48个州的官方兽医机构与养殖场代表合作，共同完成这项计划的管理。NPIP大会委员会为管理机构，对该计划进行日常管理。委员会成员包括动植物卫生检疫局兽医官员、州官方兽医的主管部门官员以及养殖场代表。该项目在全国范围内认证了130个授权实验室，行使日常血清学和病原学检测职能。美国大约95%的养禽场、孵化场都自愿加入了NPIP。

2. 注重问题导向　NPIP在运行过程中，非常注重问题导向，以问题导向指导项目发展。首先是关注疫病防控形势。从家禽养殖业疫病发展的历史来看，美国家禽产业发展过程中面临的最大障碍就是由沙门氏菌引起的鸡白痢，该病可引起高达80%的雏鸡死亡，且早期无法确诊。直到1899年Leio博士发现了该病的致病菌——沙门氏菌，1913年F S Jones博士发现的血液诊断方法，才实现对此疫病做出准确诊断。NPIP项目在设立初期，就是以鸡白痢防控为主要任务。

其次是契合经济环境。20世纪初，美国家禽及其制品已经形成全国综合性市场，种禽、家禽及家禽制品在全国范围内迅速流通；但是，由于各州各自制定了检疫标准，无法实现技术和管理上的统一。动植物卫生检疫局抓住时机，推出并实施了 NPIP，制定了统一的标准和方法，最终实现了家禽疫病的消除和净化策划。

3. 具有明确的目标 该计划在制定之初就具有明确的目标和任务。最初旨在消除禽白痢（禽伤寒）。部分州通过此计划的实施，很短时间内就净化了鸡白痢沙门氏菌和鸡伤寒沙门氏菌。全美国通过该计划的实施，历经几十年的不懈努力，最终净化了鸡肠炎沙门氏菌。目前该计划仍在不断完善，目前主要关注的病原微生物为肠炎沙门氏菌、支原体、滑液囊支原体、火鸡支原体和禽流感病毒。重点关注的家禽主要包括鸡（蛋鸡和肉鸡）、火鸡、比赛用禽（鹌鹑、山鸡、鹤鸽、松鸡和美洲鸵）、水禽（鸭和鹅）、鸵鸟、鹏鹊和鹤等。

4. 统一标准，有法可依 1935 年美国国会通过了 NPIP，使 NPIP 具有了法律效力，之后，NPIP 不断完善。1985 年修订后的 NPIP 内容更实用，概念更严谨。NPIP 及其附文详细规定了 NPIP 管理规则，成为全行业共同遵守的准则。其中，《联邦规章典集》第九篇《动物和动物产品》145 部《国家家禽改良计划》和 147 部《国家家禽改良计划辅助规定》，这 2 部法律从法律层面详细阐述了 NPIP 的运作方式、实施监督和检查的机构及人员授权方法、相关机构和人员的职责、参与该计划的条件以及实验室检测技术要求等，从法律的高度保障了该计划的顺利实施。

但是，NPIP 相关规则并不是一成不变的，会随着内外环境的变化而做出相应调整。必要时，动植物卫生检疫局会与参与各方相互协商，制定新的规则。

5. 严格落实各项措施 NPIP 制定了严格的检测方法和生物安全管理措施。如在 1969 年确认了用于鸡白痢/伤寒的检疫标准：标准试管凝集法、染色抗原全血凝集法和快速血清试验，并对从无疫区引进种蛋和雏禽，对禽舍、孵化场和运输车辆进行严格消毒等措施的操作进行了详细规定。NPIP 要求所有参加该计划的州和养殖场均要按标准程序进行检疫，保持环境卫生，严格执行生物安全措施，通过严格运用这些措施确保了家禽不感染鸡白痢/伤寒。

6. 明确各方责权利 NPIP 通过动植物卫生检疫局和各州兽医管理机构与参与项目的相关养殖场签署谅解备忘录，在谅解备忘录中明确各方责任和权利。动植物卫生检疫局同步制定了适用于全国的 NPIP 基本技术标准（类似于我国的国家标准）。各州可在全国基本技术标准的框架内，制定各自的技术和管理标准，一般情况下，各州制定的标准将更加严格。目前已有 48 个州与动植物卫生检疫局签署了谅解备忘录，与各州兽医管理机构签署谅解备忘录的养殖场和孵化场约占总数的 95%。

7. 成立全国性管理机构　NPIP 大会委员会是管理该计划的常设机构，大会由主席、副主席、执行秘书和区域委员会构成，区域委员会由各个区域养殖场负责人代表组成。大会委员会主席和副主席通过选举产生，动植物卫生检疫局代表一般为大会执行秘书，同时为大会委员会提供必要的人员支持。

（二）NPIP 各方职责和权利

1. 动植物卫生检疫局和大会委员会　动植物卫生检疫局虽然是项目的领导者，但其仅有领导权，而无具体问题的决策权。动植物卫生检疫局在 NPIP 的实施过程中主要是组织和协调，派员参与 NPIP 大会委员会，但并不直接负责 NPIP 的具体事务。动植物卫生检疫局还负责提供实验室材料和服务，提供项目所需经费（一般提供项目所需经费的 30%）以及为各州提供疫病检测的技术人员和实验室服务，同时对项目进程进行检查和督导。

大会委员会具有 8 项职能：①向美国农业部提出资金使用建议和意见，以维持 NPIP 官员和其他工作人员的日常工作；②编制 NPIP 年度预算；③协助动植物卫生检疫局计划、组织并召开 2 年 1 次的 NPIP 研讨会；④讨论并决定代表提出的议题是否需要交由大会表决；⑤对《联邦规章典集》中 NPIP 规定的管理程序的合理性提出建议并进行解释，对项目参与方提出的 NPIP 规定修订意见进行评估。特殊情况下，可直接向农业部部长提出报告和建议；⑥组织召开 NPIP 研讨会，并向农业部部长提出解决具体问题的方法和建议；⑦是 NPIP 和美国动物卫生协会的联系人；⑧就 NPIP 在整个家禽业中的参与程度和职能以及 NPIP 的宗旨向美国农业部提出意见和建议。

另外，NPIP 将根据不同家禽感染情况对全国所有州进行分类管理，制定全国各血清学亚型沙门氏菌净化方案，建立标准的检测方法来监测和控制疫病传播，为项目参与方并已经达到净化标准的企业出具相关证明等。

2. 各州兽医主管部门

（1）日常管理　制定本州禽群的分类标准，依据职责对加入 NPIP 的养殖场、孵化场和加工厂进行检测，并根据其是否感染沙门氏菌对其进行分类。

（2）督查　各州官方兽医机构需指定具备资质的人员进行样品收集和实验室检测，并对全过程进行监督。

（3）检查　NPIP 通过各州的随机抽样检测系统维护其完整性。每个参与的孵化场每年至少检测 1 次，以满足州官方机构及 NPIP 规定的孵化标准。NPIP 的另一项重要内容是保证所有记录的完整性。所有养殖场的记录，特别是用于种蛋生产的记录每年都会由州兽医主管部门检查验收。

3. 养殖场户

（1）加入 NPIP 的条件　NPIP 对所有养殖场开放，但加入该项目必须满足：符合"美国鸡白痢/伤寒净化"标准，同时向所在州官方兽医主管部门证明养殖场地、设施、人员、饲养标准等达到 NPIP 要求，并承诺遵守 NPIP 规定、履行 NPIP 规定的责任。

（2）引种管理　加入 NPIP 后，养殖场原则上必须从本州的种蛋场或孵化场引进种禽。如果必须从外地引种，则需要与相关州的兽医主管部门达成书面协议，并接受 NPIP 的监督。

（3）监测　NPIP 规定所有加入 NPIP 的养殖场、孵化场和加工厂必须定时按规定数量送样进行检测。1968 年前，所有加入 NPIP 的种鸡都要进行检测，1980 年后则只抽检种鸡群的 7%～20%。

（4）其他权利和义务　参加 NPIP 的养殖场、孵化场和加工厂有权在产品包装上使用 NPIP 会徽，其生产的家禽和家禽产品将获得一个批准号码，该号码可用于发货标签、证书、发票以及其他文件，用于和其他产品进行区别；可在商品博览会上免费列出公司名称。但一旦检测出阳性，该禽群的所有家禽都要被送回原养殖场，养殖场将被隔离，所有家禽和家禽制品不能向外调运，官方机构将会对该场点进行定点监测。

（三）相关思考

1. NPIP 是兽医工作服务于生产的良好载体　家畜、家禽改良计划优于一般的疫病防控计划，能够很好地体现动物疫病防控的经济性能。疫病防控计划的最终目标是控制、消灭或根除目前已经存在的动物疫病，防止外来动物疫病的发生。而改良计划的目标是通过疫病防控等手段改良动物和动物产品品质，疫病防控是其中间步骤，而不是最终目标，更能充分反映出兽医工作促进生产性能提高的本质。

2. 通过立法确保工作的持续性　动物疫病防控计划的持续开展需要健全的法律做保障。NPIP 从 1935 年开始实施到现在已经超过了 80 年，目前这个计划仍然在继续实施，并发挥良好作用，除了计划本身在禽类疫病的防控过程中发挥了切实作用外，还得益于由健全的法律保障。

3. 充分发挥协会非政府组织的作用　美国的行业协会在动物疫病防控方面起到了重要作用，国际养禽协会最初组织实施了 NPIP，并在 NPIP 的实施过程中发挥了重要作用。

4. 统一相关标准　统一术语、统一检测标准是 NPIP 得以顺利在全美实施的前提。

5. 各方利益相互结合　NPIP 使美国的养殖场主获得了巨大的效益，主要禽类疫病的发生得到有效控制。同时美国民众也能够从市场上得到安全的禽类制品，政府也获得了更多的税收，各方利益均实现了最大化。

6. 养殖场自愿加入 NPIP，主动参与疫病防控　养殖场主自愿参加 NPIP 能够使他们获得认同感，主动按照相关法律、法规和措施进行禽类养殖。同时，养殖场主能够通过大会委员会获得一定的话语权，阐述实际问题、发表观点，参与NPIP 相关法规、措施的制定，促使其严格贯彻相关法律条文，积极参与 NPIP的实施。

7. 国家不需承担过重经济负担　NPIP 在有效控制了美国主要禽类疫病的同时，并没有给国家增加过重的经济负担。在所需经费中，联邦政府仅负担了3％，而养殖场主承担了主要部分的 67％。

（编者：代蕾、刘爱军、赵灵燕、赵光明、杨萌）

参考文献

陈继兰，文杰，赵桂苹，等，2005. 鸡肉肌苷酸和肌内脂肪等肉品风味性状遗传参数的估计 [J]. 遗传，27（6）：898-902.

陈继明，赵水刚，宋翠平，等，2005. 美国家禽业促进计划（NPIP）对我国动物疫病防控工作的借鉴作用 [J]. 中国动物检疫，22（2）：7-8.

陈雅秀，刘志文，陈云妮，等，2006. 我国畜牧业的现状、问题及对策 [J]. 西南农业大学学报，4（4）：12-14.

崔治中，2015. 我国鸡群 J 亚群白血病流行的过去、现在和将来及其防控——对我国动物疫病防控的启示 [J]. 现代畜牧兽医（1）：30-32.

邓小芸，祁小乐，张久丽，等，2014. J 亚群禽白血病流行病学研究新进展 [J]. 中国家禽，36（16）：38-40.

杜万功，2002. 鸡场疫病净化的方法与措施 [J]. 山东畜牧兽医（3）：10.

耿韶磊，2004. 美国肉鸡产业化的主要特点 [J]. 中国牧业通讯（21）：66-67.

韩雪，顾小雪，王传彬，等，2016. 我国种鸡主要疫病净化现状和对策 ［J］. 中国家禽，38
　　（5）：64-66.

韩雪，张倩，刘玉良，等，2016. 祖代种鸡场主要疫病监测与净化对策 ［J］. 畜牧与兽医，
　　48（8）：109-112.

蒋文明，陈继明，2015. 我国高致病性禽流感的流行与防控 ［J］. 中国动物检疫，32（6）：
　　5-9.

蒋文明，王艳，李金平，等，2017. 2014—2016 年华东地区某市活禽市场禽流感流行病学
　　调查与分析 ［J］. 中国动物检疫，34（1）：14-18.

李慧芳，葛庆联，汤青萍，等，2007. 不同蛋类蛋品质分析和比较 ［J］. 中国畜牧杂志，43
　　（1）：56-57.

林居纯，曾振灵，吴聪明，2008. 鸡毒支原体的耐药性调查 ［J］. 中国兽医杂志，44（8）：
　　40-41.

刘华雷，王志亮，2015. 新城疫的流行历史与现状 ［J］. 中国动物检疫，32（6）：1-4.

刘胜旺，2010. 我国鸡传染性支气管炎流行现状及原因分析 ［J］. 中国家禽，32（16）：5-9.

孙冰冰，2014. 浙江省部分地区鸡球虫分离株的致病性与耐药性研究 ［D］. 杭州：浙江大
　　学.

田克恭，李明，2014. 动物疫病诊断技术理论与应用 ［M］. 北京：中国农业出版社.

汪明，2003. 兽医寄生虫学 ［M］. 北京：中国农业出版社.

王金文，2000. 中国养鸡业现状与加入 WTO 的发展对策 ［J］. 中国禽业导刊，17（19）：9-10.

王生雨，连京华，廉爱玲，2003. 我国养鸡业历史回顾及未来发展趋势 ［J］. 山东家禽
　　（1）：8-13.

王新华，刘志华，左小丽，等，2010. 科技创新体系中的多元联动机理——以温氏模式为
　　例 ［J］. 广东农业科学，12：227-231.

文杰，2012. 我国肉鸡业生产现状及未来发展 ［J］. 中国家禽，34（15）：1-4.

夏红民，2005. 重大动物疫病及其风险分析 ［M］. 北京：科学出版社.

姚剑锋，2005. 肉品出口如何打破贸易壁垒的若干思考 ［J］. 肉品卫生（7）：14-15.

岳永生，陈鑫磊，牛庆怒，等，1996. 四种不同类型鸡肌肉品质的比较研究 ［J］. 中国畜牧
　　杂志，32（2）：30-33.

查华，2013. 华东地区鸡白痢沙门菌的分离鉴定、分子流行病学及致病性研究 ［D］. 扬州：
　　扬州大学.

张光先，李康然，1999. 美国家禽改良计划简介及我们对中国的建议 ［J］. 中国动物保健，
　　（2）：4-6.

张香斋，李蕴玉，李佩国，等，2014. 河北省蛋种鸡场鸡白痢流行情况调查 ［J］. 黑龙江畜
　　牧兽医（9）：128-129.

郑俊，2005. 关于大力发展农村生态畜牧业的思考 ［J］. 华北农学报，20：186-190.

朱迪国，宋建德，黄保续，2015. 当前全球禽流感流行概况及特点分析 ［J］. 中国动物检
　　疫，32（3）：41-47.

Bi Y, Chen Q, Wang Q, et al, 2016. Genesis, evolution and prevalence of H5N6 avian
　　influenza viruses in China ［J］. Cell Host & Microbe, 20（6）：810-821.

Breeze R G, 2006. Technology, public policy and control of transboundary livestock diseases
　　in our lifetimes ［J］. Rev Sci Tech OIE, 25（1）：271-292.

Miller P J, Haddas R, Simanov L, et al, 2015. Identification of new sub-genotypes of virulent Newcastle disease virus with potential panzootic features [J]. Infection, Genetics and Evolution, 29: 216-229.

Payne L N. Brown S R. Bumstead N, et al, 1991. A novel subgroup of exogenous avian leukosis virus in chickens [J]. J Gen Virol, 72 (4): 801-807.

第二章

疫病净化关键
措施

第一节　种鸡标准化养殖

优良品种、全价饲料、科学饲养管理、严格的防疫以及完善配套的设施装备与环境，构成了现代养鸡生产的五大支柱，而且形成了一个有机的整体。从疫病的传播角度来看，仅仅依靠传统的防疫和用药是达不到防控要求的。种鸡场设计的合理性，采用先进的设施装备，应用环境控制技术及与其配套的设施，饲料与饮水的实时消毒灭菌技术以及养殖技术等构成了综合性防疫体系，而该系统的建立需要通过合理的规划与设计来实现。

一、种鸡场场址要求

（一）场址选择

种鸡场规划布局应符合《动物防疫条件审查办法》（农业部令 2010 年第7 号）的相关要求，符合当地土地利用发展计划和村镇建设发展计划要求，满足建设工程需要的水文地质和工程地质条件。场址应处于交通方便，远离居民区，远离生活饮用水源地，远离畜禽生产场所和相关设施，如动物诊所、活禽交易市场和屠宰场等，远离集贸市场和交通要道，远离大型湖泊和候鸟迁徙路线，选择利于鸡舍保温和通风的较高地势，选择上风向位置，鸡舍周围保持良好的卫生状况。根据当地常年主导风向，场址应位于居民区及公共建筑群下风向处。种鸡场距主要交通干线的间距应不小于1 000m；距居民点 2 000m 以上；与其他畜牧场、畜产品加工厂等的间距不小于1 500m。另外，根据《动物防疫条件审查办法》的规定，动物饲养场、养殖小区选址还应当符合下列条件：①距离生活饮用水源地、动物屠宰加工场所、动物和动物产品集贸市场 500m 以上；距离种畜禽场1 000m 以上；距离动物诊疗场所 200m 以上；动物饲养场（养殖小区）之间距离不少于 500m；②距离动物隔离场所、无害化处理场所3 000m 以上；③距离城镇居民区、文化教育科研等人口集中区域及公路、铁路等主要交通干线 500m以上。

1. 地形地势要求　种鸡场要选择在地势高燥、平坦，尽可能用非耕地，位于居民区及公共建筑下风向的地方。平原地区应选择在较周围地段稍高的地方，以利于排水防涝，地面坡度以 1°～3° 为宜。靠近河流、湖泊的地区，选址应比当地水文资料中的最高水位高 1～2m。在丘陵山地建场选在缓坡向阳，坡度不超过 20°。新建场址周围应具备就地无害化处理粪尿、污水的足够场地和排污条件。

2. 地质土壤要求　场址土壤质量符合 GB 15618—2018《土壤环境质量标准》的规定。一般鸡场应选择土壤透气性强、透水性良好、质地均匀、导热性小，未被传染病或寄生虫病病原污染过的地方，地下水位不宜过高。

3. 水源水质要求　水源充足，取用方便，便于保护，水质符合 GB5749—2006《生活饮用水卫生标准》，能够满足生产、生活、废弃物处理等用水；根据取用方便、节水经济的原则，可选择地表水、地下水、自来水或搭配选择。必要时采用水质净化系统。

4. 道路交通要求　种鸡场交通要便利，应修建专用道路与主要公路相连；场内道路要硬化，拐弯处要设置足够的拐弯半径。

5. 电力、通讯要求　电力充足可靠。标准化种鸡场必须配备发电机，确保 24h 电力供应。要求通讯方便，信息网络健全，提倡安装监控等智能化设施。

6. 气候环境要求　应充分了解当地的极端气候状况，如最高最低气温、降水量与积雪深度、最大风力、常年主导风向、日照时长等气候环境，据此确定鸡舍建筑设计及设备配置，为种鸡生产提供适宜的环境条件。

7. 绿化要求　绿化包括防风林、隔离林、行道绿化、绿地等，种鸡场不提倡种植高大树木，多数种植灌木等进行绿化，但不能产生花粉、花絮等；选址时与周围种植业结合可以增强隔离效果，增加绿化面积和综合经济效益。

(二) 合理规划布局

1. 种鸡场总体布局原则　应体现在以下 4 点。

（1）利于生产　种鸡场的总体布局首先要满足生产工艺流程要求，按照生产过程的顺序性和连续性来规划和布局建筑物，达到有利于生产，便于科学管理，从而提高劳动生产率。

（2）利于防疫　种鸡场鸡群规模大、饲养密度高时，容易发生和流行鸡的疫病，要保证正常的生产，必须将卫生防疫工作提高到首要位置。一方面在整体布局上应着重考虑鸡场的性质、地形条件、主导风向等，合理布局建筑物，满足其防疫距离的要求；另一方面还要采取一些行之有效的防疫措施。

（3）利于运输 种鸡场日常的蛋、禽、饲料、粪便及生产和生活用品的运输任务非常繁忙，在建筑物和道路布局上应考虑生产流程的内部联接和对外联系的连续性，尽量使运输路线方便、简捷、不重复、不迂回。

（4）利于生活管理 种鸡场在总体布局上应使生活区和生产区做到既分隔又联系，位置要适中，环境安静，不受鸡场的空气污染和噪声干扰，为职工创造一个舒适的环境条件，同时又便于生活、管理。

2. 鸡场功能分区和布局方案 规划设计种鸡场的总体布局时，首先把确定配置的各种建筑物按生产工艺流程和不同卫生防疫要求合理安排分区，安排各区最佳生产联系的合理位置。在节约土地、满足当前生产需要的同时，综合考虑将来扩建和改建的可能性。种鸡场建设应按中华人民共和国农业工程建设标准《种鸡场建设标准》要求进行，生活区、生产区、污水处理区、病死鸡无害化处理区分开，各区相距不少于50m；鸡舍布局合理，育雏舍、育成舍、种鸡舍、孵化室和隔离舍等分别设在不同区域，鸡舍相互距离不小于15m。种鸡场应按其功能要求、主导风向、地形、鸡群的防疫能力及它们在生产流程中的相互联系作出分区布局方案。种鸡场功能分区的一般要求如下。

（1）分区明确 建筑设施按生活管理区、生产区和隔离区布置，见图2-1及表2-1。各功能区界限分明，联系方便。生活区与生产区之间要设大门、消毒池和消毒室。生活管理区设在场区常年主导风向上风处及地势较高处，主要包括生活设施、办公设施及与外界接触密切的生产辅助设施，设主大门，并设消毒池。生产区主要包括育雏区、育成区和产蛋区，在不同区内建设育雏舍、育成舍和产蛋舍。各区间的距离在50m以上，各区内鸡舍间的距离以5个鸡舍高度计算，不小于15m。隔离区设在场区下风向处及地势较低处，主要包括兽医室、隔离鸡舍等。设后门，与污道相接。其中：①种鸡舍应位于鸡场最佳位置，地势高、干燥、阳光充足、上风向、卫生防疫要求高。②根据鸡群特征和自然抗病能力，应把雏鸡舍、育成舍依次放在蛋鸡舍的上风向或侧风向，以便减少雏鸡和育成鸡的发病率。③堆粪场、焚烧室等污秽处理设施应布置在远离鸡舍的下风向地段。④辅助生产区位置适中，便于连接生产区和生活管理区。⑤生活管理区应布置在上风向或侧风向，接近交通干线，方便内外联系。⑥建议按鸡群的年龄划分成不同的分场，各自形成独立的场区，各场实行全进全出，转群后实施严格的隔离、消毒、空舍等措施。以防止疫病的传播。

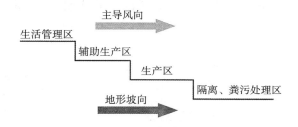

图 2-1　种鸡场不同功能区设置要求

表 2-1　种鸡场不同功能区的建筑构成

生产建筑	辅助生产建筑	管理、生活建筑
育雏舍、育成舍、种鸡舍、孵化室、饲料加工厂	消毒门廊/通道、淋浴更衣室、兽医化验室、焚烧室、水源井、泵房、空压机房、锅炉房、变电室、发电机房、地磅房、暂存蛋库、垫草库、汽油库、饲料库、物料库、油库、机修车间、蓄水设施、洗衣间、包装品洗涤消毒间、污水粪便处理设施	办公用房、宿舍、食堂、文化娱乐用房、大门、门卫、厕所、围墙

（2）鸡舍朝向的选择　鸡舍朝向与鸡舍采光、保温和通风等环境效果有关，主要是对太阳光、热和主导风向的利用（图 2-2）。

朝向与日照：冬季应最大限度接受太阳辐射，提高舍温，减少能耗，改善卫生防疫条件；夏季最大限度地减少太阳辐射，降低舍温，减少降温运行成本。

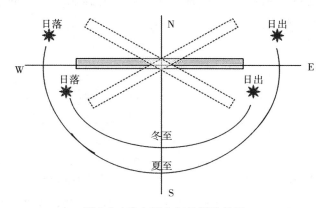

图 2-2　鸡舍朝向与日照的关系

注：北京夏季：南偏东（西）60°角以内，南、东、西墙均可获得 8h 以上日照；
北京冬季：南偏东（西）30°角以内，南墙可获得 9h 日照，东西墙 4.5h 日照。

朝向与通风：利用主导风向，组织场区和舍内通风，以利于排污、除湿、除尘（图 2-3）。从主导风向考虑，根据冷风渗透要求，鸡舍朝向应取与主导风向呈45°角。如按鸡舍通风效果要求则应 30°～45°角。从场区排污效果要求，鸡舍的朝向应取与常年主导风向呈 30°～60°角。因此，鸡舍朝向一般取 30°～60°角，即可满足上述要求。

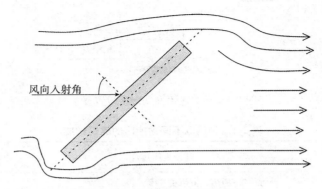

风向入射角

图 2-3　鸡舍朝向与通风的关系

注：北京地区，南偏西优于南偏东，综合考虑日照的影响以南偏西 30°～45°角比较适宜。

（3）鸡舍的间距　鸡舍的间距应满足防疫、排污和日照要求。按排污要求间距为 2H（H 为鸡舍檐高）；按日照要求间距为 1.5～2H；按防疫要求，间距为 3～5H。因此，鸡舍间距一般取 3～5H，即可满足上述要求。

光照间距：保持最佳的光照间距，可最大限度地利用阳光紫外线，预防鸡病的发生和传染。同时亦可保持鸡舍纵墙和周围地面干燥，以减少蚊蝇滋生的可能。冬季特别是寒冷地区，借助于日照可以提高舍内温度。鸡舍的日照标准设计一般可按照图 2-4 来计算。

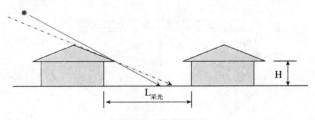

$L_{采光}$

H

图 2-4　采光间距

注：$L_{采光}$＝（1.5～2）H；地理纬度越高，系数的取值应该越大。

通风间距：气流经过鸡舍建筑，其背风面易形成涡流，流场紊乱，难以对后排鸡舍纵墙产生风压，造成后排鸡舍通风不良。因此，应尽量减少漩涡区的范围。一般风向入射角（鸡舍朝向与主导风向的夹角）为 30°～60°角时，既可减少鸡舍距离，又可获得良好的通风效果。通常自然通风的鸡舍间距等于或大于 5 倍鸡舍檐高，机械通风的鸡舍间距等于或大于。鸡舍的通风间距设计一般可按照图 2-5 来计算。

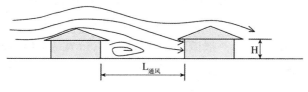

图 2-5　通风间距

注：L通风 =（3～5）H；风向入射角为 0° 时取（4～5）
30°～60° 时取 3H，自然通风时取 5H，机械通风时取 3H。

防疫间距：防疫间距和通风间距的确定有密切关系。防疫要求前栋鸡舍内排出的有害气体、粉尘微粒和病菌不能进入后栋鸡舍，就是要求后排鸡舍布置在前排鸡舍背风面涡流区之外的适当距离。对自然通风鸡舍取等于或大于 5 倍鸡舍檐高为宜。对于机械通风的密闭式鸡舍，由于相邻鸡舍进气口和排气口都是相对布置，鸡舍排出的有害气体等相互影响较小，因此，取 3 倍鸡舍檐高的防疫距离就可以满足要求。鸡舍防疫间距可参照表 2-2。

表 2-2　鸡舍防疫间距

类型	类别	同类鸡舍（m）	不同类鸡舍（m）	与孵化场（m）
祖代鸡场	种鸡舍	20～30	40～50	100 以上
	育雏育成舍	20～30	40～50	50 以上
父母代鸡场	种鸡舍	15～20	30～40	100 以上
	育雏育成舍	15～20	30～40	50 以上

注：摘自中华人民共和国专业标准《工厂化养鸡场建设标准》。

防火间距：通常情况下，建筑物不会因为相邻建筑物起火的热辐射作用而引起火灾。鸡舍多为二、三级耐火等级建筑物，防火间距应在 8～12m 以上，即：L防火 =（3～5）H。

综上分析，自然通风鸡舍间距取 5 倍鸡舍檐高以上，机械通风鸡舍间距取 3 倍鸡舍檐高以上，即可满足日用、通风、防疫和防火要求。但是，在确定鸡舍间距的诸多因素中，防疫间距极为重要，因此，鸡舍间距通常只考虑满足鸡舍的防疫间距。

（4）场内道路　种鸡场的运输繁忙，主要是饲料、粪便、蛋品、鸡、生产和生活用品的运输。为了防疫，在规划道路时，必须分工明确，防止交叉感染。一般将运输饲料、鸡只、蛋品等清洁物品的道路称为清洁道，简称净道；将运输粪污、病鸡和进行笼具消毒等的道路称为污染道，简称污道。要求总体布局时，将净道和污道分开布置，互不相通，也不交叉（图2-6）。场内道路主要干道为5.5～6.0m宽的中级路面，一般道路宜为2.5～3.0m宽的低级路面。

（5）场区绿化 场区绿化是种鸡场建设的重要内容，不仅美化环境，更重要的是能净化空气、降低噪声、调节小气候、改善生态平衡。为兼顾绿化和防鸟，种鸡场不提倡种植高大树木，以种植不产生花粉、花絮的灌木等绿化为主。

3. 鸡舍布局形式 鸡舍的布局一般根据地形条件、生产流程和管理要求而定。随着现代建筑学的发展，鸡舍的形式也呈现多种格局。目前国内常用的鸡舍排列主要为单列式、双列式等形式（图2-6）。

（1）单列式鸡舍 按一定的间距依次排列成单列，且一栋鸡舍设一个工作间或饲料存放间和粪池。

（2）双列式鸡舍 按一定的间距依次排成双列，其特点是：当鸡舍栋数较多时，排成双列式可以缩短纵向深度，布置集中，供料路线两列公用，电网、管网布置路线短，管理方便，能节省投资和运转费用。依此类推，鸡舍可以布置成三列式、四列式等。

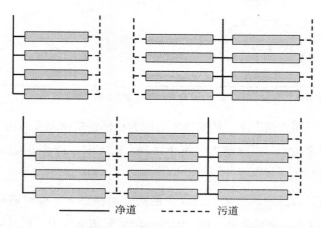

图2-6 单列、双列、三列鸡舍布置形式及净道、污道配置

4. 种鸡场建筑指标的确定

（1）种鸡场占地面积不能超过表2-3中所规定指标。

（2）种鸡场建筑面积与饲养鸡的类别及规模有关，其总面积的控制可参照表2-4。

表 2-3　种鸡场占地面积指标

类别		饲养规模（万只）	占地面积（hm²）
祖代鸡场		1.0	5.2
		0.5	4.5
父母代	蛋鸡场	3.0	5.8
		1.0	2.0
		0.5	0.7
	肉鸡场	5.0	7.6
		1.0	2.0
		0.5	0.9

表 2-4　种鸡场建筑面积

类别		饲养规模（万只）	总建筑面积（m²）	生产建筑面积（m²）	辅助生产建筑面积（m²）	管理、生活建筑面积（m²）
祖代鸡场		1.0	6 170.0	5 370.0	530.0	270.0
		0.5	3 480.0	3 020.0	300.0	160.0
父母代	蛋鸡场	3.0	9 690.0	8 120.0	850.0	420.0
		1.0	3 340.0	2 930.0	290.0	120.0
		0.5	1 770.0	1 550.0	150.0	70.0
	肉鸡场	5.0	17 500.0	15 210.0	1 500.0	760.0
		1.0	3 530.0	3 100.0	310.0	120.0
		0.5	1 890.0	1 660.0	160.0	70.0

注：①总建筑系数均不超过 20%。②鸡场规模是指成年母鸡数。③管理、生活建筑面积不包括宿舍。

（3）建筑系数计算公式如下：

$$建筑系数 = \frac{建筑物占地面积＋构筑物占地面积＋露天仓库堆场占地面积}{总占地面积}$$

国内规模化鸡场的建筑系数一般为 20% 左右。

5. 鸡舍栋数的确定　根据饲养工艺可以算出各类鸡舍的饲养量和各类鸡舍需配备的栋数。

（1）鸡群周转计算　雏鸡数乘以成活率约 95%（因死亡率约 5%）转至育成鸡数，再乘以成活率约 89%（因淘汰率约 8%，死亡率约 3%）转至产蛋鸡数。也就是通常所说的鸡场规模数。因而，只要确定了规模，就能算出每个饲养阶段的鸡群数（表 2-5）。

表 2-5 产蛋种鸡每阶段饲养天数

饲养阶段	饲养天数	转群、清理等天数	饲养一批总天数	每栋一年饲养批数
雏鸡	40	10～20	60	6
育成鸡	100	10～20	120	3
产蛋鸡	365	10～20	365	1

（2）鸡舍栋数确定　根据以上分析可知：1栋雏鸡舍1年饲养6批，而1栋育成鸡舍1年只能饲养3批，每批雏鸡都要转群至育成鸡舍，因此，1栋雏鸡舍需要2栋育成鸡舍相适应，由此类推，1栋育成鸡舍需要2栋蛋鸡舍相适应。

二、种鸡场工艺与设施

（一）工艺确定原则

1. 符合肉用种鸡祖代和父母代、蛋用种鸡祖代和父母代饲养管理技术的要求。

2. 有利于种鸡场的卫生防疫和粪尿污水污物的无害化处理及排放，符合 GB 14554—1993《恶臭污染物排放标准》、GB 8978—1996《污水综合排放标准》和 GB 7959—2012《粪便无害化卫生要求》的要求。

3. 有利于节水、节能、提高劳动生产效率。

（二）饲养工艺

1. 肉种鸡采用平面散养或笼养工艺，饲养阶段分为一阶段（育雏-育成-产蛋）或二阶段（育雏-育成阶段，然后转到产蛋鸡舍）饲养。

2. 蛋鸡种鸡采用全程笼养或平养工艺，饲养阶段分为二阶段式或三阶段式。

（三）设施配备原则

1. 设施必须满足种鸡饲养管理技术和生产的要求。

2. 经济实用，便于清洗消毒，安全卫生。

3. 选用性能可靠的配套定型产品。

4. 有利于减少鸡群的应激反应。

5. 有利于控制舍内环境，便于观察和处理鸡群。

种鸡场设备选用范围见表 2-6。

表 2-6 种鸡场设备选用范围

类别	饲养形式	设备选用范围
雏鸡	平养	网面、供热、通风、降温、光照及光控、饮水、喂料、清粪、清洗消毒等设备
	笼养	育雏器或育雏笼、供热、通风、降温、光照及光控、饮水、喂料、清粪、清洗消毒等设备
育成鸡	平养或笼养	网面、育成笼、饮水、喂料、通风、降温、光照及光控、清粪、清洗消毒等设备
蛋鸡	笼养	蛋鸡笼、饮水、喂料、集蛋、通风、降温、光照及光控、清粪、清洗消毒等设备

(四) 鸡舍建筑

1. 建筑形式 包括开敞式鸡舍、有窗式鸡舍和密闭式鸡舍。

（1）开敞式鸡舍 分为两类：①全开敞式两侧只有 0.5～0.6m 低矮的纵墙，其上至屋檐全部敞开，加上铁丝网或尼龙塑料网等围栅。有的再加上双覆膜塑料纺织布做成的卷帘，用以避风雨、保温和通风换气。②半开敞式两侧纵墙部分敞开，上部敞开或上、下均有敞开部分。有的南墙敞开大，北墙敞开少。开敞式鸡舍以自然采光、自然通风为主，鸡舍建筑比较简易、土建造价低，节省能源，管理费用低。

（2）有窗式鸡舍 是开敞式鸡舍到密闭式鸡舍的过渡形式，在鸡舍纵墙上设置可以开闭的窗扇，仍以自然采光和自然通风为主。

（3）密闭式鸡舍 又称封闭式鸡舍，多为全封闭式，少数在墙上设有进出气孔与外界环境相通。可完全摆脱自然条件的影响，采用人工光照、机械通风、人工供暖。

密闭式鸡舍设计时主要考虑冬季保温防寒，其次考虑夏季防暑问题。虽然密闭式鸡舍不受朝向限制，但在布局上尽量争取较多的日照，抵御风的袭击。外墙特别是屋顶要有较好的保温性能，密闭式鸡舍光照比较容易满足，重点是通风设计。因为其用机械通风来调节温湿度和通风换气量，因此，进排风口的位置、大小、形式、风机的规格型号、换气方式等设计极为重要。

密闭式鸡舍人工创造适宜鸡体生长的生理环境。温度、湿度、光照、通风等能根据需要人为控制，提高了生产率。密闭式鸡舍比开敞式鸡舍，一般产量提高

10％～15％。蚊、蝇、鸟、鼠不易进入舍内，减少传染机会，利于防疫。采用自动控制和机械生产，可节省劳力、提高管理定额、降低成本，但管理技术要求高，在先进管理水平下，1名饲养员可管理5万只蛋鸡或10万只平养肉鸡。密闭式鸡舍投资大、能耗大，对鸡舍建筑质量要求高、设备多，单位建筑面积的土建造价比开敞式增加10％～50％。同时对电力依赖性大、耗电量大。

2. 建筑规格　鸡舍檐高2.6～2.8m，宽9～12m，长70～100m。密闭式鸡舍在入口处两侧的墙上留进风口并安装湿帘，另一端墙上安装风机。风机和进风口的大小根据存栏鸡数的多少确定。

3. 内部建筑　鸡舍内的地面和墙壁要用水泥硬化，建有上水管和下水道，其位置要依据饲养设备的位置来确定。

（五）卫生防疫设施

种鸡场应配备必要的防疫设施设备，以满足生产和防疫的需要。对关键的设施设备应建立档案，按计划开展维护和保养，确保设施设备的齐全完好，保存相关记录。应设置自然或人工屏障与外界有效隔离，防止外来人员、车辆、动物随意进入鸡场。鸡舍应有防鸟、防鼠措施和设施，应设置明显的防疫标志。生产区门口应设置人员消毒设施，采取喷淋、雾化、负离子臭氧消毒或其他更有效的方式。宜采用较为严格的沐浴、更衣、换鞋以及配合喷淋、雾化或负离子臭氧消毒的综合消毒方式，或其他更有效的方式，确保进入生产区人员的消毒效果。种鸡场的卫生防疫至关重要，健全的防疫体系内容较多，就工程措施来说，应做到以下几点。①规模化鸡场的总平面布局应使生产区、辅助生产区及生活管理区功能分工明确。生活管理区布置在生产区夏季主导风向的上风向或侧风向处，距离宜在50m以上。一般在生产区周围建造围墙、绿化带，形成独立的作业区，切断外界污染因素的干扰。②在鸡场大门入口处应设置车辆消毒池、脚踏消毒池，生产区入口处应设人和车辆喷淋消毒装置，以及紫外线消毒间。③污水及粪便处理区，病死鸡焚烧或高压热处理设施均应设在生产区的下风向，且用林带隔离。④鸡舍与场区围墙距离以15～30m为宜。⑤国内外学者认为，鸟类是带病菌的主要传播者，因此，自然通风的窗洞，机械通风鸡舍的进、排风口应设防护网防止鸟类进入。⑥应配套日常物品消毒设备和水源消毒设备，每一栋鸡舍门口应设置消毒池，鸡舍入口应配有消毒盆，供出入鸡舍人员洗手消毒，必要时，宜配备火焰消毒设备。⑦应设置兽医室。配备必要的实验室仪器设备，如离心机等，以满足日常诊疗、采样和血清分离工作需要。兽医室的设置应与生产区有效隔离，除非必要，其人流、物流应不可与生产区交叉。应配备与工作相适应的消毒设施设备，确保必要时从兽医室进入生产区的人和物经过有效的消毒处理。

（六）消防设施

应采取经济合理、安全可靠的消防措施，符合村镇建筑设计防火规范的规定。消防通道可利用场内道路，紧急状态时能与场外公路相通。

（七）环境保护与无害化处理设施

1. 环境卫生　新建鸡场必须进行环境评估。确保鸡场不污染周围环境，周围环境也不污染鸡场环境。采用污物减量化、无害化资源处理的生产工艺。

2. 无害化处理设施　种鸡场应有无害化处理设施，采用有效方式进行无害化处理。应配备处理粪污的环保设施设备，有固定的鸡粪储存、堆放设施和场所，并有防雨、防渗漏、防溢流措施，或及时转运。

（1）粪便污水处理　新建鸡场必须同步建设相应的粪便和污水处理设施。固体粪污以高温堆肥处理为主，处理后符合 GB 7959—2012 的规定方可运出场外。污水经处理后符合 GB 8978—1996 的规定方可排放。

（2）病死鸡处理　应符合《病死及病害动物无害化处理技术规范》（农医发〔2017〕25 号）的规定。

（3）空气质量　场区内空气污物含量应符合 GB 14554—1993 的规定。

（八）设备与操作

种鸡场应配备相应数量的种鸡舍、育雏舍、育成舍、孵化室和隔离舍等，鸡舍的设计应充分考虑减少用水、便于清粪、利于防疫。种鸡场应尽可能提高喂料、喂水和给药过程的自动化和定量控制水平。应配备必要的降温保暖设施，确保各阶段鸡群在较适宜的温度环境下生长。种鸡场应配备相适宜的通风设备，保持鸡舍空气清新，维持舍内温度湿度。鸡场的各类投入品，如饲料、添加剂、药物、疫苗等应分开储存且符合相关规定，应配有专门用于保存疫苗、兽药的冰箱或冰柜。

1. 内部设备　应选用通用性强、高效低耗、便于操作和维修的定型产品，必要时可引进国外的某些关键设备，设备要求无毒害、耐腐蚀、易除粉尘、结实耐用、配件齐全，能及时更替，便于维修。

2. 育雏、育成设备　包括育雏、育成笼，镀锌底网，热风炉，保温伞，塔式真空饮水器，断喙器，风机，喷灯，定时控制柜，自动喂料桶及消毒设备。

3. 产蛋鸡饲养设备　包括成鸡笼（公、母），笼架，乳头式饮水器，喂料机，喂料器，产蛋箱，清粪机，密封式运输车，清洗消毒设备，风机与降温设备，定时控制柜。

4. 配套设施

（1）饲料储备设施

①机械化喂料系统　在鸡舍入口两侧建储料塔并与喂料带连接。

②人工喂料　在鸡舍入口处设饲料间，并配备喂料设备。

（2）控温设备

①加温设备　包括热风炉、保温伞、温控器等。

②降温设备　包括风机、湿帘、控制系统等。

（3）消毒设备　包括消毒池、消毒间、消毒器械和药品。

（4）兽医室　应设在辅助生产区内，有必需的仪器设备和药品。

（5）供排水设备　供水设施设置应遵守国家和地区主管部门的有关规定，采用生产、生活、消防合一的给水系统。

（6）供电设施　采用当地电网供电。供配电系统必须保障人身、设备安全，供电可靠。电力负荷为二级。

三、孵化场建设工艺要求

（一）场址选择

孵化场是最容易被污染又最怕污染的地方。孵化场一经建立，就很难变动，尤其是大型孵化场。因此，选址需要慎重，以免造成不必要的经济损失。孵化场应是一个独立的隔离场所，须远离交通干线（500m 以上）、居民点（不少于1km）、鸡场（1km 以上）和粉尘较大的工矿区。大型鸡场的孵化场应包括种蛋贮存室、孵化室、出雏室、雏鸡分级存放室以及日常管理所必需的空间。大型孵化场则应以孵化室和出雏室为中心。根据流程要求及服务项目来确定孵化场的布局，安排其他各室的位置和面积，既能减少运输距离和人员在各室的往来，又有利于防疫工作和提高建筑物的利用率。

（二）孵化场总体布局与工艺流程

1. 孵化场的设施及要求　孵化场除了按上述所说应该是一个独立封闭的场所之外，它的各个用房设施的布局，均应遵照循序渐进、不可逆转的工艺流程来安排。孵化场内应分设种蛋验收间、熏蒸消毒间、贮蛋间、孵化间、出雏间、洗涤间、雌雄鉴别间、雏鸡存放间等，从种蛋的验收到发送雏禽的全部过程，只可渐进，不可交叉往返，以防止来回污染。

孵化间和出雏间的檐高一般为 3.5～4.0m，其他辅助用房在 3.0～3.5m。室内应设天花板，四周墙壁和地面应用水泥抹面，以便于用水冲洗，并要求排污方便。各间的具体要求如下：

（1）种蛋验收间　作种蛋的检查验收及装盘用。要求稍宽敞些，便于摆放蛋盘和蛋车的运转；光线要明亮，便于观察、选择和验收种蛋；房间要便于冲洗消毒，排污方便。

（2）熏蒸消毒间　主要用于熏蒸消毒新进和入孵前的种蛋。其大小应根据孵化量来设计，原则是在够用的前提下越小越好。门窗和周壁要严密不漏烟气，在后墙设换气扇，换气窗外设可以开关的密封门，熏蒸时关闭密封门，熏蒸结束后打开密封门，启动换气扇，以去除有害气体。

（3）贮蛋间　既要保温和隔热性能良好，以保持贮蛋间较恒定的温度，又要求有缓慢而足够的通风量。条件允许最好用空调设备，保持室温 10～15℃，相对湿度 75% 左右，贮蛋间的大小与空调机的制冷功率见表 2-7。

表 2-7　贮蛋间的大小和空调机的功率

每天存放种蛋（枚）	贮藏室面积（m²）	空调机功率（W）
9 600	3.3×3.7	368
14 400	3.7×6.4	552
19 200	4.7×6.1	736
33 200	6.4×8.5	1 472

（4）孵化间与出雏间　其大小应根据孵化规模和所选用孵化机机型决定，应高于一般的辅助用房，具有足够的空间和充足的含氧量，一般的高度是从孵化机顶部至天棚为 1.5m 左右。孵化室后墙设换气扇，四周墙壁应用水泥瓷砖，有条

件的地面用水磨石最佳，便于冲洗和消毒。地面安放孵化机和出雏机处为水平地面，地面的承载能力应＞700kg/m²，机器安放的前后地面应呈 5°斜坡，如果孵化机或出雏机布局为单列式，则在孵化机和出雏机的前后靠墙根外预留 1 条纵向排污沟，沟面用铸铁栅栏覆盖，栅距 1.5cm；如果双列式摆放，房子中间再加开 1 条纵向排污沟。孵化机和出雏机前面的过道地面应长于蛋车 1~1.5m，以便于蛋车的运行及照蛋、预温等操作。

（5）雌雄鉴别间　初生雏的羽色鉴别或翻肛鉴别操作用。房内要有安放鉴别台和出雏盘的合理地面，室内温度应保持 27~28℃。

（6）雏鸡存放间　作注射马立克氏病疫苗及存放待运雏鸡用。室温 25~26℃，应设对外递送雏鸡销售窗口，外人不得进入室内。

（7）洗涤间　为清洗蛋盘和出雏盘用。应设在孵化间和出雏间工作区的末尾，要求洗涤间分设两处，分别洗涤蛋盘和出雏盘，防止疫病互相传染，辅助用房面积参见表 2-8。

表 2-8　各辅助用房面积（按每周出雏 2 次计划，m²）

计算基数	收蛋间	贮蛋间	存雏间	洗涤间
孵化出雏机（每千枚种蛋）	0.19	0.03	0.37	0.07
每入孵 300 枚蛋	0.33	0.05	0.67	0.13
每次出雏盘（每千只混雏）	1.39	0.23	2.79	0.55

2. 孵化场工艺流程和平面布局

（1）孵化场的工艺流程　应是一个循序渐进的流程，具体为：种蛋→种蛋验收间（选择、分级、码盘）→熏蒸消毒间（贮存前）→贮蛋间→熏蒸消毒间（入孵前）→孵化间→出雏间→雌雄鉴别间（分级、鉴别）→雏禽存放间（注苗、待运）→发送、出售。

（2）孵化场平面布局　见图 2-7。

3. 孵化场通风与舍内小气候

（1）孵化场的通风换气　主要是提供充足的氧气和排出有害气体（主要是二氧化碳），并在夏季温度高时驱散余热。各房间最好进行单独通风，把废气直接排出房外，避免各室空气混合污染，有条件的最好采用正压过滤通风系统。出雏间废气多、污染较大，应先通过加有消毒剂的水箱过滤后再排出室外，避免带有绒毛和细菌的污浊空气再从别的通气孔进入孵化间或其他各室，造成循环污染。

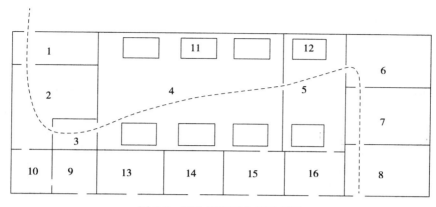

图 2-7 孵化场平面布局示意图

1. 蛋库 2. 种蛋处理间 3. 消毒间 4. 孵化车间 5. 出雏车间 6. 注苗间
7. 公母鉴别间 8. 雏鸡待售间 9. 更衣间 10. 洗澡间 11. 孵化机 12. 出雏机
13. 办公室 14. 库房 15. 蛋盘洗涤间 16. 出雏盘洗涤间

通过过滤措施可滤出 99% 的微生物，对提高孵化率和雏鸡质量非常有利。如果采用负压通风，最好用管道式，使空气更加均匀。孵化场各室的空气流量要求见表 2-9。

表 2-9 孵化场各室的空气流量（m³/min）

室外温度	千枚种蛋		每千只雏鸡	
（℃）	贮蛋间	孵化间	出雏间	存放间
−12.2	0.06	0.20	0.43	0.43
4.4	0.06	0.23	0.48	0.57
21.8	0.06	0.28	0.51	0.71
37.8	0.06	0.34	0.71	0.85

（2）孵化场舍内小气候（湿度、湿度） 孵化场舍内小气候也直接影响到孵化的效果和雏鸡的质量，因而越来越受到人们的重视。孵化场各室的小气候参数要求见表 2-10。

表 2-10 孵化场各室的小气候参数

各室	温度（℃）	相对湿度（%）	通风
孵化、出雏间	24～26	70～75	机械排风
收蛋间	18～24	50～65	人感舒适
种蛋消毒间	24～26	75～80	有强力的排风扇
贮蛋间	7.5～18	70～80	缓慢通风

（续）

各室	温度（℃）	相对湿度（%）	通风
雌雄鉴别间	22～25	55～60	人感舒适
雏鸡存放间	22～25	60～65	有换气扇缓慢通风

（三）孵化设备

1. 孵化机的类型　按其放蛋层次分为平面式和立体式两大类。

（1）平面孵化机　孵量较少，以单层和双层的居多，没有风扇，多为手工翻蛋。一般孵化与出雏均在同层进行，也有上孵化下出雏的，现在多数采用电热管为热源。并用自动启闭盖，采用棒状双金属片调节器或胀缩柄进行自动控温。

（2）立体孵化机　分为箱式孵化机、房间式孵化机和巷道式孵化机 3 种形式。

①箱式孵化机　按出雏的方位又分为下出雏孵化机、旁出雏孵化机、孵化出雏两用孵化机及单出雏机。目前，使用最多的是孵化、出雏分开单独操作的孵化机和出雏机。机内温差小，孵化效果好，也便于防止疫病的传播污染。

②房间式孵化机　外壳用砖砌成，无底，有蛋车和风扇，内部构造、设备与箱式孵化机相同，机器占地少，孵化量大，经久耐用。

③巷道式孵化机　一种大型的孵化机，孵化器与出雏器分开，孵化器容量可达 10 万～15 万枚，出雏器容量达 1.5 万～2.5 万枚，可采取分批入孵、分批出雏的作业方式进行孵化，适合大型鸡场使用，特别适合大批量孵化商品肉仔鸡使用。

2. 孵化机型的选择

（1）孵化机的容蛋量　应根据孵化场的生产规模来选择孵化机的型号和规格，当前国内外孵化机制造厂商均有系列产品。每台孵化机的容蛋量从数千枚到数万枚，巷道式孵化机可到 10 万枚或 10 万枚以上。

（2）孵化机的性能　可根据以下几方面进行评价：

①结构　孵化机箱体外壳由多层胶合板喷塑、塑料板、彩涂钢板或铝合金板等材料制作，夹层内充填保温材料。由于孵化箱内的温湿条件，胶合板材料制作的箱体容易变形，耐用性和保温性能较差，而彩涂钢板和铝合金板耐腐蚀，可高压冲洗，较为理想。

蛋架的设置有八角形蛋架和移动式蛋架车 2 种。当前多采用后者。采用蛋架车设计，孵化机底部有导轨槽和无导轨槽 2 种。从实际使用效果来看，如有导轨则以用不锈钢制作的最为理想。采用蛋架车还应注意进车定位是否方便、准确，锁定机构是否可靠。

孵化机的通风系统尤其重要，整机入孵后机内各部位的温度应保持均匀。空气搅拌系统采用大直径混流式叶片。中间对称布置，机内各处的空气交换迅速，无涡流死区。采用多个风扇的，风力穿透力不够，机内温度均匀性较差。

孵化机应用冷却降温系统。大、中型孵化机应设置空冷和水冷两套冷却降温系统，可加快冷却降温速度。

加湿系统采用柱形圆盘式回转加湿器较为理想。由于圆形塑料加温片带水性能强，蒸发面大，加湿效率高。

加热系统应以多组金属外壳密封电热器组成，排列位置恰当，可使机内温度的均匀性达到最佳状态。

进气排气系统应能自动或手动控制启闭。废气的排放应有外接排气管道，以保证机内废气及时直接排出室外而不污染室内空气，不再被吸入孵化机内，避免污浊空气的恶性循环。外接排气管道可用镀锌铁皮等制成。架设在孵化机的排气孔上方，管道的进气口与孵化机留有5～8cm的间距。孵化机的排气管道可与设有负压抽风机的主排气管道连接起来，将各机内的污浊空气直接排出室外。室内另设正压通风机供应所需的新鲜空气。

②自控系统　当前孵化机的自控程度日益提高。现行的有模拟分立元件控制系统、集成电路控制系统和电脑控制系统3种。集成电路控制系统可预设温度和湿度，并能自动跟踪设定数据。电脑控制系统可单机编制多套孵化程序，也可建立中心控制系统，一个中心控制系统可控制数十台乃至100台以上的孵化单机。宜选择有数字显示温度、湿度、翻蛋次数和孵化天数，并设有超高、低温报警系统，还能自动切断电源的孵化机。

③技术指标　先进的孵化机的技术指标的精度已达到很高水平。下列各项技术精度指标供选择时参考，不应低于下限指标：温度显示精度0.1～0.01℃，控制精度0.2～0.1℃，箱内温度标准差0.2～0.1℃，湿度显示精度2%～1%RH（相对湿度），控湿精度3%～2%RH。

④价格　选择孵化机型时，除了对其结构、性能应作为主要考虑因素外，还应物美价廉。应以每个蛋位来核算孵化机的价格。

⑤出雏机的选型　其要求与孵化机相同。如采用分批入孵，分批出雏制，一般出雏机的容量按1/4～1/3与孵化机配套。

四、禽白血病、鸡白痢等疫病净化硬件控制要点

(一) 鸡场选址建设要科学

鸡场的选址和布局决定了鸡场的生物安全体系是否健全，这是对疫病有效隔离及防控的重要一环。第一，从鸡场的位置、占地面积、地形地势、土质、水源等方面，充分考虑好鸡场的地理位置和外部环境。第二，在内部建设时，划分功能单元、合理布局，混合种鸡场的育雏育成与商品代养殖舍要分区布局，区与区之间拉开距离，同时要满足各区全进全出的要求。具备防鼠、鸟和昆虫等设施。生产区和生活区严格分开，生产区净道和污道分开，防止交叉感染。有一定距离的缓冲防疫隔离带，四周砌围墙或绿色隔离带与外界隔离。

(二) 通风、换气、温控系统等设施要运转良好

加强鸡舍通风换气，保持鸡舍环境温度适宜，空气干燥，可降低沙门氏菌等病原生存和感染。通风建议采用能使风由侧墙直接进到天花板的模式。采用纤维压制板，风的渗透能力强，通过这种板可以均匀输送冷空气，结合笼中间的管道通风效果较好。另外，对排出的空气进行过滤消毒处理，有利于持续保障场区环境。

(三) 饲养设备要独立使用

禽白血病等的控制需针对多个品种、不同批次同时开展。不同批次之间的排毒高峰和排毒严重程度都不一样，控制好横向传播非常关键。因此，在饲养阶段要求笼位、饮水器、料槽、粪盘等都要做到单家系独立使用，同时笼位大小和位置的设计既要保证净化各阶段鸡群容纳数量，又要保证不同家系间"只闻其声，不见其面"，防止疫病的水平传播。

(四) 孵化设施要满足单品种单批次孵化要求

孵化室是造成禽白血病等水平传播的重要场所。因此，对孵化环节的控制至关重要，需从细节入手，阻断一切可能造成水平传播的途径。净化场种蛋孵化要使用专用的孵化室、孵化器和出雏器。应采用小型箱体机单品种单批次孵化；育雏舍必须有足够的空舍期，做好环境消毒。

第二节　管理措施

管理的重点是求效率，管理的使命在于组织与指挥。办好一个规模化种鸡场，得靠一个强有力的生产指挥系统，加强生产组织，建立起良好的生产指挥秩序。

一、种鸡场的组织管理原则

（一）定岗定员

大中型种鸡场要确定基本人员，定岗定员，制定技术操作规范和岗位职责，对职工进行业务考核，根据每名职工工作实绩，提供产品的数量、质量以及耗料等情况，确定劳动报酬，做到按劳分配，多劳多得，有奖有罚，千方百计调动职工养鸡生产的积极性，加大劳动强度，压缩非生产人员，提高生产水平和劳动效率，增加经济效益。

（二）加强生产人员的岗位培训

饲养人员是种鸡生产的主体，是起决定因素的，因此，要重视提高他们的业务素质，一个鸡场要能够落实各项技术措施，必须不断提高生产人员的业务素质，要加强岗位培训。要求每名生产人员掌握一般的科学养鸡知识，了解鸡的生物学特性，各个生长、发育阶段的营养需要和所采取的饲养管理措施，从而自觉遵守饲养管理操作规程，达到科学养鸡的目的。

（三）制定规章制度

严格的场规、场纪是办好鸡场的保证，每个种鸡场必须建立和健全各种规章制度，以法治场。包括职工守则，出勤考核，水电维护保养规程，饲养管理操作标准、防疫卫生、仓库管理、安全保卫等各种规章制度，使全场每个部门每个人都有章可循，照章办事。

（四）卫生防疫

为使种鸡场生产、繁育工作按计划顺利进行，必须确保卫生防疫的正常开展，卫生防疫工作是生产管理中必不可少的一项重要组成部分。如果稍有疏忽，将会造成毁灭性的后果，因此，必须制定切实可行的卫生防疫制度，如人员和车辆进出场制度，鸡笼、鸡舍、用具和场地定期消毒、卫生制度，消毒池和消毒用品管理，种鸡免疫规程，引种入场检疫制度，病鸡隔离和死鸡处理制度等。

（五）生产统计

做好生产统计工作是提高经营管理水平的一个重要环节，是对职工进行业绩考核和兑现劳动报酬的主要依据，做好统计工作可以及时掌握生产动态和生产任务完成情况，通过建立报表制度，做好生产统计工作。常用统计报表有出雏、称重、转群、死亡、饲料消耗、卫生防疫、兽医诊断治疗、产品入库等各种报表。

（六）生产管理

管理是为适应生产需要而产生的，经营借助于管理来实现，离开管理，经营活动就会产生混乱，因此，生产管理是为实现经营目标在生产上采取的措施，生产管理是否科学直接关系到种鸡场的经济效益。

（七）劳动定额和生产责任制

劳动定额是给每名职工确定劳动职责，做到责任到人。劳动定额是贯彻按劳分配的重要依据。在落实责任制时，根据本场实际情况、设施条件及职工素质制定生产指标，指标要适当，在正常情况下经过职工努力，应有奖可得。生产管理知识对种鸡场的发展十分重要。

二、管理模式的选择

种鸡场应根据其规模、技术和管理力量，确定科学的管理模式。

（一）监工式管理

就是以"监工"为核心，通过"监工"现场指导，督促完成生产任务的一种管理模式，适用于小型鸡场和专业户养鸡。其优点是：一竿子插到底，既减少了机构，节省了人员，也能够达到高效的目的，又弥补了小型鸡场人才缺乏、职工素质较低的缺陷。其缺点是"监工"集生产、技术于一身，负担太重，而工人处于被动服从地位，很难发挥主观能动性。

（二）专业化管理

主要适用于中等规模的专业鸡场。这种鸡场虽工作性质不复杂，但因具有相当规模，产、供、销及后勤、思想工作都要有专人或部门去抓，不仅需要各部门建立稳定协调的关系，还要有一套严格、全面的规章制度和考核办法。这种模式可克服"监工"式管理的弊端，但对管理人员的素质要求较高，对工人需做细致的思想工作。

（三）系统化管理

适用于集良种繁育、饲料生产、商品鸡饲养、产品加工于一体的综合性种鸡场或公司。总场或总公司对下属场或分公司，仅从经营方针、计划、效益方面加强领导，不参与下属单位的具体事务管理。而下属单位在总场或总公司的领导下，实行专业化管理。

三、生产管理

（一）档案记录管理

有各种人员培训、生产记录和育种记录，有饲料、兽药使用记录；有完整的防疫档案，包括消毒、免疫和实验室检测记录；有鸡群发病处置记录或阶段性疫病流行情况档案；有完整的病死鸡处理档案，包括具备相应的隔离、淘汰、解剖或无害化处理记录。以上所有档案和记录保存3年（含）以上，建场不足3年的以建场时间算。

（二）制度管理

建立投入品（含饲料、兽药、生物制品）使用制度，免疫、引种、隔离、兽医诊疗与用药、疫情报告、病死鸡无害化处理、消毒等防疫制度，销售检疫申报制度、产品质量安全管理制度、日常生产管理制度、车辆及人员出入管理制度、疫病净化方案和病原阳性动物处置方案等。

（三）饲养管理

种鸡场应实行分区饲养和全进全出生产模式，鼓励有条件的种鸡场实行分点饲养及"全进全出"的饲养工艺。根据生产需要对人流、物流、车流实行严格的控制。种鸡、孵化、育雏、育成、蛋鸡、后备鸡分群饲养，分别制定饲养标准和防疫程序。

四、生物安全管理

（一）人流物流管理

种鸡场须建立入场和进入生产区的人员登记记录。进入生产区人员须经严格消毒，由消毒通道进入。进出鸡舍时应经消毒池进行脚部消毒和洗手消毒。外来人员禁止进入生产区，必要时，按程序批准和严格消毒方可入内。本场负责诊疗巡查和免疫的人员，每次出入鸡舍和完成工作后，都应严格消毒。尽量减少本场兽医室工作人员和物品向生产区流动，必要时需经严格消毒。

外来物品须经有效消毒后方可进入生产区，外来染疫或疑似染疫的动物产品或其他物品禁止入场。外来车辆入场前应经全面消毒，非经许可批准，禁止进入生产区。外售鸡只向外单向流动。

（二）无害化处理

种鸡场应有无害化处理设施及相应操作规程，并有相应实施记录。对发病鸡群及时隔离治疗，限制流动；病鸡、死鸡及其污染的禽产品应按《病死及病害动物无害化处理技术规范》（农医发〔2017〕25 号）的要求采用焚烧法、化制法、掩埋法和发酵法进行无害化处理。

（三）消毒

种鸡场应严格做好人员、车辆、物资进入场区和生产区的消毒。养殖场的消毒设施应定期更换消毒液以保证有效成分浓度。场区门口消毒设施的常用消毒剂有含氯消毒剂、醛类消毒剂、酚类消毒剂和季铵盐类消毒剂等。

生产区内环境，包括生产区道路及两侧、鸡舍间空地应定期消毒，常用的消毒剂有醛类消毒剂、氧化剂类消毒剂等。

生产区内空栏消毒和带鸡消毒是预防和控制疫病的重要措施。鸡舍空栏后，应彻底清扫、冲洗、干燥和消毒，有条件的鸡场最好在进鸡之前进行火焰消毒。带鸡消毒的消毒药必须广谱、高效、强力、无毒、无害、刺激性小和无腐蚀性，如碘制剂、氯制剂、离子表面活性剂等。

生活区周围环境应定期消毒，常用的消毒剂有季铵盐类、氧化剂类消毒剂等。

除上述日常预防性消毒外，必要时种鸡场应根据种鸡场周边或本地区动物疫病流行情况，启动紧急消毒，增加消毒频率，严格控制人员和车辆出入，防止外来疫病传入。

（四）种源管理

参见第四节。

五、防疫管理

（一）免疫

种鸡场应根据本场制定的免疫制度，结合各疫病的特点、疫苗情况及本场净化工作进程，制定合理的免疫程序，建立免疫档案。同时，根据周边及本场疫病流行情况、净化工作效果、实验室检测结果，适时调整免疫程序。鼓励通过特定疫病免疫净化评估的种鸡场，结合自身实际，评估疫病防控成本，分种群、分阶段、有步骤地由免疫净化向非免疫净化推进。

（二）监测

根据制定的禽流感、新城疫等疫病的监测计划，切实开展疫病监测工作，及时掌握疫病免疫保护水平、流行现状及相关风险因素，适时调整疫病控制策略。根据建立的特定疫病净化方案和发现阳性动物处置方案等，切实开展净化监测、隔离、淘汰和无害化处理等工作。

(三) 诊疗巡查

兽医管理人员及生产人员定期（一般每天）巡查鸡群健康状况，尽早发现病鸡，及时隔离病鸡、处理死鸡、彻底消毒，采取必要的治疗措施，持续跟踪转归情况，并作相应记录。

需要开展临床剖检时，应做到定点剖检、无害化处理、填写剖检记录和无害化处理记录；确保单向流动，临床剖检人员不得立即返回开展特定动物疫病净化的种鸡场。在制定净化方案，开展净化监测和维持性监测的同时，重点做好日常疑似病例的巡查，根据净化病种不同，做好疑似病例的处理。发现疑似病例应快速确诊并立即采取隔离治疗、淘汰、扑杀等措施。加大同群监测，必要时启动紧急免疫和加强免疫。加强消毒和生物安全措施，尽可能阻断舍间传播。

按本场建立的动物发病或阶段性疫病情况报告制度，定期上报至本场相关负责人，并建立档案。收集、了解和掌握本区域动物疫病流行情况，及时开展相应综合防控措施。必要时启动紧急消毒预案及配套措施，如减少人员外出、严控人流物流入内等，有条件的鸡场可探索预警机制。

(四) 淘汰

种鸡场应建立种鸡淘汰、更新和后备鸡留用标准，在关注生产性能、育种指标的同时，重点关注垂直传播疫病情况。在净化病种感染比率较高时，可在免疫、监测、分群、淘汰的基础上，加大种鸡群淘汰更新比率，严控后备鸡并群。在净化病种感染比例较低时，在免疫、监测、清群、淘汰的基础上，种鸡场结合生产性能，缩短更新周期，甚至一次性淘汰所有带毒鸡。种鸡场应建立种鸡淘汰记录，因传染病淘汰的鸡群，应按照国家有关规定执行，必要时实行扑杀和无害化处理。

(五) 防疫人员管理

开展动物疫病净化的种鸡场应建立一支分工明确、责任清晰、能力与岗位相当的疫病净化工作小组，确保净化工作顺利实施，出现临床病例或隐性感染时能做到及时处理。养殖场应至少配备一名兽医专业人员。场内所有员工应开展定期培训，确保相应生产和管理制度得以有效宣贯。鼓励种鸡场对场内员工开展定期体检，如患有人畜共患病的员工应将其调离生产岗位。

六、禽白血病、鸡白痢等疫病净化管理控制要点

（一）规范引种

要选择一家管理规范、品种来源纯正、遗传性状比较稳定、种源干净且无垂直传播疫病或无主要垂直传播疫病的种鸡场引种。

（二）隔离饲养

禽白血病等虽然为垂直传播性疫病，但防止其水平传播同样重要，尤其是育雏期的前2周。做到最大限度的隔离是行之有效的方法，育雏和育成阶段采取按家系上笼，小群饲养。蛋鸡阶段采取单笼饲养，跟踪检测。

（三）生物安全控制

对孵化环节、育雏、育成、产蛋鸡舍内环境、疫苗接种、人工授精、雌雄鉴别、饲养设施、各种器具和外环境的消毒及疫苗检测等实行严格生物安全控制。

（四）消毒和环境控制

严格对环境控制与消毒（包括孵化器、出雏器、育雏室、育成室、鸡舍等设备设施等），建立可控的生物安全环境。

（五）疫苗接种

弱毒疫苗接种前应进行检测，避免接种被病原污染的疫苗。接种疫苗时注意消毒注射器及针头，最好一鸡一针头。

（六）雌雄鉴别

翻肛鉴别公母雏时，避免交叉污染，工作人员要注意经常消毒洗手。

（七）人工输精

母鸡输精，一鸡一输精管，防止人为传播病原。

（八）全进全出

鸡场采取全进全出的饲养方式，便于消毒，减少交叉感染。

（九）把好饲料质量关

全程饲养使用的饲料应无变质、发霉，无沙门氏菌、大肠杆菌、金黄色葡萄球菌等污染。

（十）加强检疫，淘汰阳性鸡

选择合适的检测方法，定期进行禽白血病、鸡白痢等检疫，严格实行淘汰制度，一旦发现感染鸡只，坚决予以淘汰。

第三节　免疫预防

一、免疫接种

免疫接种是指给鸡注射或口服疫苗、菌苗等生物制剂，以增强鸡对病原的抗病力，使易感鸡只转化为不易感鸡只的一种手段。同时，种鸡接种后产生的抗体还可通过受精蛋传给雏鸡，提供保护性的母源抗体。有计划地进行免疫接种，是预防和控制家禽传染病的重要措施之一，因此，要特别重视鸡的免疫接种工作。鸡接种疫苗的方法很多，常用方法有滴鼻、点眼、饮水、气雾、皮下或肌内注射，此外，还有刺种、肛门涂擦、羽毛囊涂擦等，采用哪种方法应根据具体情况而定。总的来说，既要考虑操作方便，又要考虑疫苗的特性及免疫效果。

（一）滴鼻点眼法

此方法应用较广，新城疫、传染性支气管炎、传染性法氏囊病等很多弱毒苗均采用此种方法。此法逐只接种，剂量一致，确实可靠，是较好的接种方法，常用于雏鸡的基础免疫。

1. 操作方法　①按疫苗说明书，用专用稀释液或生理盐水进行稀释，确保每羽份 2 滴，每滴 0.025mL。②使用标准滴管吸取疫苗液，将 1 滴溶液自数厘米高处，垂直滴进鸡的眼睛或鼻孔。

2. 滴鼻　一只手握住鸡颈部使其不能动，另一只手拿滴管朝鸡鼻孔左右各轻滴 1 滴，待鸡完成一次呼吸、完全将药液吸入鼻孔内后，方可松开鸡。若药液滴入后，不向鼻内渗入，可用手轻捏鸡的嘴或用手堵另一侧鼻孔，药液自然会渗入。

3. 点眼　对于雏鸡，要用左手轻握住鸡，使其不乱动，右手拿点眼瓶，向左右眼睛各轻轻点 1 滴，等鸡完成一个眨眼动作，药液完全进入眼中吸收后再松开。否则，放手早了，药液只在眼球表面，没有进入眼内，鸡很容易甩头，这样就把药液甩出去了，没达到免疫的目的。成鸡免疫时，只需打开鸡笼门，握住鸡头颈部，鸡只是头颈部在笼外，身体留在笼内。点眼方法同雏鸡。

4. 注意事项　①疫苗现用现配，均匀一致，无肉眼可见的疫苗颗粒，保证配置好的疫苗在 30min 内用完。②免疫操作要到位。在滴入疫苗前，将接种鸡只的头部固定在水平状态，一侧鼻或眼朝上，另一侧朝下。用手指堵住向下的一侧鼻孔，向朝上的一侧鼻孔内（或眼睛）滴入疫苗液。一般每只鸡滴 1～2 滴，免疫剂量 1～2 羽份，每滴 0.025mL。③在将疫苗液滴入鼻或眼以后，应稍停片刻，待疫苗液确已被完全吸入后，方可放开鸡。④滴瓶滴嘴与鸡体不能直接接触，离鸡眼或鼻孔的距离为 0.5～1cm。⑤一手只能抓一只鸡，不能一手同时抓几只鸡。20 日龄前，免疫人员自行固定鸡的背部；20 日龄后，需 2 人配合完成，一人固定鸡体，另一人固定鸡头进行免疫。

（二）饮水免疫法

对于大群鸡较适用，此方法不仅方便、省力，还可避免因抓鸡而造成的应激影响，缺点是可能会因免疫剂量不均一，造成免疫水平参差不齐。适用于产蛋期的群体免疫。

1. 操作方法　①水槽、水箱、饮水器清洗干净，注意尽量避免使用金属容器，无清洗剂、药物和消毒剂残留。②免疫前，夏季鸡群应停水 4h，其他季节停水 6h。③初步估算鸡群饮水量以便配制疫苗液。鸡的饮水量可参考表 2-11。大型品种鸡或炎热夏天时饮水量应取上限。也可在用疫苗前 3d 连续记录鸡的饮水量，取其平均值以确定饮水量。④开启疫苗瓶，将疫苗加入饮水中，用清洁棒搅拌混匀疫苗。需要注意的是，饮水免疫采用的疫苗剂量应是滴鼻点眼剂量的 2～3 倍。⑤将疫苗液分装于饮水器中，将饮水器均匀放置于鸡群中。

表 2-11 鸡饮水免疫的参考饮水量

周龄	肉用鸡（mL/只）	蛋用鸡（mL/只）
1	4～6	2～4
2	8～10	5～8
3	15～17	11～13
4	30～32	14～16
5	32～35	18～20

2. 操作要点 ①配制疫苗的饮水中不能含氯及其他消毒剂，特别是一些金属离子，如铁、铜、锌等，金属离子对活菌（毒）有杀灭作用。②配制疫苗过程中不要使用各种金属容器，饮水器要用无毒塑料制品。消毒后的饮水器，必须用水冲洗干净，避免残留消毒剂杀死疫苗毒。③疫苗液的配制量要基本准确，掌握在 1h 左右全部饮完，且保证每只鸡均能喝到足够的疫苗。④要有足够的饮水器，以确保每只鸡均有足够的饮水位置。⑤炎热季节饮水免疫应在清晨进行，应避免高温时饮用。疫苗稀释不得暴露在阳光下。⑥大群免疫完成后，检查是否有遗漏的鸡，并及时补免。⑦稀释好但没用完的疫苗和疫苗瓶，要做焚烧处理。⑧为保证免疫效果，饮水免疫前后 2d 内不要进行带鸡消毒，饮水和饲料中也不得加入抗病毒药物及消毒剂。

(三) 气雾免疫法

利用喷雾枪或喷雾器，使疫苗形成雾化粒子，均匀地浮游于空气中，随鸡的呼吸进入体内，刺激局部黏膜产生免疫抗体，达到免疫的效果。与其他免疫方法一样，气雾免疫法既有其特殊的优越性，也有它的局限性。其优点是省时、省力，适用于散养或笼养鸡的群体免疫，可诱导鸡产生呼吸道局部免疫力，对呼吸道有亲嗜性的疫苗，如鸡新城疫、传染性支气管炎等弱毒疫苗效果较好；缺点是对鸡群有一定干扰，往往会导致慢性呼吸道疫病及大肠杆菌引起的气囊炎；对操作技术要求比较严格，操作不当时往往达不到预期的免疫效果甚至可引起免疫失败。

操作方法与要点：①各种农用背负式喷雾器均适用，最好选用疫苗接种专用喷雾器。喷雾器内须无沉淀物、腐蚀剂及消毒剂残留。②根据鸡的日龄调整喷雾器喷嘴，选择适宜的雾滴直径。气雾免疫效果的好坏与雾滴粒子大小以及雾滴均匀度密切相关。根据雾滴大小，气雾免疫分为粗雾免疫和细雾免疫。对 1 月龄内的鸡，一般宜用粗雾滴（直径 $100\sim200\mu m$）喷雾。而对 1 月龄以上的鸡，用小雾滴（直径 $10\sim50\mu m$）喷雾。对雾滴大小的监测，可用 1 张表面涂有有机油的盖玻片在喷嘴前方约 30cm 处，快速上下移动 2 次后，立即将盖玻片盖在凹口周围涂有凡士林的载玻片上，在显微镜下测出雾滴的直径。③调整鸡舍的温度和湿度。气雾免疫适宜的环境温度是 $15\sim25℃$，相对湿度在 70%左右。一般不要在环境温度低于 4℃的情况下进行，如果环境温度高于 25℃，雾滴会迅速蒸发而不能进入鸡的呼吸道，影响免疫效果。如果要在温度高于 25℃或湿度低于 70%的环境中进行气雾免疫，则可以先在鸡舍内喷水提高鸡舍内空气的相对湿度后再进行。在天气炎热的季节，气雾免疫应在早晚较凉爽时间进行。④疫苗必须于清凉而不含铁质或氯的清水中溶解。气雾免疫时配制的疫苗液量可参照表 2-12。⑤气雾免疫前，关闭鸡舍门、窗和通风设备，减少空气流动。⑥喷雾操作时，如选用直径为 $50\mu m$ 以下的细雾滴进行气雾免疫，喷雾枪口应在鸡头部上方约 30cm 处喷射，使鸡体周围形成一个良好的雾化区，并且雾滴粒子不立即沉降而在空间悬浮适当时间。若用 $100\sim200\mu m$ 粗雾滴对雏鸡进行免疫时，喷雾枪口可在鸡头部上方 0.8～1m 处喷雾。⑦掌握好喷雾的行进速度。喷雾的行进速度决定着疫苗分布的均匀程度和鸡获得疫苗的剂量，是确保免疫效果的关键环节。一般的方法是在喷雾免疫前用参照疫苗剂量的清水缓慢、匀速地试喷 2～3 遍，再根据试喷情况确定喷雾免疫的最佳行进速度。⑧为减轻对鸡群的应激作用，气雾免疫前2～3d 要使鸡群适应喷雾发出的声音。免疫前 12h 应给鸡饮用水溶性多种维生素溶液。喷雾在暗光下或傍晚时进行，最好将鸡圈于灯光幽暗处时给予免疫。避免在鸡刚吃完饲料或饮水后喷雾，不能与称重、转群、更换饲料等操作同时进行。⑨气雾免疫时，空气中的灰尘或病原微生物可能会随稀释的疫苗雾滴进入鸡的呼吸道，易诱发慢性呼吸道病等，因此，在免疫同时应在饲料中适当添加抗菌药

表 2-12　免疫 1 000 只鸡疫苗溶液量及雾滴大小

鸡龄	2～4 周龄	4 周龄以上
疫苗液量（mL）	250～500	500～1 000
雾滴直径（μm）	100～200	10～50

物。⑩在喷雾免疫前后 5d 内不得在饲料或饮水中投喂抗病毒药物，以免造成免疫失败。避免使用地塞米松、氢化可的松等能引起免疫抑制或毒性较强的药物。在喷雾免疫前后 1～2d 内不能进行带鸡消毒，不可供给含消毒剂、清洁剂、重金属离子的饮水。

（四）皮下和肌内注射

此法吸收快、剂量准确、效果确实。缺点是抓鸡费力、应激较大。灭活苗必须用注射方法，不能采用其他方法。

操作方法与要点：①家禽疫苗注射部位有颈部、翅膀、胸部、腿部和尾部，注射方法的选择应取决于鸡的年龄、接种的疫苗、鸡的最终用途等因素。②开启疫苗瓶之前，请阅读包装中的说明书和瓶签，并认真核实其生产日期及有效期。疫苗瓶不要在鸡舍内开启，也不要置于阳光下暴晒。注射疫苗应使用 7～9 号针头。注射前将灭活疫苗置于室内，使之达到室温。注射时应经常摇动疫苗，使其均匀，保证注射质量。注射用具要做好预先消毒工作，健康鸡群先注射，弱鸡最后注射。③颈部皮下注射时，用手轻轻提起鸡的颈部皮肤，针头从颈部皮下朝身体方向刺入，使疫苗注入皮肤与肌肉之间。④使用油乳剂疫苗时，可用翅下肌内注射代替胸肌、腿肌注射，手提起鸡的翅膀，将针头朝身体的方向刺入翅下肌肉内，不能刺破血管或损伤骨骼。⑤胸肌注射适用注射剂量要求十分准确的疫苗。将针头成 30°～45°角，于胸 1/3 处朝背部方向刺入胸肌内。切忌垂直刺入胸肌内，以免刺破胸腔。⑥腿部肌内注射主要适用于笼养的蛋鸡群，将针头朝身体的方向刺入外侧腿肌内，小心避免刺伤腿部的血管、神经和骨骼。⑦由于鸡肉加工或其他原因限制，不宜在颈部、胸部、腿部和翅下注射疫苗时，可使用尾部注射。操作时，将针头朝着头部方向，沿着尾骨一侧刺入尾部。⑧为防止疫苗渗漏，注射完毕后不要立即拔出针头。⑨所使用的注射器、针头使用前必须进行严格消毒处理。操作时应勤换针头。

（五）其他方法

1. 翼膜刺种法 常用于鸡痘疫苗的免疫接种。

操作方法：疫苗稀释后，用接种针或蘸水钢笔尖蘸取疫苗，刺种于翅膀内侧无血管处，雏鸡刺种 1 针即可，较大的鸡可刺种 2 针。操作时，一是不能在翅膀外侧刺种；二是应避免刺伤骨骼和血管。在鸡痘疫苗免疫后 5～7d，观察刺种处有无红色小肿块，若有表明免疫成功，若无则表明免疫无效，应重新免疫。

2. 滴肛或擦肛法 仅用于传染性喉气管炎强毒型疫苗接种。

操作方法：疫苗稀释后，提起鸡的两脚，使鸡肛门向上，用手捏腰部使肛门黏膜翻出，滴疫苗1～2滴，或用接种刷或棉球蘸取疫苗刷3～5次。

3. 羽毛囊涂擦法 有时用于鸡新城疫疫苗接种。

操作方法：先把腿部的羽毛拔去2～3根，然后用棉球蘸取已稀释好的疫苗，逆羽毛生长方向涂擦即可。

二、疫苗使用注意事项

1. 疫苗使用前应检查药品名称、厂家名称、批号、有效期、物理性状、贮存条件等是否与说明书相符。对过期、无批号、物理性状及颜色异常或不明来源的疫苗，禁止使用。

2. 疫苗的保存、运输应严格按照说明书要求的温度等条件进行。

3. 疫苗接种本身对于鸡来说也是一种人为的应激。一般疫苗接种前后3d内，饮水中可加入抗应激类药品（如维生素C和葡萄糖）。特别是产蛋期接种疫苗，最好用此类药品，以减少应激反应，防止产蛋率下降。

4. 接种疫苗前，应仔细观察鸡群的健康状况。若鸡群总体健康状况差，甚至发生疫情时，应暂缓接种疫苗。

5. 鸡群的断喙或转群尽量与疫苗接种期错开。3种以上的单苗也尽量不要同一天接种。

6. 确保免疫质量。疫苗稀释用水应为不含氯离子及其他消毒剂的清凉饮水，如能加1％～2％脱脂鲜奶或0.1％～0.2％脱脂奶粉效果更佳。采用滴鼻、点眼免疫法时，滴后应停1～2s后再放鸡，以确保药液被吸收。饮水免疫前应停止饮水2～4h，时间的长短可依舍内温度高低做适当调整。免疫时，应有足够饮水器，以确保2/3的鸡能同时饮水。

7. 疫苗接种工作结束后应立即用清水洗手并消毒，剩余药液及疫苗瓶，应以焚烧或煮沸等方法进行消毒处理，不可随处扔放。

8. 疫苗用量不要过大，否则会造成强烈应激，使免疫应答减弱，影响免疫效果。使用活苗进行免疫接种当天，应禁止鸡舍消毒和投服抗菌类及抗病毒类药物。

9. 接种疫苗后，仍应注重环境卫生工作。由于鸡接种疫苗后，一般需5～7d（油苗需 10～15d）方能产生抗体，在此期间，若不注意环境卫生，可能会造成鸡在尚未完全产生免疫力之前感染强毒，导致免疫失败。

10. 接种疫苗后，应对免疫鸡进行抗体检测，确保免疫效果。

三、免疫程序的制定

(一) 鸡免疫程序的制定原则

根据当地实际情况，疫苗的免疫特性，制定出免疫疫病的种类，预防免疫接种的次数、间隔时间和接种途径，这一计划称为免疫程序。免疫程序的制定是鸡传染病防疫工作中最为重要的一环。免疫程序没有统一使用的，因为各地区、各鸡场具体情况不同。制定免疫程序的目的是进行有计划的科学免疫以预防传染病的发生。在制定免疫程序时，应着重考虑下列因素。

1. 本地（场）的鸡病疫情史 免疫接种的种类应根据当地鸡病史及目前仍有威胁的主要传染病种类而定。对本地（本场）尚未证实发生的疫病，只有在证明确实已受到严重威胁时才能计划接种，对强毒型的疫苗更应非常慎重，非不得以不引进使用。

2. 鸡的用途及饲养期 种鸡在开产前需要接种传染性法氏囊病油乳剂疫苗，而商品鸡则不必要。预防免疫接种的次数与间隔时间，根据鸡日龄的大小、疫苗的性质与类型等来决定。如鸡日龄小的一般采用弱毒活疫苗，这是因为鸡体的免疫功能不健全，只能产生黏膜表面的局部免疫。这种免疫抗体水平较低，而且在机体内很短时间就会逐渐降低至消失，不能较长时间地抵抗病原的入侵。如鸡新城疫IV系（Lasota）苗，给鸡接种后免疫期为 3～4 个月。因此，如果单用这种苗给鸡进行饮水免疫，就需 2～3 个月免疫 1 次，有的场 1 个月饮水免疫 1 次，这样不仅起不到良好的免疫效果，反而使该病毒对该苗产生不同程度的抵抗力，这样盲目频繁地使用疫苗，给鸡群也带来了应激反应。

3. 不同疫苗之间的干扰和接种时间的科学安排 不同疫苗之间有相互干扰现象，如新城疫疫苗与传染性支气管炎疫苗合用时易产生干扰现象，从而影响免疫效果，因此，严禁将 2 种不同的单苗混合使用，但二联疫苗则不然，正规生产厂家生产的新支二联活苗经试验以科学比例配制，将 2 个苗之间的干扰现象减到最小，不影响免疫效果，种鸡场可放心使用；传染性法氏囊病疫苗影响新城疫等疫苗免疫，这2种疫苗应间隔5~7d免疫，否则会影响新城疫疫苗免疫效果；新城疫疫苗免疫后可产生干扰素，会影响痘病毒复制，故新城疫疫苗不能和鸡痘疫苗同时使用。

4. 疫苗选择　所用疫苗毒（菌）株的血清型、亚型或株的选择；疫苗剂型的选择，例如，弱毒苗或灭活苗、湿苗或冻干苗，细胞结合型和非细胞结合型疫苗之间的选择等。

5. 根据免疫监测结果及突发疫病所做的必要修改和补充　在执行免疫程序进行免疫接种过程中，也会出现免疫效果差，以致免疫失败现象。若出现免疫质量差，或有疫情出现时，应及时采取相应的紧急接种，适时调整该免疫程序。比如，对鸡新城疫的免疫接种，一般免疫程序上制定的首免时间是7~10日龄，加强免疫时间是21~28日龄。但在实际生产中有时还不到第2次免疫时间，鸡群发生了新城疫，这时就不能等到第2次接种时间再进行免疫，应立即进行紧急接种。有的疫病季节性较强，如禽痘、禽流感等，应在该病易发前1个月左右进行免疫。这样做可适当减少接种的次数，减少对鸡群的应激，避免了每7d就接种一种或多种疫苗。

制定免疫程序时要把弱毒苗和油乳剂或其他灭活苗结合起来进行，弱毒苗一般采用滴鼻点眼、饮水或气雾的方法接种，产生局部抗体。之后肌内注射油乳剂或加其他佐剂的灭活苗，使机体产生循环抗体，这种循环抗体水平可达10个滴度左右。这样局部免疫抗体和循环抗体结合起来，就可使机体产生坚强的免疫力。种鸡免疫后其后代在一定的时间内有母源抗体存在，母源抗体对免疫效果会有不同程度的干扰。

制订免疫程序必须根据当地疫病流行的实际情况，结合各种疫苗的特性，合理地制订免疫疫病的种类、预防接种的次数、间隔时间和接种途径。

（二）常用的免疫程序

1. AA 肉种鸡的免疫程序　详见表2-13（仅供参考）。

表 2-13　AA 肉种鸡的免疫程序

鸡龄	疫苗种类	免疫方式	接种剂量
1日龄	马立克氏病疫苗	颈部皮下注射	1羽份/只
	传染性支气管炎（H120株）活疫苗	滴眼	1羽份/只

（续）

鸡龄	疫苗种类	免疫方式	接种剂量
3 日龄	球虫病疫苗	饮水	1 羽份/只
5 日龄	鸡新城疫活疫苗	滴眼	1 羽份/只
	鸡新城疫灭活疫苗	颈部皮下注射	0.2mL/只
7 日龄	呼肠孤病毒病弱毒苗	颈部皮下注射	0.2mL/只
10 日龄	鸡毒支原体活疫苗	滴眼	1 羽份/只
14 日龄	传染性法氏囊病弱毒疫苗	滴鼻或饮水	1 羽份/只
	禽流感二价乳剂苗	肌内注射	0.3mL/只
18 日龄	新城疫-传染性支气管炎二联弱毒苗	滴眼	1.5 羽份/只
21 日龄	传染性法氏囊病弱毒疫苗	饮水	1.5 羽份/只
4 周龄	禽痘弱毒苗	刺种	1.5 羽份/只
6 周龄	新城疫弱毒苗	滴眼	1 羽份/只
	新城疫灭活疫苗	颈部皮下注射	0.4mL/只
7 周龄	禽流感 H5 油乳剂苗	肌内注射	0.4mL/只
8 周龄	呼肠孤病毒病弱毒苗	颈部皮下注射	0.2mL/只
10 周龄	传染性法氏囊病弱毒疫苗	饮水	1.5 羽份/只
12 周龄	传染性支气管炎弱毒苗	滴眼	1.5 羽份/只
	新城疫弱毒苗	饮水	1.5 羽份/只
	新城疫灭活疫苗	颈部皮下注射	0.4mL/只
15 周龄	鸡痘-禽脑脊髓炎二联活疫苗	刺种	1 羽份/只
	禽流感油乳剂苗	肌内注射	0.5mL/只
4 周龄	鸡传染性鼻炎油苗	肌内注射	0.5mL/只
16 周龄	产蛋下降综合征油乳剂苗	肌内注射	0.5mL/只
18 周龄	新城疫活疫苗	滴眼	1.5 羽份/只
	新城疫-传染性支气管炎-传染性法氏囊病-呼肠孤病毒病四联油乳剂苗	肌内注射	0.5mL/只
24 周龄	新城疫-传染性支气管炎二联弱毒苗	滴眼	1.5 羽份/只
	新城疫灭活疫苗	肌内注射	0.5mL/只
	禽流感油乳剂苗	肌内注射	0.5mL/只

注：24 周龄以后，每 4～6 周用 1 次新城疫＋传染性支气管炎（或新城疫）冻干苗，40 周龄用 1 次新城疫-传染性法氏囊病油苗或新城疫-传染性支气管炎-传染性法氏囊病油苗，禽流感灭活苗及新城疫活苗使用根据情况决定。该免疫程序需结合本场实际情况增减。

2. 黄羽肉种鸡免疫程序　详见表 2-14（仅供参考）。

表 2-14　黄羽肉种鸡免疫程序

鸡龄	疫苗种类	免疫方式	接种剂量
1 日龄	马立克氏病疫苗	颈部皮下注射	1 羽份/只
	新城疫-传染性支气管炎二联苗（Ma5 株＋Clone30 株）	气雾	1 羽份/只
3 日龄	球虫病疫苗	饮水	1 羽份/只
8 日龄	呼肠孤病毒病弱毒苗	颈部皮下注射	0.2mL/只
10 日龄	新城疫-传染性支气管炎二联活苗	滴鼻、点眼	1 羽份/只
	新城疫-传染性支气管炎二联油苗	颈部皮下注射	0.3～0.5mL/只
14 日龄	传染性法氏囊病活疫苗	饮水	1 羽份/只
	鸡败血支原体油苗	颈部皮下注射	0.25mL/只
18 日龄	鸡痘疫苗	刺种	2 羽份/只
	禽流感油乳剂苗	肌内注射	0.5mL/只
30 日龄	鸡新城疫活疫苗	气雾	1.5 羽份/只
	新城疫-传染性支气管炎二联油苗	颈部皮下注射	0.5mL/只
35 日龄	鸡传染性鼻炎油苗	颈部皮下注射	0.5mL/只
45 日龄	禽流感油乳剂苗	肌内注射	0.5mL/只
50 日龄	呼肠孤病毒病弱毒苗	颈部皮下注射	0.2mL/只
75 日龄	新城疫-传染性支气管炎二联苗（Ma5 株＋Clone30 株）	气雾	1.5 羽份/只
100 日龄	鸡痘-禽脑脊髓炎二联活疫苗	刺种	1 羽份/只
	禽流感油乳剂苗	肌内注射	0.5mL/只
105 日龄	鸡传染性鼻炎油苗	肌内注射	0.5mL/只
112 日龄	新城疫活疫苗	气雾	1.5 羽份/只
	产蛋下降综合征油乳剂苗	肌内注射	0.5mL/只
118 日龄	新城疫-传染性支气管炎-传染性法氏囊病呼肠孤四联油乳剂苗	肌内注射	0.5mL/只
130 日龄	禽流感油乳剂苗	肌内注射	0.5mL/只
20 周龄	鸡新城疫活疫苗	气雾	1.5 羽份/只
21 周龄	鸡败血支原体油苗	肌内注射	0.5mL/只
	新城疫油乳剂苗	肌内注射	0.5mL/只
37 周龄	新城疫-传染性支气管炎-传染性法氏囊病三联油苗	肌内注射	0.5mL/只
	禽流感油乳剂苗	肌内注射	0.5mL/只

注：禽流感灭活苗及新城疫活苗使用根据情况决定。该免疫程序需结合本场实际情况增减。

3. 蛋种鸡免疫程序 详见表 2-15（仅供参考）。

表 2-15 蛋种鸡免疫程序

鸡龄	疫苗种类	免疫方式	接种剂量
7～8 日龄	新城疫-传染性支气管炎二联弱毒苗	滴鼻、点眼	1～2 羽份/只
10～12 日龄	传染性法氏囊病弱毒苗	滴鼻、点眼	1～2 羽份/只
14 日龄	新城疫-传染性支气管炎-传染性法氏囊病三联灭活苗	颈部皮下注射	0.5mL/只
28 日龄	禽流感（H9N2 亚型）灭活苗	颈部皮下注射	0.4mL/只
28～34 日龄	鸡痘弱毒苗	刺种	2 羽份/只
35 日龄	禽流感（H5N2 亚型）灭活苗	腿肌肌内注射	0.5mL/只
63 日龄	禽流感（H9N2 亚型）灭活苗	颈部皮下注射	0.4mL/只
70 日龄	新城疫-传染性支气管炎弱毒苗	滴鼻、点眼	2～3 羽份/只
98 日龄	禽流感（H5N2 亚型）灭活苗	腿肌肌内注射	0.5mL/只
105 日龄	新城疫-传染性支气管炎-产蛋下降综合征三联灭活苗	腿肌肌内注射	1mL/只
112 日龄	禽流感（H9N2 亚型）灭活苗	腿肌肌内注射	0.6mL/只
119 日龄	脑脊髓炎灭活苗	腿肌肌内注射	0.5mL/只
产蛋期	每 2 个月新城疫-传染性支气管炎二联弱毒苗	饮水	3～4 羽份/只

注：禽流感灭活苗及新城疫活苗使用根据情况决定。该免疫程序需结合本场实际情况增减。

以上免疫程序若在施行中出现了免疫失败，出现了新的疫病时，应立即采取应急措施，再次或紧急接种。有些疫病季节性比较强，如禽痘是病毒性传染病，主要侵害幼鸡，以夏季和秋季多流行，主要传播媒介是蚊子类吸血昆虫。因此，若秋季 11 月以后养雏鸡，这时天气已经渐凉，蚊虫也没有了，可在第二年的 4 月进行禽痘接种。但在禽痘经常发生的地区或鸡场，则需认真地按照免疫程序进行。

四、影响疫苗免疫效果的因素

（一）疫苗因素

1. 疫苗质量 疫苗因运输、保存不当或疫苗取出后在免疫接种前受到日光的直接照射，或取出时间过长，或疫苗稀释后未在规定时间内用完，或已过期失效，均会影响疫苗的效价，甚至几乎无效。例如，冻干疫苗稀释后，要在 30～60min 内用完，稀释的疫苗超过 3h 则将无效。

2. 疫苗间的干扰作用　将 2 种或 2 种以上无交叉反应的抗原同时接种时，机体对其中一种抗原的抗体应答显著降低，从而影响这些疫苗的免疫接种效果，如传染性法氏囊病疫苗会影响新城疫疫苗的免疫效果，传染性支气管炎疫苗干扰新城疫疫苗的免疫效果。

3. 疫苗稀释剂　有时随疫苗提供的稀释剂存在质量问题，其疫苗稀释剂未经消毒或受到污染，会影响疫苗使用效果；疫苗稀释液温度太高，造成疫苗中活菌（病毒）死亡，影响免疫效果；进行饮水免疫的，由于饮水器未消毒、清洗，或饮水器中含消毒剂等都会造成免疫不理想或免疫失败。

（二）母源抗体干扰

由于种鸡个体免疫应答差异以及不同批次的雏鸡群不一定来自同一种鸡群等原因，造成雏鸡母源抗体水平参差不齐。对所有雏鸡固定同一日龄进行接种，若母源抗体过高的反而干扰了后天免疫，不产生应有的免疫应答。即使同一鸡群不同个体之间母源抗体的滴度也不一致，母源抗体会干扰疫苗株在体内的复制，从而影响疫苗的效果。

（三）免疫抑制性疫病的存在

传染性法氏囊病、鸡传染性贫血、球虫病、鸡白血病等疫病能损害鸡的免疫器官，如法氏囊、胸腺、脾脏、哈德氏腺、盲肠、扁桃体、肠道淋巴样组织等，从而导致免疫抑制。例如，传染性法氏囊病病毒感染可以造成免疫系统的破坏和抑制，从而影响新城疫疫苗的免疫。在鸡群发病期间，鸡体的抵抗力与免疫力均较差，如此时接种疫苗，免疫效果很差，极易导致免疫失败，还可能发生严重的反应，甚至引起死亡。

（四）野毒的早期感染

鸡体接种疫苗后需要一定时间才能产生免疫力，而这段时间恰恰是一个潜在的危险期，一旦有野毒的入侵或机体尚未完全产生抗体之前感染强毒，就会导致疫病的发生，造成免疫失败。

（五）病原变异

由于疫苗株血清型或亚型与流行的病原不一致，或是流行的病原毒力增强，即使是免疫鸡群，也有可能感染发病。此外，疫苗免疫不可能对鸡达到 100％ 的保护，并且鸡群中个体间的免疫应答水平也不尽相同，当强毒株感染鸡群后，少数免疫不良者或免疫不确实的鸡，很可能出现非典型症状。

（六）鸡群机体状况

1. 遗传因素　动物机体对接种抗原产生免疫应答在一定程度上是受遗传控制的，鸡的品种繁多，免疫应答各有差异，即使同一品种不同个体的鸡，对同一疫苗的免疫反应强弱也不一致。有的鸡甚至有先天性免疫缺陷，从而导致免疫失败。

2. 营养与健康状况　营养状况和健康状态也是影响疫苗免疫效果的重要因素。饲料中的很多营养成分，如维生素、微量元素、氨基酸等都与鸡的免疫功能有关，这些营养成分过低或缺乏，可导致鸡的免疫功能下降，从而使接种的疫苗达不到应有的免疫效果。如维生素与微量元素的缺乏，会导致淋巴器官的萎缩，影响淋巴细胞的分化、增殖、受体表达与活化，从而使体内 T 淋巴细胞、自然杀伤细胞数量下降，吞噬细胞吞噬能力降低，B 淋巴细胞产生抗体的能力下降等。

3. 应激因素　鸡的免疫功能在一定程度上受到神经、体液和内分泌的调节，在环境过冷、过热、湿度过大、通风不良、拥挤、饲料突然改变、运输、转群等应激因素的影响下，其肾上腺皮质激素分泌增加。肾上腺皮质激素能显著损伤淋巴细胞，对巨噬细胞也有抑制作用。因此，当鸡群处于应激反应敏感期时接种疫苗，反而会减弱鸡的免疫能力。

（七）化学物质的影响

许多重金属，如铅、镉、汞、砷等均可抑制免疫应答而导致免疫失败。某些化学物质，如卤化苯、卤素、农药等可引起鸡免疫器官部分甚至全部萎缩以及活性细胞的破坏，进而引起免疫失败。

（八）人为因素

1. 疫苗使用不当　马立克氏病疫苗一般用于刚出壳的雏鸡，若用于成年鸡则无效。防治鸡新城疫，首次免疫一般选用一些弱毒力的鸡新城疫活疫苗，如Ⅳ系疫苗，若选择中等偏强毒力的新城疫Ⅰ系疫苗饮水或注射，不仅起不到免疫作用，相反会造成病毒扩散和导致鸡发病。

2. 技术操作不当

（1）接种途径 马立克氏病冻干苗要求的接种途径是肌内或皮下注射，有些鸡场改用饮水免疫，自然达不到免疫效果。

（2）超量免疫 有些种鸡场担心免疫力保护不够，为防发病，大剂量或反复频繁使用疫苗。免疫时，疫苗所用剂量过大或频繁使用，反而造成免疫麻痹或耐受，影响免疫效果，剂量过大还容易引起疫苗的不良反应。

（3）免疫剂量不足 滴鼻、点眼免疫时，疫苗未能进入眼内、鼻腔。注射免疫时，出现"飞针"，疫苗根本没有注射进去或注入的疫苗从注射孔流出，造成疫苗注射量不足并导致疫苗污染环境。饮水免疫的，免疫前未限定饮水或饮水器内加水量太多，使配制的疫苗未能在规定时间内饮完而影响剂量。

（4）免疫程序 有些种鸡场不了解种鸡免疫情况，也不进行母源抗体检测，认为越早使用疫苗免疫越好。其实，首免日龄过早，因雏鸡有母源抗体，则造成疫苗与母源抗体中和，抗体水平反而下降，此时若有野毒侵袭，则可感染发病；免疫滞后也容易出问题，若首免日龄推迟太晚，母源抗体已消失，已形成免疫空档，野毒侵袭也易感染发病；有些种鸡场不按一定免疫程序，而是多次频繁用疫苗，这样会造成前次免疫产生的抗体与下次疫苗中和，引起机体内的抗体始终不高而不足以抵抗强毒感染。

3. 忽视局部黏膜免疫作用 鸡的局部黏膜免疫在一些疫病的免疫中具有重要作用。局部黏膜免疫的发生部位是呼吸道和消化道，也正是一些病原（如新城疫病毒、传染性支气管炎病毒等）的入侵门户。血清中和抗体水平高，并不等于局部黏膜抵抗力高，血清中抗体水平与鸡的抗感染能力并不完全一致。鸡局部黏膜免疫缺乏或低下时，病原照样可经呼吸道黏膜入侵而感染导致鸡发病。对于新城疫和传染性支气管炎，应采取"弱毒苗＋灭活苗"的免疫措施。弱毒苗可提供局部免疫，而灭活苗可提供持久的体液免疫。只有血液中和抗体与呼吸道黏膜保护抗体都足够高，才能有效防止疫病的发生。

4. 药物的滥用 有的鸡场为防病而在免疫接种期间使用抗菌药物或药物性饲料添加剂，导致机体免疫细胞的减少，以致影响鸡的免疫应答反应。如卡那霉素等对淋巴细胞的增殖有一定抑制作用，磺胺类药物会使鸡的免疫器官受到损害，能影响疫苗的免疫应答反应。

5. 饲养管理不当 消毒卫生制度不健全，鸡舍及周围环境中存在大量的病原微生物，在疫苗免疫期间鸡群已受到病毒或细菌的感染，这些都会影响疫苗的效果，导致免疫失败。饲喂霉变的饲料或垫料发霉，其霉菌毒素能使胸腺、法氏囊萎缩，毒害巨噬细胞而使其不能吞噬病原微生物，从而引起严重的免疫抑制。

6. 思想观念问题　多数养禽业者乃至技术人员对疫苗在控制传染病中的作用缺乏正确认识，错误地认为用了疫苗就不会发病而放松或忽略了严格消毒隔离和其他措施。如免疫接种时不按要求消毒注射器、针头、刺种针及饮水器等，使免疫接种成了病原接种，造成病原扩散传播，反而引发疫病流行。

7. 管理制度不合理　人员防疫管理制度、兽医技术岗位责任制、种蛋孵化防疫制度、病死鸡的无害化处理制度等不合理或不完善。

五、合理用药措施

（一）用药方法和技术

掌握合理、正确的给药方法和技术，对于提高药物的吸收速度和利用程度、掌握药效出现的时间及维持时间等都有重要的作用。根据药物的特性，结合病鸡的病情及其生理特性，选用不同的给药方法。临床上给药方法分以下3类。

1. 群体给药法　鸡的饲养数量一般较多，若逐只施药（如灌服、注射等），工作量大，且易造成鸡群应激。因此，鸡病防治一般都是采用群体给药法。

（1）饮水给药法　是目前种鸡场常用的方法之一，即将药物溶于饮水中，供鸡饮用。适用于短期投药、紧急治疗投药和病鸡已不吃料但还能饮水等情况。饮水给药需要注意以下几点：①选用的药物必须溶于水，且溶解度高。②饮水应清洁、不含杂质。③将药物混入饮水时，必须搅拌均匀。具体操作时，应采用由小量逐渐扩大到大量的方法，即计算并称取鸡群总的用药量，先用少量的饮水将药物溶解并混匀，然后再混入大量的饮水中。④饮水给药时应事先估算好鸡群的饮水量，停止饮水2～4h，以便鸡尽量在短时间内（一般要求在30min内）饮完，以免药物效果下降。⑤注意药物的浓度。应严格按药物使用浓度要求配制，避免浓度过高或过低。

（2）拌料给药法　也是目前种鸡场常用的给药方法之一，适用于不溶于水、加入饮水中使适口性变差或影响药效的药物以及需要长期连续投服的药物。临床上通常将抗球虫药、促进生长药及控制某些传染病的抗菌药物混于饲料中喂服。拌料给药时应注意以下几点：①在病情严重、不采食或采食很少的情况下，不宜使用拌料法给药。②严格控制用药剂量。拌料给药前要准确计算所需要的药量和饲料用量，并确保药物与饲料混合均匀，以免鸡摄入的药物剂量过小不起作用或剂量过大造成药物中毒。为保证药物在饲料中分布均匀，一般采用逐级混合法，即先把全部用药混合在少量饲料中，充分拌匀，再把这部分饲料混合于较大量的饲料中，再充分搅拌均匀，最后再与所需的全部饲料拌匀。对于那些毒性大、鸡很敏感的药物（如灰黄霉素等），拌料给药时，切记要混匀。③应注意所用药物与饲料添加剂的关系。如长期应用磺胺类药物时应注意补充 B 族维生素和维生素 K，应用氨丙啉时应减少 B 族维生素的用量。

（3）气雾给药法　也是目前种鸡场常用的给药方法之一，是防治呼吸道疫病效果比较好的给药方法。使用时应选择对鸡的呼吸道无刺激性且又能够溶解于鸡呼吸道分泌物中的药物，喷雾的雾滴大小要适当，大小应为 $50\sim100\mu m$。

（4）药浴、喷洒、熏蒸给药法　此法主要用于杀灭体外寄生虫或体外微生物，也可用于带鸡消毒。药浴时应选择在温暖、有阳光的中午，以便鸡药浴后羽毛能尽快干燥。喷洒时药液应均匀喷洒到鸡体、窝巢、栖架上。药物剂量也应选择适合的浓度，避免药物对鸡和工作人员产生伤害。熏蒸时要注意封闭和熏蒸时间，用药后通风要充分。

2. 个体给药法

（1）口服法　将药物的片剂或胶囊直接投入鸡的食道上端，或用带有软塑料管（或橡皮管）的注射器把药物经口注入鸡的嗉囊内。这种方法通常适用于驱除体内寄生虫及对小群鸡或者隔离病鸡的个体治疗，也适合于某些弱雏在 1 日龄时用此法经口注入微量元素、维生素及葡萄糖混合剂，此法虽然费时费力，但药物剂量准确，投药及时，有良好的效果。

（2）肌内或皮下注射法　肌内注射部位多选择胸肌和腿部外侧肌肉。肌内注射的优点是吸收速度快，药效迅速，可以提高一些全身性急性传染病的疗效。如为刺激性药物，应采用深层肌内注射。油乳剂疫苗或注射药液量较多时，适用于皮下注射。注射时应有人协助对鸡进行保定。

（3）静脉注射法　此法适用于急性严重病例，某些刺激性药物及高渗溶液必须用此法。该法的缺点是要求注射技术较高，注入速度较慢。其方法是将鸡仰卧，拉开一翅，在翅膀中部羽毛较少的凹陷处有翼根静脉和翼下静脉。注射时先在局部用酒精棉球消毒，用手压住静脉，使血管充血后变粗，然后将针头刺入静脉内，见有血回流，即放开手，将药液缓缓注入。

3. 种蛋给药法

（1）浸泡法　首先将种蛋表面洗净，然后将种蛋浸入一定浓度的药液中，浸泡 3~5min 即可。此法主要杀灭蛋壳表面的微生物。

（2）熏蒸法　将经过洗涤或喷雾消毒的种蛋放入罩内、室内或孵化器内，然后关闭室内门窗或孵化器的进出气孔，用福尔马林熏蒸消毒，熏蒸 30min 后方可进行孵化。

（3）照射法　常用紫外线照射消毒，将种蛋平放，紫外线光源置于种蛋上方 40cm 处，照射 1min，然后将种蛋翻转，继续照射 1min。

（4）真空法　将种蛋放入容器内，加入药液，用抽气机将密闭容器内的空气抽出，使容器内呈现负压状态（一般要求真空达 33.33kPa），并保持 5min。然后恢复常压，保持 10min，使药物吸入蛋内。

（5）注射法　可将药物通过蛋的气室注入蛋白内，如将泰乐菌素直接注入卵黄囊内。还可将药物注入或滴入蛋壳膜的内层。

（二）合理用药原则

1. 严格掌握抗菌药适应证，防止滥用抗生素　根据临床症状，查明致病原因，选用适当的药物，有条件时，最好进行药敏试验，选择最敏感的药物用于治疗。一般来说，革兰氏阳性菌引起的感染，可选用青霉素、红霉素和四环素类药物；革兰氏阴性菌引起的感染，可选用氟苯尼考等药物；对于耐青霉素及四环素的葡萄球菌感染，可选用红霉素、庆大霉素等药物；支原体或立克次氏体病则可选用四环素族广谱抗生素和林可霉素；真菌感染则选用制霉菌素等。

2. 选择最佳抗菌药物　在种鸡场或兽医部门通常用药敏试验的方法选择最佳治疗用药。

3. 注意抗菌药物的用法和用量　使用抗菌药物时应严格控制剂量和用药次数与时间，首次剂量宜大，以保证药物在鸡体内的有效浓度，但为防止产生抗药性和耐药性，疗程不能太长。如磺胺类药物一般连续用药不宜超过 5~7d，必要时可停药 2~3d 后再使用。用药期间应密切注意药物可能产生的不良反应，及时停药或改药。给药途径也应适当选择，严重感染时多采用肌内注射给药，一般感染和消化道感染以内服为宜，但严重消化道感染引起的败血症，应选择注射法与内服并用。在应用抗菌药物治疗时，还应考虑到药物的供应情况和价格等问题，若是疗效好、来源广、价格便宜的磺胺类药物或中草药可以代替的，应尽量优先选择。

4. 抗生素的联合应用 应结合临床经验使用，如新诺明与甲氧氨苄嘧啶合用，抗菌效果可增强数十倍；而红霉素与青霉素、磺胺嘧啶钠合用，可产生沉淀而降低药效。因此，用药时应注意发挥药物间的协同作用，避免药物间的配伍禁忌。

5. 防止细菌产生耐药性 除了掌握抗生素的适应证、剂量、疗程外，还要注意可将几种抗生素或磺胺类药物交替使用。

6. 选择合适的给药方法 使用药物时应严格按照说明书及标签上规定的给药方法给药。在鸡发病初期，能吃料饮水，给药途径也多。在疫病中后期，鸡如果吃料饮水明显减少，通过消化途径给药多不奏效，最好采用注射给药。采用内服给药时，一般宜在饲喂前给药，以减少胃内容物对药物的影响。刺激性较强的药物宜在饲喂后给药。饮水给药时，应在给药前 2～3h 停止饮水供应，使鸡在规定的时间内饮完。混饲给药时，一定要将药物混合均匀，最好用搅拌机拌和，手工拌和时可将药物与少量饲料混匀，然后再将混有药的饲料与其他饲料混合，这样逐级加大饲料量，直到全部混合完成。采用注射给药时，要注意按规定进行消毒，控制好每只鸡的注射量。注射应仔细快速、位置准确，严禁刺伤内脏器官或将药液漏出体外。

7. 严格遵守休药期规定 对毒性强的药物需特别小心，以防中毒。为防止鸡肉、蛋产品中的药物残留，应有休药期，特别是在出售或屠宰前 5～7d 必须停药，保证产品兽药残留不超标。

8. 减少抗菌药对疫苗的影响 在注射疫苗和疫苗尚未形成足够抗体期间，禁用抗生素和磺胺类药物。碱性强的药物不宜与疫苗同时使用。

9. 做好用药记录 主要内容包括：用药目的、用药时间、药物名称、批号、生产厂家、用药方法、用药剂量、用药次数、用药效果、用药开支及鸡的反应等。

10. 注意药物的批号及有效期 抗菌药物有一定的使用期限，购买药品时要注意包装上标明的批准文号、生产日期、注册商标、有效期等内容，以防止伪劣假药和过期失效的药品流入种鸡场。

（三）鸡合理施药措施

1. 诊断 经问诊和结合临床症状，先理清病因，然后有针对性对症下药。

有条件的应对病原微生物进行药敏试验，选择最有效药物和最佳方案进行治疗。

2. 用药要适量 用药量过小，起不到治疗效果，药量过大易产生毒性反应，增加医疗费支出，并可能加大肉蛋中的药物残留。病情严重时，首次或第 1 天可适当增加用量，待 2～3d 后用维持量。

3. 用饮水方式给药 若药物溶解度低时，可均匀拌入饲料中给药。药物溶解度大可加入饮水中给药。经饮水给药，应在给药前停止饮水 2～3h，在夏季，饮水给药量与拌料量相同。

4. 交替或间隔用药 在给鸡进行预防或治疗时，用药应交替或间隔使用，可避免细菌耐药性的产生，尤其是抗菌药。

5. 适当停药 对毒性强的药物需特别小心，以防鸡中毒。为防鸡肉、蛋产品中的药物残留，应有适当休药期。特别在出售或屠宰前 5～7d 必须停药。

6. 药物对疫苗的影响 在注射疫苗和疫苗尚未形成足够抗体期间，禁用抗生素和磺胺类药。碱性强的药物不宜与疫苗同时使用。

（四）兽药购买和使用注意事项

购买和使用兽药是种鸡场防控疫病中的一个非常重要的环节，如果方法不当，容易给种鸡场造成经济损失。种鸡场在选购和使用兽药时须"八看"。

1. 看有效成分 目前，市场上销售的许多兽药商品名称不同，但有效成分相同；药品名称相同或相似，有效成分却有较大的差异。因此，种鸡场在购买和使用药物对疫病进行预防和治疗时，要注意看有效成分。

2. 看用途 主要了解选购的兽药是否符合鸡群用药的目的，或是否针对已确诊疫病的预防和治疗。

3. 看用法 要弄清药物的使用方法。若是注射给药，要注意是否要稀释以及需要用何种稀释液等。

4. 看用量 兽药说明书中均标示了药物的推荐用量以及连续用药天数，种鸡场使用时，一是不要随意加大或降低药量，二是不要随意增加或缩短用药天数。

5. 看储藏 兽药通常应置于阴凉、密闭、干燥处保存，防止受潮、发霉、变质。另外还要注意保存的温度，如常温、低温和冷冻保存等。如果储藏方法不当，轻则降低药效，重则使药物无法使用。

6. 看注意事项 有的药物在说明书中标注了鸡的使用日龄、使用方法、配伍禁忌等使用过程中需要特别注意的事项，种鸡场应遵照执行。

7. 看生产厂家　同一规格的兽药可能有多个厂家生产，但不同厂家的价格可能相差较大。种鸡场选购时不要单纯从价格上考虑，更要注重药物的质量和疗效。如无法比较其疗效，最好选用有一定知名度、生产规模较大的生产厂家生产的药品，以保证药品质量。

8. 看特别提示　有些兽药标有"剧""限剧""毒"等特别提示，在保存、使用剂量及方法等方面要严格按规定执行。

（五）假、劣兽药的界定

根据《兽药管理条例》第四十七条规定，有下列情形之一的，为假兽药：①以非兽药冒充兽药或者以他种兽药冒充此种兽药的；②兽药所含成分的种类、名称与兽药国家标准不符合的。

有下列情形之一的，按照假兽药处理：①国务院兽医行政管理部门规定禁止使用的；②依照条例规定应当经审查批准而未经审查批准即生产、进口的，或者依照本条例规定应当经抽查检验、审查核对而未经抽查检验、审查核对即销售、进口的；③变质的；④被污染的；⑤所标明的适应证或者功能主治超出规定范围的。

《兽药管理条例》第四十八条规定，有下列情形之一的，为劣兽药：①成分含量不符合兽药国家标准或者不标明有效成分的；②不标明或者更改有效期或者超过有效期的；③不标明或者更改产品批号的；④其他不符合兽药国家标准，但不属于假兽药的。

（六）假、劣兽药的识别

目前，市场上出售的兽药种类繁多，质量参差不齐，假冒伪劣药品时有发现。虽然《兽药管理条例》对假、劣兽药做了明确的界定，但一般并不容易掌握，我们可以从以下几个方面对假劣兽药行初步判断。

1. 查兽药生产企业是否经过批准　从事兽药生产的企业必须取得《兽药生产许可证》。合法企业生产的兽药产品在标签说明书中应标示兽药生产许可证号，未经批准的单位必然没有兽药生产许可证号，按《兽药管理条例》规定，其产品应作假药处理。

2. 查产品批准文号　兽药产品是否取得批准文号，是判断该药是否属于假兽药的重要标志。

（1）看产品有无批准文号　兽药产品批准文号是农业农村部根据兽药国家标准、生产工艺和生产条件批准特定兽药生产企业生产特定兽药产品时才核发的兽药批准证明文件。兽药生产企业生产兽药，应当取得农业农村部核发的产品批准文号。

（2）看批准文号是否在有效期内　兽药产品批准文号的有效期为 5 年，若不是在有效期内生产的兽药即为假兽药。批准文号小括号内标示的 4 位数字为批准文号批准的年份，产品生产批号（即生产日期）标示的年份不应超过批准文号批准年份加上 5 年。

3. 查产品规格　查标签上标示的规格与产品是否相符。主要是要注意兽药的标示装量与实际装量是否相符。

4. 查兽药名称　兽药名称包括法定名称（国家标准、行业标准、地方标准中收载的兽药名称）和商品名，兽药法定名称不得作为商标注册。兽药产品标签、说明书、外包装必须印制兽药产品法定名称，已有商品名的应同时印制。

5. 查兽药产品有效期　检查标签说明书中标注的产品有效期，超过有效期的兽药即可判为劣兽药。

6. 查是否属于淘汰兽药或者国家禁止使用的兽药　《兽药管理条例》规定，生产销售淘汰或国家禁止使用的兽药，应视为假兽药予以处理。例如，2002 年 4 月中华人民共和国农业部公告第 193 号发布了《食品动物禁用的兽药及其他化合物清单》，禁止氯霉素等 29 种兽药用于食品和动物，限制 8 种兽药作为动物促生长剂使用，并废止了禁用兽药质量标准，注销了禁用兽药产品批准文号，严禁清单所列品种的原料药品和各类制剂产品的生产、经营和使用。2005 年 10 月农业部公告第 560 号发布了首批《兽药地方标准废止目录》。

7. 查兽药标签和说明书　兽药包装必须贴有标签，注明"兽用"字样，并附有说明书。标签或说明书上必须注有注册商标、兽药名称、规格、企业名称、产品批号、批准文号、主要成分、含量、作用、用途、用法、用量、有效期、注意事项等。规定休药期的，应当在标签或说明书上注明。①化学药品、抗生素产品单方、复方与中西复方制剂的兽药使用说明书，具备了如下主要内容都是规范的，即：兽用标识、兽药名称［通用名、商品名（有些兽药没有）、英文名、汉语拼音］、主要成分及化学名称、性状、药理作用、适应证、用法与用量、不良反应、注意事项、休药期、规格、包装、贮藏、有效期、批准文号和生产企业信息。②中兽药使用说明书具有如下主要内容是规范的，即：兽用标识、兽药名称〔通用名、商品名（少数兽药没有）、汉语拼音〕、主要成分、性状、功能与主治、用法与用量、不良反应、注意事项、规格、包装、贮藏、有效期、批准文号和生产企业信息等。③生物制品使用说明书具有如下主要内容的是规范的，即：兽用标识、兽药名称〔通用名、商品名、英文名、汉语拼音〕、主要成分与含量、性状、接种对象、用法与用量、不良反应、注意事项、规格、包装、贮藏、有效期、批准文号和生产企业信息等。

8. 查产品质量检验合格证 兽药包装内应附有产品质量检验合格证。无合格证的，不得出厂，兽药经营单位不得销售。

9. 查药品的外观 市售的兽药主要有片剂、粉针剂、散剂（含饲料添加剂）和水针剂等几种常见剂型，采购人员可以从外观上初步鉴别不同剂型的兽药质量。

（1）片剂 兽药片剂外观应完整光洁、色泽均匀，并有适当硬度。普通白色药片若出现变色、发霉、疏松、受潮、粘连、表面粗糙或有结晶析出的，说明药片已变质，不得使用。

（2）粉针剂 正常的粉针剂晃动时应在瓶内自由翻动，无色点及异物。若出现变色、摇动时粉末明显粘瓶壁以至潮解、结块等现象的，均应视为产品变质，不得使用。

（3）散剂（含饲料添加剂） 散剂应干燥疏松、颗粒均匀、色泽一致，无吸潮结块、霉变、发黏等现象，若药品有受潮结块严重、潮解或液化以及变色的，说明药品已变质，不可再使用。

（4）水针剂 主要根据药品的澄明度和色泽2项来进行判别。

①澄明度检查 除一些有特别说明的品种外，水针剂应均匀、澄明。若出现浑浊、沉淀、絮状物或其他可见异物等，说明药品已变质。

②色泽检查 注射剂的色泽发生变化，说明药物已发生化学变化。当色泽超过规定限度时，不能再使用。

（七）兽药的合理贮存

在日常饲养过程中，大多数种鸡场一般都会贮存一些药品。

若这些药品保存不当，轻则会造成药品变质、失效，重则会引起事故。因此，种鸡场需要根据药物标签中所注的贮藏要求以及药物的性质采用适宜的贮藏方法。①在空气中易变质的兽药，如遇光易分解、易吸潮、易风化的药品应装在密封的容器中，在避光、阴凉处保存。②受热易挥发、易分解和易变质的药品，应在 3～10℃保存。③易燃、易爆、有腐蚀性和毒害的药品，应单独置于低温处或专库内加锁贮放，切忌与内服药品混合贮存。④化学性质作用相反的药品，应分开存放，如酸类与碱类药品。⑤具有特殊气味的药品，应密封，并与一般药品隔离贮存。⑥标注有效期的药品，应分期、分批贮存，并专设卡片，近期先用，以防过期失效。⑦专供外用的药品，应与内服药品分开贮存。杀虫、灭鼠药有毒，应单独存放。⑧名称容易混淆的药品，要注意分别贮存，以免使用时出错。⑨用纸盒、纸袋、塑料袋包装的药品，要注意防止鼠咬及虫蛀。

六、禽白血病、鸡白痢等疫病净化免疫预防控制要点

(一) 严防外源性疫苗污染

弱毒疫苗和灭活苗在使用前每批都要进行抽样检测，确保合格后方可使用，防止外源性禽白血病病毒及其他病毒污染。免疫过程中使用的无针头注射器、免疫器具在使用前应彻底消毒。免疫过程中严禁免疫人员和免疫用具之间的交叉污染。

如果接种了被外源性禽白血病病毒污染的疫苗，不仅感染的种鸡群有可能发生相应的肿瘤或对生产性能有不良影响，更重要的是会造成一些带毒鸡，它们可将禽白血病病毒垂直传播给后代，从而会在下一代雏鸡中诱发更高的感染率和发病率。如果发生在核心种鸡群时，则危害更大。一旦使用了被外源性禽白血病病毒污染的疫苗，将使净化种鸡群重新感染外源性禽白血病病毒，使已在净化上所做的努力前功尽弃。为了预防由于疫苗污染带来的禽白血病病毒感染，主要应关注弱毒疫苗，其中最主要关注的是液氮保存的细胞结合性马立克氏病疫苗。因为该疫苗是在出壳后在孵化室立即注射，而且如果发生污染，容易污染较大的有效感染量（包括细胞内和细胞外）。其次是通过皮肤划刺接种的禽痘疫苗。

(二) 抓好常规消毒

1. 人员、车辆消毒　饲养员更换专用工作服经消毒池进入鸡舍。车辆需经过专用的车辆消毒池，池内的消毒液定期更换。严格限制外来人员及车辆进入生产区。

2. 孵化室消毒　对孵化用具，使用前清洗消毒。孵化室的内墙壁、地面、

孵化器外表等环境，每隔 3～4d 应进行 1 次清扫与消毒。工作衣帽清洗后熏蒸消毒备用。

3. 鸡舍消毒 鸡群转出后，立即对鸡舍进行冲洗，晾干后用 2‰～3‰ 火碱水消毒，清水冲洗干燥后用甲醛加高锰酸钾熏蒸消毒。

4. 带鸡消毒 鸡舍内饲养的种鸡，用一定浓度的消毒液喷雾消毒，一般每周喷雾 1～2 次，免疫前后 3d 不能消毒。

5. 种蛋消毒 及时搜集种蛋，初选的种蛋用甲醛加高锰酸钾熏蒸 0.5 h，然后送入蛋库。种蛋在入孵前、落盘及出雏时都要进行熏蒸消毒。

第四节 种源管理

一、种源管理基本原则

种鸡场引种应来源于有《种畜禽生产经营许可证》的种鸡场，可优先考虑从通过农业农村部净化评估的种鸡场引种。引进种鸡必须具备"三证"（《种畜禽合格证》《动物检疫合格证明》《种鸡系谱证》）。国外引进种鸡应符合农业部制定的《种鸡进口技术要求》（自 2017 年 1 月 1 日起执行）相关规定。

对于鸡场引入的种鸡、后备种鸡、使用的种蛋应进行相关检测，确认开展净化的特定病种为阴性。对引入的种鸡还应严格实行隔离检测，通常要在独立的隔离舍隔离 40d 以上，确保引入的种鸡临床健康、净化病种阴性后，经彻底消毒，才能进入生产线。

二、引种调运注意事项

（一）了解相关法律法规

跨省或省内引进种鸡应遵循的法律及规章有：《动物防疫法》《重大动物疫情应急条例》《动物检疫管理办法》。

跨省或省内引进种鸡应遵循的技术规程有：《跨省调运种禽产地检疫规程》《家禽产地检疫规程》。

养殖场（户）在准备引购种鸡前，要熟知相关法律法规及技术规程的要求，按要求开展引种工作。

（二）科学选择引进品种

引进种鸡前应充分调查市场需求，同时也要详细了解引入品种的主要特点和对本地自然条件的适应性。市场行情是决定所引品种具有发展潜力的基础，要按需引种。不同品种的适应性则是引种成功的关键，若本地与原产地的气候及饲养管理等方面相差不大，引种通常容易成功；若环境条件相差较大，则应特别注意引入后的风土驯化措施。同时，有些品种对某些疫病缺乏抵抗力，引入新地区后容易感染发病、死亡造成损失。因此，在引种时既要考虑原产地与引入地的环境条件差异，又要考虑自己的养殖条件。

（三）全面调查引种地和引种场

在从外地引种前，必须亲自或聘请经验丰富的临床兽医（官方兽医）到该地实地调查有关情况，调查内容主要有：该地当前动物疫病发生流行情况，相关重大动物疫病防控情况，该地近几年发生动物疫病情况等等。对引种场要重点查看动物防疫条件合格证、工商执照及种畜禽生产经营许可证等法定资质，同时还要查阅该场种禽系谱、养殖档案、防疫档案和监管档案，详细查看养殖档案中的免疫注射、疫病诊疗、防疫设施、畜禽生产、销售等情况，特别要比对种鸡的系谱，种公鸡要查到 3 代以上血缘，且保证引进场内至少有 6 个以上血缘，理清种鸡的血缘关系后，选择适合本场生产需求的种鸡，根据现场综合考察情况初选引种场。同时也要特别注意查看该场实际生产情况，主要是该场的防疫设施，所养动物精神、采食等状况，选择饲养管理规范的种鸡场进行引种。宜优先考虑从农业农村部通过净化评估的种鸡场引种。

（四）实施调运前的准备工作

1. 办理相关手续　初步选定引种场后，应返回原地按照法律法规的规定办理《跨省引进种畜禽调运审批》手续，待批复后再办理其他手续。应聘请临床经验丰富的专业兽医或官方兽医一同前往引种场选择种鸡，选定后应向当地县级动物卫生监督机构申报检疫和进行抗体检测，检疫合格的办理《动物检疫合格证明》，抗体检测合格的出具重大动物疫病抗体检测合格报告，不合格的种鸡全部剔除。对合格的种鸡要求供种场出具种禽出场合格证，提供种禽系谱。

2. 其他事项　在引种前 15d 对拟引购的种鸡按 1∶1.2 的比例实施高致病性禽流感的加强免疫，并观察 1 周无异常。

在起运前必须对运输车辆进行彻底消毒，消毒可用 2% 苛性钠喷雾或季铵盐等其他消毒剂。

调运种鸡者可根据原场饲料情况，购置部分相近饲料，以缓冲换料对种鸡的应激反应。

（五）运输途中注意事项

首先注意运输程序规范，运输者必须同时具有动物检疫合格证明、运载工具消毒证明和非疫区证明。其次是运输时，应确定运输路线，并对途经地区的动物疫病流行病学情况了解清楚，如果有疫病发生，必须提前做好绕行准备，尽量避开疫区，以免感染疫病。三是长途运输，在运输前 6h 和运输途中喂服抗应激电解质类、矿物质、糖类、维生素和有机酸物质等，运输途中及时加水加料，同时要准备一些感冒等常见疫病的治疗药物。四是要注意做好防暑降温，尽量降低应激反应。种鸡的最佳运输温度为 15～25℃，温度较高或较低，均容易造成发病或死亡。要尽量选择合适的调运季节，引种时间最好选择在两地气候相差不大的季节，若由温暖地区引至寒冷地区宜在夏季调运，而由寒冷地区引至温暖地区则宜在冬季调运，以便种鸡能逐渐适应气候的变化。五是在运输过程中由专业人员随时注意观察运输种鸡健康状况。

三、引种后的隔离检测

（一）种鸡引回后隔离观察

引回的种鸡到达引种目的地后立即向输入地县级动物卫生监督机构报告，接受检疫，根据《动物检疫管理办法》第四十八条、第四十九条规定，没有按时报告的，将对其整改并处罚。

引回的临床健康的种鸡应放入已消毒的隔离圈舍内进行隔离饲养观察，隔离观察期一般为 40d 以上，隔离观察期满经官方兽医重新检疫合格后方可合群饲养，并建立相关的养殖档案。

隔离饲养期间要定期进行带鸡消毒、强化免疫和观察记录。

（二）种鸡相关疫病的诊断检测

对于种鸡场引入的种鸡、后备种鸡在隔离观察期间应进行相关疫病的诊断与检测，确认开展净化的特定病种为阴性，检疫规程中需要进行检疫的相关疫病为阴性。

1. 检疫对象　高致病性禽流感、新城疫、鸡传染性喉气管炎、鸡传染性支气管炎、鸡传染性法氏囊病、马立克氏病、禽痘、鸡白痢、鸡球虫病以及开展净化的特定病种。

2. 临床检查

（1）检查方法　群体检查：从静态、动态和食态等方面进行检查。主要检查鸡群精神状况、外貌、呼吸状态、运动状态、饮水饮食及排泄物状态等。个体检查：通过视诊、触诊、听诊等方法检查鸡个体精神状况、体温、呼吸、羽毛、天然孔、冠、髯、爪、粪、触摸嗉囊内容物性状等。

（2）检查内容　①鸡出现突然死亡、死亡率高；病禽极度沉郁，头部和眼睑部水肿，鸡冠发绀、脚鳞出血和神经紊乱的，怀疑感染高致病性禽流感。②鸡出现体温升高、食欲减退、神经症状；缩颈闭眼、冠髯暗紫；呼吸困难；口腔和鼻腔分泌物增多，嗉囊肿胀；下痢；产蛋减少或停止；少数鸡突然发病，无任何症状而死亡等症状的，怀疑感染新城疫。③鸡出现呼吸困难、咳嗽；停止产蛋，或产薄壳蛋、畸形蛋、褪色蛋等症状的，怀疑感染鸡传染性支气管炎。④鸡出现呼吸困难、伸颈呼吸，发出咯咯声或咳嗽声；咳出血凝块等症状的，怀疑感染鸡传染性喉气管炎。⑤鸡出现下痢，排浅白色或淡绿色稀粪，肛门周围的羽毛被粪污染或沾污泥土；饮水减少、食欲减退；消瘦、畏寒；步态不稳、精神委顿、头下垂、眼睑闭合；羽毛无光泽等症状的，怀疑感染传染性法氏囊病。⑥鸡出现食欲减退、消瘦、腹泻、体重迅速减轻，死亡率较高；运动失调、劈叉姿势；虹膜褪色、单侧或双眼灰白色混浊所致的白眼病或瞎眼；颈、背、翅、腿和尾部形成大小不一的结节及瘤状物等症状的，怀疑感染马立克氏病。⑦鸡出现食欲减退或废绝、畏寒，尖叫；排乳白色稀薄黏腻粪便，肛门周围污秽；闭眼呆立、呼吸困难；偶见共济失调、运动失衡，肢体麻痹等神经症状的，怀疑感染鸡白痢。⑧鸡出现冠、肉髯和其他无羽毛部位发生大小不等的疣状块，皮肤增生性病变；口腔、食道、喉或气管黏膜出现白色结节或黄色白喉膜病变等症状的，怀疑感染鸡痘。⑨鸡出现精神沉郁、羽毛松乱、不喜活动、食欲减退、消瘦；泄殖腔周围羽毛被稀粪沾污；运动失调、足和翅发生轻瘫；嗉囊内充满液体，可视黏膜苍白；

排水样稀粪、棕红色粪便、血便、间歇性下痢；群体均匀度差，产蛋下降等症状的，怀疑感染鸡球虫病。

3. 实验室检测 ①经临床检查怀疑患有以上所述疫病及发现其他异常情况的，应按相应疫病防治技术规范进行实验室检测。经检测确诊的病鸡应及时淘汰，同时加强消毒和防疫工作。②实验室检测须由具有资质的实验室承担，并出具检测报告。

四、相关概念

（一）种畜禽生产经营许可证

《种畜禽生产经营许可证》是由国务院畜牧兽医行政主管部门制定和颁发的，从事种畜禽生产经营或者生产商品代仔畜、雏禽的单位、个人的许可凭证。可登录国家种畜禽生产管理系统（www.chinazxq.cn）查找相关种畜禽场。

（二）种畜禽合格证、动物检疫合格证、种鸡系谱证

《种畜禽合格证》是针对待销售的种畜禽，依据国务院《种畜禽管理条例》第四章第二十条，由当地畜牧兽医主管部门审发。

《动物检疫合格证明》是由动物卫生监督机构官方兽医出具的，标示某一动物及其产品检疫合格的证明。《动物检疫合格证明》是动物卫生监督证章标志的一种，共有两类四种，即 A 类和 B 类，动物和动物产品。动物检疫合格证明（动物 A）适用于跨省境出售或者运输动物。动物检疫合格证明（动物 B）适用省内出售或者运输动物。

第五节 疫病净化监测

一、概述

（一）定义

监测是长期、连续、系统地收集、核对、分析疫病的动态分布和影响因素的

资料，并将信息及时上报和反馈，以便及时采取干预措施的活动。

（二）意义

监测是掌握动物疫病分布特征和发展趋势的重要方法；是掌握动物群体特征和影响疫病流行因素的重要手段；是评价疫病防控措施效果的重要依据；是制定和调整防控策略的基础。

（三）分类

根据监测的组织方式、目的、侧重点和疫病病种等因素，监测可以有以下几种分类方式：

1. 组织方式 可分为被动监测与主动监测。被动监测是指下级单位常规向上级机构报告监测数据和资料，而上级单位被动接受。主动监测是指根据特殊需要，上级单位调查收集数据和资料（或者要求下级单位尽力去收集资料）。

2. 监测针对性 分为常规监测与哨点监测。常规监测是指国家和地方常规报告系统开展的疫病监测，优点是覆盖面广，缺点是缺乏明确针对性。哨点监测是指基于某种疫病或某些疫病的流行特点，有代表性地选择在不同地区设置监测点，根据事先制定的特定方案和程序而开展的监测。

3. 抽样选择性 可分为传统监测和基于风险的监测。传统监测是指根据传统危害因素识别方法，按照一定比例，定期在动物群体中抽样进行检测。基于风险的监测是指在风险识别和风险分析的基础上，遵循提高效益成本比的原则，在风险动物群体中进行抽样检测。

4. 疫病的分布特征 可分为地方流行疫病监测和外来病监测。地方流行疫病监测侧重于测量和描述疫病分布，分析疫病发展趋势；外来病监测侧重于发现疫病。

5. 具体目的 可以分为发现疫病的监测、证明无疫的监测、测量疫病流行率的监测、免疫效果的监测等。

6. 检测方法 习惯性地将监测分为临床监测、病原学监测、血清学监测等。

但需要注意的是，病原学监测与发现疫病的监测、证明无疫的监测并无直接的对应关系；血清学监测与免疫效果的监测也无直接的对应关系。

二、监测的要点和步骤

监测的步骤可以分为：确认危害的存在；明确监测目的和调查目标；制定详

细的监测方案；监测的实施（调查问卷、采样和实验室检测）；数据的收集、整理、分析和报告的撰写；监测信息的通报和发布。

三、监测的质量控制

监测的要点包括：目的；危害选择；病例定义、诊断方法；目标群、监测区域，品种，养殖场，动物个体；时间安排，采样间隔；数据管理，分析；数据分析方法；反馈，结果的发布。对于监测的全过程需要进行有效的质量控制。

（一）监测数据的完整性

设计监测方案时，必须围绕监测目的，合理设定监测指标，不随意添加或减少项目。这样才能保证监测数据可用，提高监测的资源利用率。

（二）采集样品的代表性

设计监测方案时，要依据设定的监测目的，合理选择抽样方式，合理确定抽样单位数量和抽样检测样品数量。合理利用经费，使抽样检测结果接近实际情况。

（三）检测方法的可靠性

选择检测方法的敏感性、特异性需要达到规定要求。在时间、经费等允许的情况下，依据监测目的，优先选择敏感性、特异性较好的检测方法。必要时，可采用多重试验提高检测的敏感性或特异性。

（四）病例定义的统一性

在监测活动中，必须确定一个统一可操作的疫病诊断标准。可以根据被监测疫病的流行特点、临床症状、病程经过、病理变化、病原分离、抗体检测、病毒核酸检测等指标，对临床病例、疑似病例、确诊病例等做出严格定义。病例定义不同，将对监测结果产生较大影响。

（五）测量指标的合理性

正确区分发病率、流行率、感染率、死亡率等测量指标。在充分考虑时间、人力、物力等因素的情况下，选择与监测目的相适应的指标进行测量。

(六) 分析方法的科学性

选择正确的方法对监测结果进行分析，可以借助 EXCEL、SPSS、EPiInfo、R 等软件对数据进行处理和分析。要充分认识监测数据的有效性和统计学方法的适用条件。避免盲目使用统计学方法，获得不正确的结果。

(七) 信息交流的透明性

在监测活动中，组织者、调查者、实验室检测者应当充分与被调查对象进行沟通，及时发现问题，使监测结果贴近实际情况。组织者、调查者、实验室检测者之间也应充分交流，避免由于信息不畅通而影响监测的质量。

四、种鸡场疫病净化监测的要求

《规模化养殖场主要动物疫病净化技术指南（试行）2014 年版》中规定，开展疫病净化的规模化种鸡场应"根据制定的禽流感、新城疫等病的监测计划，切实开展疫病监测工作，及时掌握疫病免疫保护水平、流行现状及相关风险因素，适时调整疫病控制策略。根据建立的特定疫病净化方案和发现阳性动物处置方案等，切实开展净化监测、隔离淘汰和无害化处理等工作。"其主要疫病净化技术路线如图 2-8 所示。

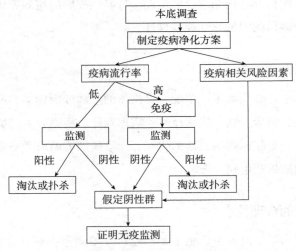

图 2-8　规模化种鸡场主要疫病净化技术路线

在不同的阶段，监测的目的有所不同。在净化的初始阶段，以疫病的本底调查为主，监测目的主要是测量疫病的流行率，多采用随机抽样的方法。在净化的实施阶段，以淘汰感染和发病动物为主，监测目的主要是发现疫病，可采用基于风险的监测；对于达到净化状态的判断，监测目的主要是证明无疫，可采用常规监测结合基于风险的监测。在净化维持阶段，以尽早发现和诊断疫病为主，可采用隔离检测、常规监测和区域风险监测相结合的方式。

对于不同的疫病，其监测的要求有所不同。

（一）禽流感、新城疫

1. 本底调查阶段

（1）调查目的　掌握本场禽流感、新城疫的感染情况，了解鸡群健康状态、免疫水平，评估净化成本和人力物力投入，制定适合于本场实际情况的净化方案。

（2）调查内容　全面考察鸡场实际情况，包括基础设施条件、生产管理水平、防疫管理水平及兽医技术力量等，观察鸡群健康状况，了解本场禽流感、新城疫的流行历史和现状、免疫程序、免疫效果等，针对实际情况提出改进措施。同时通过对种鸡场的鸡群按照一定比例采样检测，掌握禽流感、新城疫带毒和免疫抗体水平情况。

2. 免疫控制阶段　本阶段，种鸡场应根据疫病的本底调查结果和净化疫病特点，采取以免疫、监测、分群、淘汰、强化管理相结合的综合防控措施，使禽流感和新城疫的发病得到有效控制，逐步实现免疫无疫状态，为下一步非免疫无疫净化奠定基础。

（1）控制目标　对有禽流感、新城疫临床疑似病例的鸡群和死亡鸡进行病原学监测，淘汰感染鸡，及时清除病原。通过强化免疫和免疫抗体监测，维持较高的免疫抗体水平，降低鸡群易感性，将临床发病控制在最低水平，逐步实现免疫无疫。

（2）控制措施　种鸡场应优先选用本场或本区域优势毒株相对应的优质疫苗，制定禽流感、新城疫免疫程序和抗体监测计划，在保障养殖管理科学有效、生物安全措施得力和环境可靠的同时，根据抗体监测效果及周边疫情动态适时调整免疫程序，在做好种鸡群免疫的基础上，重点做好雏鸡、育成鸡的免疫。

（3）监测内容及比例　本阶段的监测重点是后备鸡转群和开产前（或留种前）的免疫抗体监测和病死鸡的病原学监测，确保种鸡群及个体良好的免疫保护屏障、跟踪鸡群病原感染情况，具体监测情况见表 2-16。

表 2-16　禽流感、新城疫监测内容及比例

种群	最低监测比例	监测频率	监测内容	监测样品
曾祖代及以上母鸡	10%（总样本量不少于 200 只）	后备鸡转群前检测 1 次，开产或留种前检测 1 次，40～45 周龄检测 1 次	免疫抗体	血清
祖代母鸡	5%（总样本量不少于 200 只）	后备鸡转群前检测 1 次，开产或留种前检测 1 次，40～45 周龄检测 1 次	免疫抗体	血清
父母代母鸡	2%～3%（总样本量不少于 200 只）	后备鸡转群前检测 1 次，开产或留种前检测 1 次，40～45 周龄检测 1 次	免疫抗体	血清
种公鸡	100%	后备鸡转群前检测 1 次，正式采精前检测 1 次，40～45 周龄检测 1 次	免疫抗体	血清
临床疑似病例鸡群和/或病死鸡	100%	后备鸡以后	病原	组织病料

（4）监测结果处理　对免疫抗体不合格的种鸡群加强免疫 1 次，3～4 周后重新采血检测，按照鸡场制定的淘汰计划，淘汰加强免疫后抗体不合格的种鸡群。

对病死鸡进行病原学监测，对病原学监测阳性和发现禽流感或新城疫临床疑似病例，报告当地动物疫病预防控制机构，及时采集病料送省级疫控机构诊断，如确诊为禽流感或新城疫，养殖场应配合畜牧兽医部门按照国家有关规定处置。

（5）控制效果评价　当种鸡群历经 2 次及 2 次以上普检和隔离淘汰，种鸡群抽检群体免疫抗体合格率达到 90% 以上（其中 HI 平均滴度≥7log2，群体 HI 免疫抗体合格率达到 80% 以上）；连续 2 年未发现禽流感、新城疫病原学阳性且未出现禽流感、新城疫临床病例，即认为达到禽流感、新城疫免疫无疫状态，可按照程序申请净化评估。

有条件的种鸡场，可探索哨兵动物监测预警机制，鸡舍可设置非免疫育成鸡，跟踪观察，定期监测。

3. 检测方法

（1）禽流感

①血清学检测　执行标准：GB/T 18936—2020《高致病性禽流感诊断技术》。方法：血凝抑制试验。

②病原学检测　执行标准：GB/T 19438.2—2004《H5 亚型禽流感病毒荧光 RT-PCR 检测方法》、GB/T 19440—2004《禽流感病毒 NASBA 检测方法》以及 NY/T 772—2013《禽流感病毒 RT-PCR 检测方法》。

方法：采用病毒分离或禽流感病毒 RT-PCR 对所有亚型的 AIV 进行检测。必要时对病毒进行分型鉴定。

（2）新城疫

①血清学检测　执行标准：GB/T 16550—2020《新城疫诊断技术》。方法：血凝抑制试验。

②病原学检测　执行标准：GB/T 16550—2020《新城疫诊断技术》。方法：采用病毒分离或新城疫病毒荧光 RT-PCR 检测。通过基因测序区分野毒株和疫苗毒株。

（二）禽白血病

1. 本底调查阶段

（1）调查目的　了解本场禽白血病的感染情况，了解鸡群健康状态和疫病带毒情况，评估净化成本和人力物力投入，制定适合于本场实际情况的净化方案。

（2）调查内容　全面考察鸡场实际情况，包括基础设施条件、生产管理水平、防疫管理水平及兽医技术力量等，观察鸡群健康状况，了解本场及引种来源种鸡场禽白血病流行历史和现状，引种来源种鸡场对禽白血病定期检测的资料。同时通过对种鸡场的鸡群按照一定比例采样检测，掌握禽白血病病毒感染情况。

2. 监测净化阶段　本阶段，种鸡场应根据本底调查结果和禽白血病特点，采取以监测、分群、淘汰、强化管理相结合的综合防控措施，将禽白血病的感染控制在最低水平，甚至无疫状态，逐步清除带毒鸡，实现种群净化，达到净化状态。

（1）阶段目标　病原学抽检，原种场全部为阴性，祖代场、父母代场阳性率低于 1%；血清学抽检，A/B、J 亚群抗体及蛋清 p27 抗原检测，原种场全部为阴性，祖代场、父母代场阳性率低于1%；连续2年以上无临床病例。

（2）监测内容及比例

①原种鸡场

A. 种鸡群：对同一批次的种鸡群，按以下顺序开展净化工作。依次完成多个世代的监测净化，直至建立阴性种鸡群。

a. 孵化室雏鸡检测：收集阴性种鸡的种蛋，同一种鸡来源的种蛋放在一起，分群孵化。采集全部1日龄雏鸡的胎粪，检测p27抗原。有1只雏鸡为阳性，则同一种鸡来源的雏鸡均判为阳性，不作种用。阴性雏鸡分成小群饲养（20～50只）。对选留的雏鸡，以母鸡为单位，同一母鸡的雏鸡放于一个笼中隔离饲养。每个笼间不可直接接触，包括避免直接气流的对流。饲养期间要采取避免水平传播的各种措施。接种疫苗时避免共用注射器。

b. 后备种鸡筛选检测：采集5～6周龄鸡血浆，分离培养禽白血病病毒。选出阴性鸡隔离饲养，作为后备种鸡。

c. 种鸡开产初期检测净化：选择每只种鸡开产最初的2～3枚蛋，取蛋清的混合样品，用ELISA检测蛋清p27抗原，淘汰抗原阳性鸡。其余鸡采集血浆接种DF-1细胞分离病毒，用ELISA检测p27抗原，淘汰阳性鸡。

d. 40～45周龄留种前检测净化：取每只鸡的2～3枚蛋，对蛋清做p27抗原检测，淘汰阳性鸡。其余鸡采集血浆接种DF-1细胞分离病毒，用ELISA检测p27抗原，淘汰阳性鸡。

e. 对建立的阴性种鸡群：每6个月抽检血清样品200份，监测A/B亚群抗体和J亚群抗体。

f. 种蛋的选留和孵化：在经40～45周龄留种前检测淘汰阳性鸡后，每只母鸡仅选用1只检测阴性公鸡的精液授精。按规定时间留足种蛋，每只母鸡的种蛋均标号。在出壳前，将每只母鸡的种蛋置于同一标母鸡号的专用纸袋中，置于出雏箱中出雏。

g. 第二世代鸡的检测和淘汰：经上述a～e步检测淘汰后种鸡的出壳的雏鸡，作为净化后第二世代鸡。继续按a～e的程序，实施第二世代的检测和净化。第三世代后可按此程序继续循环进行。

h. 连续进行多个世代种鸡的ALV检测与净化，直至p27抗原、A-B亚群抗体和J亚群抗体达到净化标准。

B. 公鸡：对种鸡群配套的公鸡，按以下顺序开展净化工作。

a. 孵化室 1 日龄雏鸡检测，同母鸡（先收集胎粪 1 次，再鉴别雌雄）。

b. 第 1 次挑选公鸡时，采集血浆进行病毒分离检测。在开始供精之前，至少经过病毒分离检测 1 次，淘汰阳性鸡。

c. 在生产阶段采血浆进行病毒分离检测 1 次。采集精液后，检测精液 p27 抗原及接种 DF-1 细胞分离病毒，淘汰阳性鸡。

②祖代、父母代鸡场　对于祖代和父母代鸡场的种鸡群和公鸡，按照以下要求开展净化，监测情况见表 2-17。

表 2-17　禽白血病监测内容及比例

种群	最低监测比例	监测频率	监测内容	监测样品
祖代母鸡	5%（总样本量不少于 200 只）	开产后 25～30 周龄检测种蛋或血清	A/B、J 亚群抗体，p27 抗原	每只种鸡检测 2 枚种蛋
父母代母鸡	2%～3%（总样本量不少于 200 只）	开产后 25～30 周龄检测种蛋或血清	A/B、J 亚群抗体，p27 抗原	每只种鸡检测 2 枚种蛋
种公鸡	100%	正式采精前检测 1 次	p27 抗原	血清或精液

（3）监测结果处理　对带毒鸡应及时淘汰，加强同群鸡的监测，直至建立本场阴性种鸡群。

（4）监测效果评价　原种鸡场连续 3 个世代未分离到外源性禽白血病病毒，祖代场、父母代场病原阳性率低于 1%；抽检 A/B、J 亚群抗体，原种场全部为阴性，祖代场、父母代场阳性率低于 1%；连续 2 年以上无临床病例，即认为达到禽白血病净化状态，可按照程序申请净化评估。

3. 净化维持阶段　种鸡场达到禽白血病净化状态或通过农业农村部评估后，可开展维持性监测。种鸡场在开产后按一定比例（如 5%～10%）检测血清抗体和蛋清 p27 抗原，如无阳性，可逐年减少检测比例；祖代和父母代鸡场从无禽白血病鸡场引种连续 2 年，可按 5%～10% 比例进行维持性监测。

4. 检测方法　p27 抗原和 A/B、J 亚群抗体的检测应优先选择 ELISA 或其他有效可靠的方法。

(三) 鸡白痢

1. 本底调查阶段

（1）调查目的　掌握本场鸡白痢的感染情况，了解鸡群健康状态，评估净化成本和人力物力投入，制定适合于本场实际情况的净化方案。

（2）调查内容　全面考察鸡场实际情况，包括基础设施条件、生产管理水平、防疫管理水平及兽医技术力量等，观察鸡群健康状况，了解本场鸡白痢流行历史和现状、免疫程序、免疫效果等，针对实际情况提出改进措施。同时通过对种鸡场的鸡群按照一定比例采样检测，掌握鸡白痢感染情况。

2. 监测净化阶段　种鸡场应根据疫病本底调查结果和净化疫病特点，采取以监测、分群、淘汰、强化管理相结合的综合防控措施，将鸡白痢的临床发病控制在最低水平，甚至无疫状态，逐步清除感染鸡，实现种群净化，达到鸡白痢净化状态。

（1）阶段目标　血清学抽检，原种场全部为阴性，祖代种鸡场阳性率低于0.2%，父母代种鸡场阳性率低于0.5%，种公鸡全部为阴性；连续2年以上无临床病例。

（2）监测内容及比例　本阶段的监测重点是后备鸡转群和开产前的感染抗体监测、死胚或弱雏的细菌分离监测，具体监测情况见表2-18。

表 2-18　鸡白痢监测内容及比例

种群	最低监测比例	监测频率	监测内容	检测样品
曾祖代及以上母鸡	100%	后备鸡阶段检测1次，开产前检测1次	抗体	血清
祖代母鸡	100%	后备鸡阶段检测1次，开产前检测1次	抗体	血清
父母代母鸡	100%	后备鸡阶段检测1次，开产前检测1次	抗体	血清
种公鸡	100%	后备鸡阶段检测1次，开产前检测1次	抗体	血清
死胚或1日龄弱雏	抽检	每月检测1次	病原	死胚、弱雏

监测期间，如发现种群鸡白痢阳性异常升高，应及时分析管理因素及技术因素，加大监测密度，评估生物安全措施有效性，评估感染风险。

（3）监测结果处理　对发现的感染鸡应及时淘汰、扑杀，加强同舍鸡群监测。

（4）监测效果评价　曾祖代及以上连续3代血清学检测全部为阴性，祖代种鸡场鸡白痢血清学阳性率低于0.2%，父母代种鸡场阳性率低于0.5%；种公鸡的鸡白痢血清学全部为阴性，连续 2 年以上无临床病例，即认为达到鸡白痢净化状态，可按照程序申请净化评估。

3. 净化维持阶段　种鸡场达到鸡白痢净化状态或通过农业农村部评估后，可开展维持性监测。曾祖代及以上连续 3 代血清学检测全部为阴性，可按 5%～10%比例进行监测。祖代和父母代鸡场从无鸡白痢鸡场引种连续 2 年，可按 5%～10%比例进行监测。

4. 检测方法

（1）血清学检测　执行标准可参照 NY/T 536—2017《鸡伤寒和鸡白痢诊断技术》。方法：采用平板凝集试验检测血清或全血。

（2）病原学检测　执行标准可参照 NY/T 536—2017《鸡伤寒和鸡白痢诊断技术》。方法：采用病原分离和鉴定方法。

第六节　消　　毒

消毒是对已污染的环境和物品所采取的必要补救措施，用物理、化学或生物的方法清除或杀灭畜禽体表及其生活环境和相关物品中的病原微生物，其目的是消除环境中的病原微生物，切断疫病传播途径，预防和控制疫病的发生和流行。

一、消毒方法的选择

消毒方法可分为物理、化学和生物学方法。

（一）物理法

指清除环境中的垃圾及杂物，冲洗、干燥、阳光直接照射、紫外线或射线照射、火焰焚烧、水蒸煮、高压蒸汽等方法杀灭环境中或物体上的病原。

（二）化学法

用各种化学药物及抗菌、抗病毒制剂，配制成适当浓度的液体，对环境和物体进行清洗、浸泡、喷洒、熏蒸，以达到杀灭病原的目的。常用的化学消毒剂有

9 类。

1. 酚类　如消毒灵、菌毒效等，多用于饲养工具、场地和污物等的喷洒消毒。配制成 1‰ 的水溶液，喷洒 1 次药效可维持 7d。

2. 醛类　福尔马林（37%～40% 甲醛溶液），2%～4% 福尔马林具有强大的消毒作用，可在 6～24h 内杀死细菌、病毒和芽孢。房舍、孵化器的消毒一般采用甲醛蒸汽熏蒸的方法。按圈舍容积每立方米用福尔马林 25mL、高锰酸钾 2g、水 12.5mL。将福尔马林和水混合倒入容器中，然后倒入高锰酸钾，关闭门窗、通风口或孵化器等，熏蒸 12～24h。熏蒸结束后，打开门窗通风换气 6～7d 排出甲醛气。注意蒸汽消毒时，温度不低于 15℃，湿度越大，杀菌力越强。

甲醛蒸汽也可用于蛋壳的消毒，但对于蛋内的细菌则没有消毒作用。种蛋的熏蒸可在种蛋入孵之前，装盘上架，在单独的密闭房间中熏蒸 20～30min。熏蒸后的种蛋，应立即入孵。也可在孵化器内对新孵不久（6h 内）的蛋进行甲醛熏蒸消毒，消毒后应立即通风换气。

3. 弱酸类　如水杨酸，配制成 5%～10% 乙醇溶液涂擦皮肤。

4. 强碱类　主要有 2% 或 3% 烧碱（氢氧化钠）溶液、石灰粉或石粉乳。2%～3% 烧碱溶液可用于鸡舍、墙面、地面、运输工具的消毒。烧碱具有腐蚀性，消毒人员在消毒时应穿胶鞋、佩戴橡皮手套和眼镜。消毒后要用水将用具、地面上的药品冲洗干净。烧碱可吸收空气中的水分而分解且具有腐蚀性，因此，在保存时应多注意。

生石灰和水按照 1∶1 的比例配制成熟石灰，再用水配成 10%～20% 的混悬液，可用于墙壁、圈舍、地面的消毒。熟石灰久置后会变成碳酸钙失去消毒作用，故应现用现配。石灰粉既有消毒作用又可防潮，可撒在场区周围形成一条隔离带。

5. 碘制剂　主要有碘酊、碘甘油、碘伏等，应用于皮肤、黏膜、饮水、环境消毒。

6. 氯制剂　如漂白粉、消毒威等，漂白粉是一种应用较广泛的消毒药，其主要成分是次氯酸钙。次氯酸钙在水中分解，产生的新生氧和氯都具有杀菌作用。适应于土壤、粪便、污水的消毒。5% 漂白粉乳剂能在 5min 内杀死大多数细菌，10%～20% 乳剂可在短时间内杀死细菌芽孢。

漂白粉可在消毒前先将其配成悬浊液，密闭放置 1 昼夜，上清液可用于喷雾消毒，沉淀物可用于消毒水沟和地面。粪水和其他液体物质消毒时多采用粉剂。

漂白粉对皮肤、金属物品和衣物有腐蚀性，消毒时应注意。漂白粉和空气接触时易分解，因此保存时应注意密封于干燥、阴暗、凉爽的地方。

7. 过氧化物类　0.2%过氧化氢用于黏膜、皮肤创伤消毒。

8. 表面活性剂　如新洁尔灭、洗必泰等。新洁尔灭有较强的去污和消毒作用，数分钟就可杀灭多数细菌。0.1%新洁尔灭多用于洗刷消毒饲养用具和孵化器、手臂和器械，或进行喷雾消毒。种蛋消毒也可以用0.1%新洁尔灭溶液，31~40℃溶液中浸泡5min即可达到消毒效果。应注意，新洁尔灭与肥皂等皂化剂配合使用会降低消毒效果。

9. 醇类　如乙醇，用于皮肤和器械的消毒，使用时配成75%的水溶液。

（三）生物学法

通过堆积发酵、沉淀池发酵、沼气池发酵等产热或产酸，杀灭粪便、污水、垃圾、垫草中的病原。

二、消毒的分类

按照目的，可分为预防性消毒、临时性消毒、终末消毒3种类型。

（一）预防性消毒

即在平时未发生传染病的情况下所进行的定期消毒，一般每周进行1~2次，每2周进行2次彻底的大消毒，主要以人员、车辆、生产场出入口、圈舍、场地、用具、动物体表为主。

1. 消毒池　规模鸡场大门入口的消毒是控制外界病原进入场区的第一道防线。在大门入口处应设一个与大门同宽、长不少于4m、深不少于0.3m的消毒池，确保进入规模鸡场车辆的车轮消毒完全，车身和底盘可使用0.5%过氧乙酸喷雾消毒。生产区入口和各栋鸡舍入口处也要设一个与门同宽的消毒池。池中装有消毒液，定时添加消毒药或每周更换消毒液1次。常选用2%~5%氢氧化钠等，大门口消毒池可设雨棚，雨后及时添加消毒药或及时更换消毒液。

规模鸡场入口大门消毒池内的消毒液最好应用2种以上的消毒液交替使用，最长每周更换1次消毒液，如消毒池使用频繁，消毒液内因杂质（泥沙、草木等污物）过多而浑浊，应及时更换。栋舍入口处的消毒液在光照时间内每4h需更换 1 次。

2. 入场消毒　进场人员必须经脚踏消毒池、紫外线照射、消毒液洗手方可进入厂区，外来人员未经允许不得进入。外来车辆未经允许不得进入生产区；工作人员须经消毒室消毒、淋浴、更衣、换鞋、戴帽、最后脚踏消毒池进入生产区；更衣室要定期清扫（每天至少 1 次）、工作服、鞋帽要洗刷消毒（每天 1 次）。选用对人体皮肤无刺激性的消毒液洗手，如 0.5% 过氧化氢溶液或 0.5% 新洁尔灭。进入生产区的物品要经过专门的消毒通道，根据物品特点选择使用紫外灯照射 30～60min，消毒药液喷雾、浸泡或擦拭等多种消毒形式中的一种或组合进行综合消毒处理。

3. 清扫和整理器具　空舍后及时清除舍内垃圾，包括墙面、顶棚、通风口、门口、水管等处的尘埃及料槽内的残料，并整理各种器具。

4. 空舍消毒　空舍消毒是种鸡场日常消毒的核心工作。种鸡场实行全进全出饲养模式。每批鸡调出后都要彻底清扫、冲洗、整修、喷雾消毒或熏蒸消毒等。由于病原微生物对不同消毒剂敏感程度不同，可选用不同类型的消毒药分 2～3 次消毒。第 1 次消毒可选用碱性消毒剂，如 1%～2% 氢氧化钠溶液喷雾消毒，用 10% 石灰乳粉刷墙面、围栏、地面；第 2 次消毒可选用酚类、卤素类、表面活性剂或过氧乙酸等氧化剂进行喷雾消毒，喷雾消毒时，先后部再前部，先顶部墙壁再地面；第 3 次可选用福尔马林熏蒸消毒，消毒后开窗通风，间隔 6～7d 方可转进下批鸡群。特别注意每次消毒应有 1h 左右的间隔时间，第 1 次消毒后应冲洗、干燥后再进行第 2 次消毒，最后一次消毒 2h 后要冲洗干净。

5. 带鸡消毒　通常选用喷雾消毒的方法，选择安全、无副作用的消毒剂，如季铵盐类、氧化剂类等，制成溶液后在鸡群中喷雾消毒。

6. 生产区空地、道路消毒　要定期清除道路两侧杂草，先用自来水冲洗路面，再用 2% 烧碱喷洒消毒，路面消毒每周 1 次；场周围环境及场内下水道、污水池出口等排污设施要用消毒药定期消毒，每周 1 次。

7. 饲养用具的消毒　生产区内的扫把、水壶、料槽、送料车、加料铲等用具，每天清理洗刷，并选用不同的消毒方法，如日光下暴晒、消毒液浸泡、喷洒、熏蒸等方法，并保证足够的消毒时间；饲养禽的笼具每批鸡饲养结束都要进行彻底消毒。

8. 运输工具的消毒　运载鸡的车辆在装前和卸后都要清扫和消毒。运载健康鸡的车辆，先清扫，后用自来水冲洗，最后用合适的消毒液喷洒消毒；运载病死鸡的车辆，先用消毒药液喷洒，后彻底清扫、冲洗，去除运载车辆表面的污物后，用消毒液喷洒消毒，第1次消毒后间隔1h，再用相同方法消毒1次，0.5～1h后用自来水全面冲洗。清扫的杂物送到指定地点无害化处理。

9. 饮水消毒 饮水消毒可每月开展1次，若饮用水中细菌总数超标或污染了病原微生物，需进行紧急消毒。饮水消毒时要求消毒剂对鸡群无毒害，对饮欲无影响。可用漂白粉进行消毒，每吨水投入漂白粉5～10g。饮水消毒要考虑消毒药水的浓度，避免对消化道黏膜损伤。

10. 兽医卫生器械的消毒 金属注射器、针头、连续注射器、刺种针、手术刀、镊子、剪子等物品，先用清水冲洗干净后置于消毒锅内煮沸消毒30min，取出放置灭菌瓷盘中备用。消毒后器械如闲置未用，必须经消毒才能使用。

11. 生活区、办公区的消毒 生活区、办公区每天清扫干净，每周消毒1次，先清扫干净再用0.5%过氧乙酸溶液喷雾消毒。

12. 粪污等其他废弃物的消毒 粪便可用生物热消毒法，鸡粪便堆积处应远离鸡舍，定期消毒，可用50%百毒杀1：300兑水进行喷雾消毒，经2～3个月发酵就可以出粪清坑；污水可用沉淀法、过滤法或化学药品处理，每1升污水加2～3g漂白粉；病死鸡要严格按规定处理，用密闭的包装袋包装后，作焚烧、深埋或化制处理。对病死鸡停留过的或运输经过的地方，清除污物后，可用2%～3%烧碱溶液进行彻底消毒；对开启后未用完的疫苗及空瓶，平时集中存放后煮沸消毒后深埋，不得随意丢弃；兽用药品、器械等废弃物，如一次性注射器、针头、输液器、药品空瓶应集中堆放，定期焚烧或运送到生物垃圾处理场处理。

（二）临时性消毒

即在发生传染病时对疫区进行的紧急消毒。除了预防性消毒对象以外，还包括患病动物的排泄物、分泌物及被其污染的其他对象，方法同上，带鸡消毒时1次/d，隔3d更换1种消毒剂，直至疫情平息，恢复正常消毒程序。

（三）终末消毒

即在传染病流行后或传染源彻底清除后进行的全面大消毒。

三、科学选择和配制消毒药物

(一) 消毒药物的选择

根据种鸡场实际情况，既要考虑安全无害，又要考虑消毒药物成本，严格按消毒对象和消毒目的，尽可能选用广谱、高效、低毒、廉价，易于操作的消毒药物，例如，烧碱、漂白粉、百毒杀、过氧乙酸、生石灰等。

(二) 消毒药液的配制

根据消毒对象不同，要配制不同浓度的消毒液。要准确称量消毒药物，一般按消毒药说明书标注的浓度配制，可抑制或杀灭病原微生物的繁殖与传播。消毒药液浓度过高，不仅浪费消毒药物，增加成本，而且对鸡群及消毒人员造成危害，使病原微生物表面形成一种有保护作用的膜蛋白，影响消毒药的作用效果。有的消毒药液浓度越高，其消毒效果反而降低，例如，75％乙醇比95％乙醇杀菌力强，还有一些含氯的消毒剂，配比浓度过大，因氯的挥发对鸡呼吸道产生刺激作用，常会引起咳嗽，打喷嚏等。

四、消毒制度

根据《动物防疫法》等法律法规，对非生产区、生产区制定切实可行的消毒制度，张贴上墙，并定期执行。严格消毒药物的采购，养殖场主是该场消毒工作的第一责任人，场主与饲养管理人员要签订消毒工作责任书，明确职责，建立消毒台账，场主要对各阶段消毒工作监督检查，建立奖惩制度，确保消毒工作取得成效。

五、注意事项

1. 开展定期消毒前首先要清扫、浸泡、刷洗除去相关物品表面的污物，然后按说明书配制消毒液，宜选用高效低毒且消毒效果好的消毒剂，禁用无生产厂家、无生产日期、无规格说明的"三无"产品。禽场在没有疫情的情况下，每月对全场及周围环境进行2～3次消毒，严格执行休药期规定和定期消灭蚊蝇。

2. 消毒时间、舍内温度、药物浓度、喷洒剂量对消毒效果都有影响。舍温在 15～20℃时，温度越高，消毒效果越好。一般药物作用时间不少于 0.5～1h。

3. 平时预防消毒要按消毒药物说明书上的中等浓度配制，鸡患病期消毒采用说明书最高浓度配制。

4. 不同消毒对象需要喷洒的消毒药物用量不同：一般水泥地面、砖混墙壁、顶棚等，用药量控制在 600～800mL/m^2；土地面或砖混结构，用药量控制在 800～1 000mL/m^2；舍内设备用药量 200～300mL/m^2。

5. 种鸡场切忌盲目使用消毒药，避免过度消毒。要经常更换消毒药物，以免病原微生物产生耐药性。空舍采用熏蒸消毒时，门窗、通风口密闭程度要高。

6. 禽场发生传染病时消毒，必须选择对该病原微生物敏感的消毒药物，按照技术规范严格消毒，消毒要彻底全面，确保不留死角和盲区，并综合使用其他相关措施。

第七节　淘汰和无害化处理

病死鸡是种鸡场除粪便、污水、臭气之外的另一种特殊的养殖废弃物。为了加强病死动物管理力度，我国相继制定了《畜禽规模养殖污染防治条例》《病害动物和病害动物产品生物安全处理规程》（GB 16548—2006）和《病死及病害动物无害化处理技术规范》（农医发〔2017〕25 号），要求做好病死动物的报告、诊断和无害化处理工作。

一、病死鸡的运输和储存

在场外集中处理之前，需要对病死鸡进行收集、储存和运输。储存、运输等环节存在传播疫病的可能性，各个环节严格按照规范操作是确保人员安全和减少环境危害的首要条件。

（一）病死鸡的运输

工作人员应具备动物防疫知识和生物安全防范意识，操作过程应穿戴防护服、口罩、胶鞋和手套。采用一次性防水、耐腐蚀密封包装袋收集尸体并采用专用的低温封闭箱式车辆运输尸体，及时消毒使用过的运输车辆和工具。

（二）病死鸡的储存

采用冷藏方式暂存尸体，暂存场所要防水、防鼠、定期消毒，利用大型冷库储存尸体。

运营和监管部门在病死鸡运输和储存的每个环节建立台账和记录，详细记录处理数量、时间、方式和经手人员等信息，记录保留至少 2 年以上。

二、病死鸡的无害化处理

病死鸡无害化处理是利用物理、化学等方法处理病死及病害鸡和相关产品，消灭其所携带的病原，消除危害的过程。鸡尸体具有易滋生细菌、营养成分高等特点，养殖者应该根据当地政策和鸡死亡情况合理选择处理方法并于鸡死亡 48h 内实施。现阶段，无害化处技术主要有深埋法、焚烧法、化制法、高温法、硫酸分解法等处理方法。

（一）深埋法

深埋法是指按照相关规定，将病死及病害鸡和相关产品投入深埋坑中并覆盖、消毒，处理病死及病害鸡和相关产品的方法。主要包括装运、掩埋点的选址、挖掘、掩埋。深埋法是处理鸡病害肉尸的一种常用、可靠、简便易行的方法。掩埋点应选择地势高燥，处于下风向的地点，同时应远离学校、公共场所、居民住宅区、村庄、动物饲养和屠宰场所、饮用水源地、河流等地区。具体方法为：将病死鸡埋于挖好的坑内，利用土壤微生物将尸体腐化、降解。依据处理鸡的多少决定坑的大小，但应高出地下水 1.5m 以上，坑底铺 2～5cm 厚的石灰，将尸体放入，将污染饲料、物品等一起抛入坑内，倒入柴油焚烧，然后再铺 2～5cm 厚的石灰，用土覆盖，覆盖土层厚度不少于 1～1.2m。尸体掩埋后，略低于周围地面 20～30cm，并做好标记和警示标识，填土不要太实，以免腐败产气造成气泡冒出和液体渗漏。深埋后，立即用氯制剂、漂白粉或生石灰等消毒药对深埋场所进行 1 次彻底消毒。第 1 周内应每日消毒、巡查 1 次，第 2 周起应每周消毒、巡查 1 次。消毒要连续 3 周以上，巡查要连续 3 个月以上，深埋坑塌陷处应及时加盖覆土。

此法比较简单、费用低，但因其无害化过程缓慢，某些病原微生物能长期生存，如果做不好防渗工作，有可能污染土壤或地下水。另外，本法不适用于患有芽孢杆菌类疫病的染疫禽及产品、组织的处理。在发生疫情时，为迅速控制与扑灭疫情，防止疫情传播扩散，最好采用深埋的方法。

（二）焚烧法

焚烧法是指在焚烧容器内，使病死及病害鸡和相关产品在富氧或无氧条件下进行氧化反应或热解反应的方法，是最安全、彻底的处理方法，即以一定量的燃料、过量空气与被处理的病死鸡在焚烧炉内进行氧化燃烧反应，在 $800\sim1\,200℃$ 的高温下氧化、热解而被破坏，实现减量化、无害化的目的。

焚烧可消灭所有有害病原微生物，根据处理数量，严格控制热解的温度、升温速度及禽尸在热解室内的停留时间。在焚烧过程中需消耗大量能源，产生一氧化碳、氮氧化物、酸性气体等有毒有害气体而造成空气污染，需要进行二次处理，增加处理成本；场点选择具有局限性，应远离居民区、建筑物、易燃物品，上面不能有电线、电话线，地下不能有自来水、燃气管道，周围有足够的防火带，位于主导风向的下方，避开公共视野。

（三）化制法

化制法是指将病死鸡尸体投入到水解反应罐中，在高温、高压等条件作用下，将病死鸡尸体消解转化为无菌水溶液（氨基酸为主）和干物质骨渣，同时将所有病原微生物彻底杀灭的过程。此法为国际上普遍采用的高温高压灭菌处理病害动物的方式之一，借助于高温高压，病原杀灭率可达 99.99%。通常来说，进行化制的原料不仅仅局限于病死的禽，还包括从养殖场、屠宰场、肉品或食品加工厂和传统市场产生的下脚料。化制一般可分为干化和湿化 2 种方法，干化原理主要是将病死鸡尸体或废弃物放入化制机内受干热与压力的作用而达到化制目的（热蒸汽不直接接触肉尸）；湿化原理主要是利用高压、蒸汽（直接与病死鸡尸体组织接触），当蒸汽遇到肉尸而凝结为水时，可使油脂溶化和蛋白质凝固。目前湿化方法采用的较多，主要是由于该法最终产物为油脂与固体物料（肉骨粉），油脂可作为生物柴油的原料，固体物料可制作有机肥，从而达到资源再利用，实现循环经济目的。

化制是一种较好地处理病死鸡的方法，具有操作较简单，成本较低，灭菌效果好、处理能力强、处理周期短等优点。但处理过程中，也存在产生异味明显和废水。另外，还要注意选择具有资质的企业生产的设备。

该技术在我国发展较快，很多地区陆续建立起高温高压化制技术无害化处理厂，应用化制技术对病死鸡进行集中处理，处理后产生的骨肉粉（动物蛋白）可作为有机肥进行回收，产生的油脂可作为工业油进行回收。

（四）高温法

高温法是指常压状态下，在封闭系统内利用高温处理病死鸡和相关产品的方法。视情况对病死鸡和相关产品进行破碎等预处理，处理物或破碎产物体积（长×宽×高）≤125cm³（5cm×5cm×5cm）。向容器内输入油脂，容器夹层经导热油或其他介质加热。将病死鸡和相关产品或破碎产物输送入容器内，与油脂混合。常压状态下，维持容器内部温度≥180℃，持续时间≥2.5h（具体处理时间随处理物种类和体积大小而设定）。加热产生的热蒸汽经废气处理系统后排出，加热产生的尸体残渣传输至压榨系统处理。

（五）硫酸分解法

硫酸分解法是指在密闭的容器内，将病死鸡和相关产品用硫酸在一定条件下进行分解的方法。可视情况对病死鸡和相关产品进行破碎等预处理。将病死鸡和相关产品或破碎产物，投至耐酸的水解罐中，按每吨处理物加入水 150～300L，后加入98％浓硫酸 300～400 kg（具体加入水和浓硫酸量随处理物的含水量而设定）。密闭水解罐，加热使水解罐内温度升至 100～108℃，维持压力≥0.15MPa，反应时间≥4h，至罐体内的病死鸡和相关产品完全分解为液态。

注意事项：处理中使用的强酸应按国家危险化学品安全管理、易制毒化学品管理有关规定执行，操作人员应做好个人防护。水解过程中要先将水加入耐酸的水解罐中，然后加入浓硫酸。控制处理物总体积不得超过容器容量的 70％。酸解反应的容器及储存酸解液的容器均要求耐强酸。

（六）碱水解法

碱水解技术发展较晚，它是指将尸体放入高温氢氧化钠或氢氧化钾溶液中，一段时间后尸体组织被水解为无菌溶液和固体残渣并产生少量气味气体。固体残渣为骨骼等纤维成分和矿物质，研磨后可以用作土壤添加剂，溶液为含有多肽、氨基酸、糖和皂类等的咖啡色强碱性溶液，排放物中不含有二噁英等有害气体。

碱水解设备主要包括水解罐、搅拌装置、加热与冷却系统，罐体上安装压力表和排气阀，确保安全。按照处理温度分类，分为低温组织处理机和高温组织处理机，95℃下处理周期为 16h，120~150℃下处理周期为 3~8h。按照输出方式分类，分为湿输出组织处理机和干输出组织处理机，前者设置过滤网盛放固体残渣，搅拌装置用来加速碱液流动，后者设置冷凝干燥装置，搅拌装置用来破碎尸体组织。

三、粪污无害化处理

近年来，随着养殖场数量和规模的增加，鸡粪的产量非常庞大，一些鸡场的粪污无法得到有效治理，不仅给周边的居民带来困扰，还会造成鸡生活环境较差而感染疫病。同时，养殖场鸡粪处理不当或者随意排放，将对地面、地下水以及土壤造成污染。由于鸡自身生理结构、对饲料蛋白质需求以及饲养方式等特点，使鸡粪中含有大量的有机物及丰富的氮、磷、钾等，这些营养物质是农业可持续发展的宝贵资源。根据鸡场的规模、客观条件的不同，鸡场粪污的无害化处理主要可分为堆肥、干燥、发酵等。

（一）堆肥

将收集到的固体粪便和有机废弃物堆积起来，控制温度、湿度、通风和酸碱度，在自然微生物的作用下进行生化反应而分解。随着内部温度的升高，鸡粪中的病菌和寄生虫卵被杀灭，再经过发酵处理成为优质的有机肥料。如在堆肥过程中添加有效微生物菌群能加快鸡粪的腐熟，还可以防止蚊蝇滋生、污水流淌、散发臭味等，改善周围环境的质量，可保留更多的氮素和有机质。存栏 1 万~5 万只的规模场（户）宜选用堆肥技术，利用其自身产生的热量可实现无害化，把堆肥物料矿物质化、腐殖化，产生重要的土壤活性物质。该种方式投资较低，设备简单，但不能完全控制臭气，需要场地大，冬春季处理时间长。

（二）干燥

直接在露天或大棚内发酵干燥，但占地面积大、周期长、释放臭气，可能产生病原微生物危害等。小型养殖场户多使用该方法。

(三) 发酵

养殖场鸡粪虽然作为严重的污染源，同时其也是生产系统内物质与能量流动的主要环节。存栏万只以下的养殖场（户）可以采用生物发酵技术，通过接种微生物菌剂，加快堆肥物料的水分挥发，改变鸡粪中的微生物数量，缩短堆肥发酵周期，同时可以增加堆肥的氮、磷、钾含量，改善堆肥产品质量。

大型养殖场提倡能源化技术，利用沼气工程提供沼气或电能。合理应用养殖场鸡粪，一方面能够解决种鸡场产生的粪便污染问题；另一方面，养殖场鸡粪通过沼气工程处理后，能够转化为有机质资源和能源，最大程度上提高养殖场的效益。将鸡粪和秸秆按一定比例混合后推入发酵池，在适宜的碳氮比和酸碱度条件下，利用微生物进行厌氧发酵，产生沼气。沼气可用来发电、燃气、做饭、照明等，为生产和生活提供洁净能源，这样既促进了鸡粪的处理利用，又改善了鸡场的周边环境。沼液、沼渣经固液分离，沼液可以浸种追肥和做饲料添加剂。沼渣清运到鸡粪储存场所作基肥，还可以脱水烘干后生产复合肥。此外，利用沼肥养鱼，有利于改善鱼塘生态环境、提高鱼类成活率、节约成本、提高经济效益。

第八节　风险评估

一、动物疫病风险评估概述

风险可以定义为损失的不确定性或者损失的可能性。根据风险决策、经济学、保险学等领域对风险的定义，以及风险的本质和规律所表现出来的特征，结合动物疫病是由病原引起这一基本特征及动物疫病的经济学含义，同时参考国际动物卫生法典中对风险的定义，可将动物疫病风险定义为：一段时期内，动物疫病病原引入、定植、传播的可能性及造成危害的程度。因此，可以用2个参数来描述动物疫病风险：①动物疫病病原引入、定植、传播的可能性，即危害事件或损害发生的概率（Probability，P）；②动物疫病病原引入、定植、传播所造成的危害程度（Consequence，C），即后果的严重程度，用公式可表示为：$R = P \times C$。

风险评估（Risk assessment）是指在一个具体的时限内，针对某一特定危害事件（Hazard），将导致危害事件的风险因素作为研究对象，研究说明各个风险因素发生、发展和消亡的规律，评估由各个风险因素导致可能危害事件发生的概率，以及对风险主体所造成的损害程度。在开展风险评估时，需要理解并阐明以下几个方面：①产生风险因素的条件；②风险因素的发生、发展变化轨迹；③危害事件发生的概率；④危害事件发生所造成后果的严重程度；⑤风险估算的不确定性，即表示风险评估过程中科学证据的强度。

二、种鸡场开展疫病风险评估的作用

风险评估是风险分析的一个组成部分，是风险分析的关键和核心，风险评估为风险管理提供决策支持，是风险管理的主要依据。种鸡场开展风险评估的作用主要表现在以下几个方面：

（一）抵御外来性疫病侵袭

在控制外源性动物疫病方面，世界贸易组织（WTO）和世界动物卫生组织（OIE）分别在《实施卫生和植物卫生措施协议》（SPS协议）和《陆生动物卫生法典》等重要法规文件中，明确了有关风险评估的要求，SPS协议允许WTO成员在获得的科学证据基础上，对进口动物及动物产品风险进行评估，并考虑生物学、经济学因素和贸易影响最小化，以确定适当的保护水平。如果我国及早建立进口动物风险评估机制，就可能避免在短短20年间传入10余种外来动物疫病。

种鸡场以改善鸡的生产性能或提高鸡的生长速度或抗病力为目的，需要从国外的大型育种公司引进优良品种进行杂交，在引进种源（种鸡或种蛋）之前进行鸡群疫病的风险评估显得尤为重要，通过风险评估机制可将鸡群外来疫病或种鸡场重点净化疫病拒之于国门之外。

（二）控制内源性动物疫病传播

动物及动物产品跨区域调运是动物疫病传播的一个重要途径。如果采用风险评估技术，对区域动物疫病进行分级管理，建立以风险评估为基础的准入制度，只允许从低风险区域往高风险区域调运活畜禽，无疑会提高区域间动物疫病传播风险控制的科学性和有效性。

我国优质地方鸡种质资源丰富、品种繁多，如浙江仙居鸡、甘肃宁夏静原鸡、北京油鸡、藏鸡、上海浦东鸡、海南文昌鸡等。各地区鸡群疫病状况和防控管理水平存在差异，种鸡场在引入优质地方品种进行遗传改良时需要充分评估，避免将一些地方病种带入种鸡群。

（三）提升养殖企业动物疫病防范能力和恢复重建能力

种鸡场是本企业疫病防控最直接的责任主体，因此，种鸡场可以结合自己企业特点开展动物疫病风险评估，从而有的放矢地制定适合自身企业的动物疫病防控措施；在恢复重建能力方面，种鸡场可以安排专项资金，通过投保转移风险的手段，尽可能地降低疫病风险。

三、种鸡场优先防治的疫病种类

种鸡场优先防治的疫病种类包括：一是对鸡场造成严重经济损失的重大动物疫病（如高致病性禽流感、新城疫等）；二是垂直传播疫病（如禽白血病、鸡白痢、禽支原体病、网状内皮组织增殖症等）。2012 年 5 月，国务院发布《国家中长期动物疫病防治规划（2012—2020 年）》，提出优先防治的国内动物疫病共 16 种，其中涉及禽病 4 种，包括高致病性禽流感、新城疫、鸡白痢（沙门氏菌病）和禽白血病，并提出了种禽场重点疫病的净化考核标准（表 2-19）。农业部办公厅先后印发了《全国蛋鸡遗传改良计划（2012—2020）》和《全国肉鸡遗传改良计划（2014—2025）》，提出要在育种群和扩繁群中净化鸡白痢、禽白血病等垂直传播疫病。

表 2-19　种禽重点疫病净化考核标准

疫病	到 2015 年	到 2020 年
高致病性禽流感、新城疫、沙门氏菌病、禽白血病	全国祖代以上种鸡场达到净化标准	全国所有种鸡场达到净化标准

四、种鸡场重点疫病传入风险因素

动物传染病传播流行的 3 个基本要素为传染源、传播途径和易感动物。对于种鸡场而言，防疫设施情况、饲养管理和生物安全水平等应当较为良好，传染源须通过适当的传播途径感染易感动物（鸡群），也就是通过特定的传播媒介经适当的载体进入鸡群才能进行传播，种鸡场重点疫病传入的因素主要包括以下几个方面。

（一）引进种源携带

通过引进种鸡或种蛋，未经严格检测、消毒和隔离，导致某种疫病的传入。如在过去 20 年中，随着我国从国外引进白羽肉鸡，J 亚群禽白血病也随之传入，并扩散到我国自行培育的许多地方鸡群中。

（二）通过气溶胶传播

高养殖密度地区在适当的气候条件下，高致病性禽流感病毒等容易形成气溶胶进行长距离传播，造成一定区域内鸡场感染。因此，种鸡场应合理规划布局借助自然屏障或设置人工屏障与外界有效隔离，防止气溶胶传入。

（三）接触野鸟传入

迄今为止的证据显示，候鸟在远距离传播禽流感方面已经扮演了重要角色。我国处于候鸟 3 条主要迁徙路线，传播高致病性禽流感风险高，这也是我国很难根除高致病性禽流感的一个重要原因。因此，种鸡场应重视防鸟网的安置。

（四）使用被污染的弱毒疫苗引起

被外源性禽白血病污染的弱毒疫苗是禽白血病常见的传播途径之一。无论是美国等发达国家还是我国，均曾多次报道过弱毒疫苗中污染禽白血病病毒，这些疫苗涉及马立克氏病活疫苗、新城疫活疫苗、鸡传染性法氏囊病活疫苗以及禽痘活疫苗等多种弱毒疫苗，这种传播方式危害极大，因为它能让鸡群（场）内的大多数个体以人工接种的方式同时感染。

（五）通过被污染的人员、车辆、工具、笼具、饲料和饮水等传入

种鸡场生物安全体系是保障鸡群健康的一整套防御体系，是种鸡生产和育种的基础工作。种鸡场应提高生物安全意识和卫生消毒制度建设，加强人流、物流、车辆及工（笼）具的控制和全面消毒工作，防止鸡群通过污染的人员、车辆、器具、饲料和饮水感染病原，同时做好病死鸡和粪便废弃物的无害化处理。

（六）其他途径

如种源走私、啮齿类动物、昆虫和应激等因素引起。

五、种鸡场开展风险评估的步骤

OIE《陆生动物卫生法典》根据危害种类、危害侵入、定植或扩散的概率以及生物学和经济后果的过程，将风险评估划分为 5 个阶段：即危害识别（Hazard identification）、释放评估（Entry assessment）、暴露评估（Exposure assessment）、后果评估（Consequence assessment）和风险估算（Risk estimation）。以下分别介绍风险评估 5 个阶段的定义。

危害识别：是明确风险评估的风险主体（某一病原）、风险客体（易感动物）和风险事件，在此基础上详细分析、研究两者之间的各种联系，从而确定导致风险事件发生的风险因素。

释放评估：又称为传入评估，是描述病原等潜在危害在特殊条件下"释放"到特定环境中的概率以及各种活动、事件或者措施对"释放"概率的影响。

暴露评估：又称为接触评估，是描述处于风险状态的易感动物接触风险源所释放病原等潜在危害的生物途径或暴露发生的概率。

后果评估：是描述易感动物暴露于病原等危害后产生的社会、经济和卫生后果。包括直接后果（如动物感染、发病、死亡及生产性能下降带来的损失；公共卫生和食品安全后果等）、间接后果（如疫病预防控制开支；损失补偿；潜在贸易损失；环境污染等）。

风险估算：风险估算要考虑整个风险途径，从危害识别到产生有害结果，是综合释放评估、暴露评估和后果评估的结果，并制定降低危害引起总体风险的管理措施。

风险评估根据评估中各参数和评估结果是否以数字表示分为定性风险评估（Qualitative risk assessment）和定量风险评估（Quantitative risk assessment）2 种类型。定性风险评估是指用预定义的类别来表示危害事件发生的概率、后果和不确定性的评估活动。例如，概率类别可分为"高""中""低""极低""可忽略"等；不确定性往往被表示为"低""中""高"。定性风险评估带有一定的主观性，需要专业人员凭借自身深厚的技术理论知识、经验或者直觉，或者业界的惯例和标准，为各相关风险因素所导致风险的大小和高低程度分级，定性风险评估所需条件简单，易于操作，避免了复杂的赋值过程，是当前最为广泛采用的方法。定量风险评估意味着用数值来表示危害事件发生的概率、后果和不确定性的评估活动。定量风险评估对各风险因素所赋予的数值看上去很精确，但其准确性并不一定可靠，对风险分析人员专业素质和统计学背景要求高，实施过程较为复杂、耗时长。

无论是开展定性或定量评估，都需要按照一系列符合逻辑的步骤完成。种鸡场风险评估的步骤包括：定义风险问题，危害识别，定义概率、不确定性和后果类别及相应解释（仅限定性风险评估），确定风险评估的风险路径（即绘制情景树），确定风险评估的类型，收集风险路径的参数资料，估算单个关联事件的风险和不确定性，组合估算最终风险等 8 个步骤。

本节以野鸟携带高致病性禽流感病毒 H5N1（*Highly pathogenic avian influenza virus* H5N1，以下简称 HPAIV H5N1）传入种鸡场定性风险评估举例的形式详细介绍。

（一）定义风险问题

风险评估一开始就要清楚所要回答的问题，确定所要回答问题的过程就是明确风险评估的目的、危害以及评估的范围。风险问题应当满足如下标准：风险问题一定要清晰、明确；风险问题必须聚焦单一危害（不可以是 A 病毒和 B 病毒）；风险评估 3 个不同的阶段（即释放评估、暴露评估和后果评估）的风险问题。风险评估的 3 个阶段是承前启后的关系，即没有释放就不会有暴露，没有暴露就没有后果。但风险评估时可单独开展释放评估或三者中的几个。

在公式化的风险问题中，对以下几个方面需要详细说明：

危害：HPAIV H5N1。

危害事件的类型：至少 1 只鸡暴露于 HPAIV H5N1；此外，还需明确是否仅评估危害事件发生的概率，或者同时评估危害事件发生概率及其后果的严重性；考虑危害事件后果时，需要考虑评估何种后果（例如直接后果：对动物健康/福利/生产性能的影响和/或经济损失；间接后果：对人类健康/福利或者环境的影响）；

时间：在接下来的 12 个月内事件发生的概率；

地点：A 省；

动物品种和场点类型：种鸡场的鸡；

风险评估的阶段：释放评估，暴露评估或者后果评估，或者其中的几个；

风险源：风险来源于感染 HPAIV H5N1 的野鸟；

风险问题举例：A 省在 12 个月内，由当地野鸟携带 HPAIV H5N1 导致某种鸡场至少 1 只易感鸡感染的概率是多少？这是一个后果评估的风险问题，需评估的风险仅包含危害事件发生的概率。

（二）危害识别

种鸡场风险评估的危害识别必须聚焦 HPAIV H5N1 单一病原，详细描述病原体的生物学特性，如病原体形态结构、抵抗力和致病性、遗传变异情况；流行病学特征，如发病率/流行率、病原分布、传播途径及媒介、易感动物种类；疫病的防控政策和监测情况，同时兼顾社会文化习惯等。

（三）定义概率，不确定性和后果类别及相应解释（仅限定性风险评估）

定性分析过程的可信度和透明度将影响风险评估结论的效用，这要求对定性风险评估的概率、不确定性和后果类别等参数进行预先定义，并给出相应的解释。需特别强调的是：定义概率、不确定性和后果类别或标准要经过风险评估团队充分讨论，制定出各利益相关方可接受的类别及其解释，无统一公式化的标准。具体举例详见表 2-20、表 2-21、表 2-22。

表 2-20 定性风险评估中的概率类别及其解释

概率种类	解释
可忽略	事件发生极其罕见，无需考虑
极低	事件发生极其罕见，但不能排除
低	事件发生罕见，但有发生
中	事件有规律（周期性）地发生
高	事件经常发生
极高	事件发生基本确定

表 2-21 定性风险评估中不确定性的类别及其解释

不确定性类别	解释
低	可用数据完整，来源可靠；多个参考资料中提供强有力的证据；多个作者间报道了相同的结论

（续）

不确定性类别	解释
中	可用数据有一些但不完全；少量的参考资料中提供证据；作者之间的结论不够统一
高	没有或很少有可用数据；参考资料中找不到证据，但在未发表的文章或观察中有提及；作者报道的结论之间差异很大

表 2-22　定性风险评估中后果严重程度类别及其解释（仅聚焦种鸡场经济损失）

严重程度类别	解释（假设的例子）
可忽略	没有任何损失
极低	非常少的鸡死亡（鸡群的 1%）
低	少量的鸡死亡（鸡群的 10%）
中	鸡群被扑杀，但有经济补偿
高	鸡群被扑杀，有经济补偿，但 4 个月时间内不能重新饲养鸡
极高	鸡群被扑杀，没有经济补偿，且 4 个月时间内不能重新饲养鸡

（四）确定风险评估的风险路径

风险路径是指利用图、表或者文字描述，显示从危害确定到产生可能后果的风险过程的逻辑结构。动物疫病风险评估中常用"情景树"（Scenario tree）来描述风险路径。情景树是描绘生物学途径最恰当、有效的方式，是以一种简单明了的图示描述风险评估生物途径的范围和类型。

上述风险问题的"情景树"可简单绘制如下（图 2-9）。

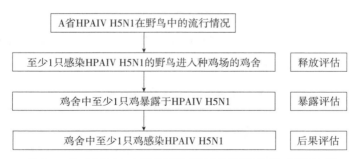

图 2-9　种鸡场至少 1 只鸡感染 HPAIV H5N1 的"情景树"

可以看出，"情景树"是以"可视"的方式帮助我们在风险评估中识别变量、识别变量之间关系、确定信息需求，是明确风险评估步骤的"思路图"。

（五）确定风险评估的类型

风险评估类型可以是定性的，也可以是定量的，或者两者相结合（半定量）。在实践中，采用何种类型应该以最大可能获得的信息资料为依据。

（六）收集风险路径的参数资料

风险路径中的每个步骤代表的是一个有逻辑关联事件的风险。应尽可能全面地收集风险路径的参数资料，以便解释和分析风险路径中单个关联事件的风险，同时还可以让决策者明白关联事件风险估算的不确定性。

参数资料来源可以是官方或非官方的，区别在于参考资料的不确定性不同。

应当尽可能地查询到全国性统计、特有的生产系统以及科学出版的数据（例如，病毒生物学特征、已采取的风险管理措施等）。

在收集不到可用资料或缺乏足够信息时，并不影响风险评估的实施，重要的是说明哪些部分的资料空缺。

在参考资料缺失或不足时，经常采用专家意见。这意味着风险评估团队人员组成需包括相关领域权威的专家。

（七）估算单个关联事件的风险和不确定性

风险路径的风险问题是由一系列有逻辑关联的条件概率事件的风险问题组成，因此，需要对单个关联事件（分步骤）的风险和不确定性进行估算，然后再组合估算风险问题的最终风险和不确定性。

利用表 2-20、表 2-21 中概率和不确定性类别的标准，估算风险路径中单个关联事件（分步骤）的概率和不确定性。具体举例见表 2-23。

表 2-23   定性风险评估路径中单个步骤的风险估算

风险路径	概率	不确定性	理由
1. HPAIV H5N1 在当地野鸟中的流行率	极低	中	专家意见表明，当地没有野鸟感染 HPAIV H5N1 的记录，且种鸡场远离野鸟栖息地
2. 至少 1 只感染 HPAIV H5N1 的野鸟进入种鸡场的鸡舍（假设当地存在感染 HPAIV H5N1 的野鸟）	中	中	鸡舍没有防鸟网

（续）

风险路径	概率	不确定性	理由
3. 鸡舍中至少1只易感鸡暴露于 HPAIV H5N1（假设感染的野鸟已经进入）	中	低	假如感染的野鸟进入鸡舍之中，它排出的病毒可能污染鸡采食的环境
4. HPAIV H5N1 至少感染鸡舍中的1只易感鸡（假设感染的野鸟已经暴露）	中	中	感染的野鸟释放大量的 HPAIV H5N1，通过直接或间接接触感染易感鸡

（八）组合估算最终风险

1. 估算最终风险　这个步骤是将风险路径中一系列关联危害事件的概率按照逻辑顺序进行组合，如果概率用 0～1 之间的数值表示，危害事件概率组合方法则是两两相乘，因此，在定性风险评估中一个基本原则是组合后的概率不高于两者中的低者。详见表 2-24。

表 2-24　两个关联危害事件概率估算的组合矩阵

概率1	概率2					
	可忽略	极低	低	中	高	极高
可忽略	可忽略	可忽略	可忽略	可忽略	可忽略	可忽略
极低	可忽略	可忽略	可忽略	极低	极低	极低
低	可忽略	可忽略	极低	低	低	低
中	可忽略	极低	低	中	中	中
高	可忽略	极低	低	中	高	高
极高	可忽略	极低	低	中	高	极高

表 2-23 列举了风险路径单个关联事件（分步骤）的概率，根据表 2-24 概率组合矩阵逐步计算可得到最终风险的结果如下：

步骤 1（极低）× 步骤 2（中）＝ 步骤 1_2（极低）

步骤 1_2（极低）× 步骤 3（中）＝ 步骤 1_2_3（极低）

步骤 1_2_3（极低）× 步骤 4（中）＝ 步骤 1_2_3_4（极低）

整个危害事件的最终风险（本举例中仅考虑事件的概率）为"极低"。从上面的各步骤风险概率组合的计算结果可以得出，整个危害事件最终风险的概率取决于概率最低的风险步骤。同样，需要对风险评估路径每个阶段的不确定性逐步组合，组合的原则是两者中取其高，因此，该风险问题的不确定性为"中"。

2. 在风险估算中同时考虑危害事件概率和后果严重程度　如果将风险问题假设成"A省在12个月内，由野鸟携带的HPAIV H5N1导致种鸡场至少1只易感鸡感染的概率是多少？以及农场经济后果的严重程度？"，表2-22列举了可能的经济后果严重程度类别。对于这个风险问题来说，鸡一旦感染HPAIV H5N1会发病死亡，并传染给其他鸡并导致死亡，种鸡场的鸡群会被扑杀，但有相应的经济补偿，因此，经济后果的严重程度为"中"；同时需要评估经济后果的不确定性，鉴于应对HPAIV H5N1疫情暴发有明确的控制策略和技术规范，不确定性为"低"。最终风险估算需要将危害事件发生的概率和经济后果的严重程度进行组合。表2-25列举了概率和后果严重程度组合的矩阵，因此，最终风险估算为"极低"。后果事件的不确定性为"中"，经济后果严重程度的不确定性定为"低"，最终的不确定性为"中"。

表 2-25　后果严重程度和概率的组合矩阵

后果严重程度	概率					
	可忽略	极低	低	中	高	极高
可忽略	可忽略	可忽略	可忽略	可忽略	可忽略	可忽略
极低	可忽略	可忽略	可忽略	极低	极低	极低
低	可忽略	可忽略	极低	低	低	低
中	可忽略	极低	低	中	中	中
高	可忽略	极低	中	中	高	高
极高	可忽略	低	中	中	高	极高

第九节　净化生物安全控制要点

一、饲养管理技术要点

（一）种源管理

参见第四节。

（二）档案记录管理

参见第二节。

（三）工作人员要求

工作人员要求身体健康，无人畜共患病。工作人员进鸡舍前要更换干净的工作服和工作鞋。鸡舍门口设消毒池或消毒盆供工作人员消毒鞋用。舍内要求每周至少消毒 1 次，消毒剂选用符合《中华人民共和国兽药典》规定的高效、无毒和腐蚀性低的消毒剂，如卤素类、表面活性剂等。人员进出鸡舍的流程包括 3 次换鞋、2 次洗澡更衣（图 2-10）。

图 2-10　进出更衣淋浴室（河北大午农牧集团提供）

（四）饲料的管理

自由采食和定期饲喂均可。饲料中可以拌入多种维生素类添加剂，一定要严格执行休药期。每次添料根据需要确定，尽量保持饲料新鲜，防止饲料霉变。随时清除散落的饲料。尽量选用自动化程度较高的饲喂设备，以降低人为传播疫病危险。

为减少鸡开产的应激，稳定鸡的机体代谢，更换料号的工作要通过逐步拌料的方式完成。一般有 2 次更换料号的过程，一次是由育成期料过渡到预产期料，一次是由预产期料过渡为产蛋期料，要求按每天增加所更换料量的 15％～20％的比例、用 1 周的时间将料号过渡完毕。用这种方法可减轻因用料改变对种鸡肠道的刺激，避免鸡白痢及其他应激等情况的发生。如设置专用料线，实现料车不进场（图 2-11）。

图 2-11　专用料塔料线（河北大午农牧集团提供）

（五）光照的选择

种鸡场饲养种鸡的目的就是获得合格的种蛋。因此，确定一套相对稳定的光照方案是必要的。

1. 光照基础　在加光照前，饲料中的能量和蛋白质应满足母鸡的需要，进行光照刺激不能单独认为是时间的增加，应与光照强度相结合，这样才能保证在增加光照后，满足鸡群的生长发育需要。

2. 光照管理　育成期要严格控制光照，做好闭光管理工作，防止鸡群早产及开产体重过小，造成蛋重小。固定光照程序，不随意改变。完全遮黑，不能漏光，但不能影响通风。育成期绝对不能增加光照长度和强度。

（六）鸡群的管理

1. 控制体重　把鸡的体重控制在标准体重±100g 范围内，最好不宜超重而取下限，防止鸡群在进入产蛋期后过肥，造成难产及产蛋后期产蛋下降过快。在产蛋前期应依据体重控制给料，产蛋后期应依据产蛋率的变化控制给料。

2. 准备产蛋箱　地面平养方式需在加光照或转鸡前安装完产蛋箱，修理好踏板及蛋窝，踏板磨光无毛刺。按每窝 4 只鸡计算所需的产蛋箱数，产蛋箱应编号，并排列整齐、均匀，铺入垫料，注意与料线之间的距离，且吊绳牢固，底盘安装可靠，要求白天打开，晚上关闭。

（七）垫料的管理

1. 垫料的选择　从对鸡群的影响看，用松软、吸水性好的垫料为宜。常用作垫料的原料有木花、锯末、河砂、花生壳、麦秸等。

2. 垫料的消毒　常用福尔马林熏蒸消毒。福尔马林气味刺激性较大，残留时间长，但由于消毒效果好，仍被广泛使用。因此，在使用中应保证鸡舍有一定消毒过的垫料库存或有一个专门的垫料库，用于存放消毒过的垫料，待其存放一段时间后再送入鸡舍或铺入蛋窝中，这样可以防止鸡群由于福尔马林气味太浓而不入蛋窝，导致床蛋、地蛋增加。

3. 铺垫料时间　铺垫料的时间一般在 16 时后或 19 时后较为适宜，最好在 19 时后，因为夜间绝大部分鸡群不在蛋窝内，经通风将福尔马林气体带出鸡舍，减少对鸡群的影响。

4. 垫料的日常管理工作　勤翻垫料，保持平整及松软；靠近水槽的湿垫料要经常与干燥处垫料换翻，防止垫料过湿结块；捡出杂物，清扫鸡毛；经常洒水，保持一定湿度，以不起灰尘为宜；保持垫料厚度，要求距地面厚度在 8～10cm 为宜；一旦出现结块垫料应及时铲出，并适当地补充地面垫料，垫料污染也是造成不合格种蛋的主要原因之一。垫料一定要干燥、无霉变、不应有病原微生物。

（八）饮水管理

水是种鸡必不可少的营养物质之一，充足而符合卫生标准的饮水供给是种鸡能够提供合格种蛋的前提之一。

1. 饮水器的选择　目前有 2 种较好的饮水器：普拉松饮水器和乳头式饮水器。两者相比较而言，乳头式饮水器优于普拉松饮水器，因为它一方面易于控制水的大小，另一方面可以减少污染。

2. 水质要求　家禽饮用水要使用深井水或自来水，必须保证不为大肠杆菌和其他病原微生物所污染，经检验合格后方可使用。卫生检验不合格的饮水，需要消毒。

3. 日常饮水管理　应保证有足够大小且适宜的水位，平时做好水线的检查工作。对于水位的大小，并没有适宜的理论数据，而应当根据现场具体情况进行操作，要求以水线下方的地板及垫料不湿，或者下午巡视水线时，地板略湿，但垫料不湿为原则。在冬季更应控制好水位的大小，从而控制好鸡舍环境，尽可能地减少鸡舍的有害气体（如氨气、硫化氢）的浓度。每周冲洗水线最少 2 次，水中定期加消毒剂，但免疫前后停止使用。观察鸡吃料后嗉囊的变化，以判定饮水情况，通常饮水量是饲料量的 2 倍以上，记录每天的饮水量。

（九）种蛋管理

种蛋管理得好，可提供更多合格入孵蛋，提高鸡苗质量。

1. 蛋箱的管理　保证在第 17～20 周要装好产蛋箱，为避免应激，安装工作要在黑暗中进行，使种鸡尽快适应产蛋的环境，这一点在防止种蛋破损方面起很大的作用。产蛋箱的垫料每 5d 更换 1 次，垫料少时要及时补加。及时清理窝外蛋，尤其注意舍中的阴暗死角，及时引诱种鸡到窝内产蛋。

2. 种蛋收集　捡蛋前先打扫工作间的卫生，并消毒工作间和滑车，使用消毒好的干燥蛋盘。洗手消毒后开始捡蛋，动作要轻，尽量减少对鸡群的应激。捡蛋过程中，要将双黄蛋、脏蛋、破蛋、畸形蛋简单分类放置，以便选蛋时减少污染。选蛋时应在工作台上进行，捡出种蛋应大头朝上放置，否则，就会降低种蛋合格率。

3. 捡蛋时间　产蛋前期每天捡蛋 5 次，产蛋后期每天至少 4 次，缩短产蛋-捡蛋间隔时间，减少种蛋的污染机会，当一次捡蛋数超过当天产蛋数的 30% 时，要考虑调整捡蛋时间。

4. 种蛋的消毒与储存　熏蒸消毒剂量需要 3 倍量（1 倍量为每立方米容积需要高锰酸钾 7g，福尔马林 14mL）。熏蒸时间为 20min，且环境温度在 23℃ 以上为佳。储存温度为 18～20℃，相对湿度 75%～80%，装筐存放，且离墙 5～10cm，经常保持空气新鲜。如存放时间较长，应将储蛋室温度适当降低，并做好地面、墙壁卫生，防止生霉。当种蛋从储蛋室取出时，要注意防止种蛋表面凝结水气，否则，容易导致细菌感染。

（十）淘汰鸡管理

种鸡场应建立种鸡淘汰、更新和后备鸡留用标准，在关注生产性能、育种指标的同时，重点关注垂直传播疫病情况。在净化病种感染率较高时，可在免疫、监测、分群、淘汰的基础上，加大种鸡群淘汰更新率，严控后备鸡并群。在净化病种感染比例较低时，在免疫、监测、清群、淘汰的基础上，种鸡场结合生产性能，缩短更新周期，甚至一次性淘汰所有带毒鸡。种鸡场应建立种鸡淘汰记录，因传染病淘汰的鸡群，应按照国家有关规定执行，必要时实行扑杀和无害化处理。

二、生物安全技术要点

（一）概述

现代养鸡业普遍采用集约化饲养模式，一旦发生传染病（以下称鸡病）将给饲养者造成极大的经济损失，因此，各种鸡场对鸡病的防控极为严格，要求达到稳定控制或净化标准。生物安全措施是疫病净化和维持的基础，涉及场区布局、环境控制、饲养管理、兽医卫生、疫病防控等各个环节，是一项复杂的综合性工程。

1. 生物安全的基本原则　结合本场实际，实施生物安全措施。种鸡场应做好疫病净化必要的生物安全软硬件设计改造，保障净化期间采样、检测、阳性鸡群淘汰清群、无害化处理等措施顺利实施。种鸡场按照要求，健全生物安全防护设施设备、加强饲养管理、严格消毒、规范无害化处理，按时向净化认证单位提交疫病净化实施材料，及时向净化认证单位报告影响净化维持体系的主要变更及疫病净化中的主要问题等。

2. 生物安全管理工作内容　根据计划净化的禽病病种特点，制定生物安全管理措施技术方案。仅靠一项措施远远不能达到净化工作的效果，须采取综合性措施，包括养、防、检、治四项基本措施。可分为平时的预防措施和检出疫病时的扑杀措施。

（1）平时的预防措施　加强饲养管理，做好卫生消毒工作，增强鸡体抗病能力，如做好"三定（定饲养员、定时、定量）""四净（饲料、饮水、鸡舍、器具洁净）"。贯彻自繁自养原则、减少疫病传播；拟订和实施定期的预防接种计划，保证健康水平，提高抗病力；定期杀虫、灭鼠，有防鸟措施，消除传染源隐患。

例如河北大午农牧集团在铺设电缆线时已经考虑防鼠措施，并和专业捕鼠队签订协议，最长半年开展1次全面灭鼠；设防鸟网（图2-12、图2-13）。

（2）发生疫病时的扑灭措施　当检出或怀疑发生鸡病时，应立即通知并配合兽医人员，根据疫病的特点和具体情况尽快做出准确的诊断，并依据诊断结果和净化实施方案要求迅速采取相应措施，如隔离病禽、对污染场舍进行紧急消毒、及时用疫苗（或抗血清）实行紧急接种、对病禽淘汰或扑杀等。

图 2-12　防鼠碎石带（河北大午农牧集团提供）

图 2-13　专用防鸟网（河北大午农牧集团提供）

3. 技术关键点

（1）制定并实施净化方案

①确定目标　种鸡场依据国家政策、疫病防控技术进展并结合本场实际，确定本场各种疫病净化的总体目标或分阶段的具体目标。

②本底调查　对种鸡场的基础设施、生产管理、防疫条件、兽医技术水平及经济实力进行评估，以确定具备开展净化工作的各项条件；观察鸡群健康状况，同时按照一定比例采样检测，掌握计划净化病种在本场的流行历史和现状、免疫程序及效果、隐性带毒状况等，针对实际情况提出改进措施，以确定适时开展净化工作。

③制定方案并实施　根据净化病种特点和防控技术进展，按照本场实际并吸取成功经验，制定适合于本场实际情况的各病种净化方案，稳步实施，扎实推进。

（2）监测　监测工作应按照防控或净化病种的监测计划进行（如禽白血病监测计划等），其主要目的是对鸡只样品用各种实验室方法进行检测，及时发现疫病或疫病隐患，掌握疫病的免疫保护水平、流行现状及相关风险因素，适时调整疫病控制或净化策略。

①引种监测　从外场引进成鸡、雏鸡或种蛋时，必须了解引种场的疫情和饲养管理情况，要求无垂直传播的疫病，如鸡白痢、禽白血病等。引种前应进行严格的病原学检测，以免将病原带入场内；进场前应隔离饲养 40d 以上并再次检测、消毒，确认无病原后才进入场内；进场后严密观察，一旦发现疫病，立即进

行处理。

②定期疫病监测　对危害较大的疫病，根据本场情况应定期进行监测。如常见的鸡新城疫可采用血凝抑制试验检测鸡群的抗体水平；鸡白痢可采用平板凝集法和试管凝集法进行检测。种鸡群的监测是鸡群净化的一个重要步骤，如对鸡白痢的定期检测，发现阳性鸡立即淘汰，逐步建立无鸡白痢的种鸡群。除采血进行监测之外，有实验室条件的，还可定期对粪便、墙壁灰尘抽样进行微生物培养，检查有无病原微生物。

③其他监测　有条件的种鸡场可对饲料、水质和舍内空气等进行监测。如对购进的饲料除测定其能量、蛋白质等营养成分外，还检测其沙门氏菌、大肠杆菌、链球菌、葡萄球菌、霉菌及其有毒成分；对饮水水源的细菌指数测定；对鸡体舍空气中氨气、硫化氢和二氧化碳等有害气体的浓度测定等。

（3）免疫　种鸡场应结合各免疫病种特点、疫苗情况及本场净化工作进程，制定各种疫病合理的免疫程序，建立免疫档案。同时要根据周边及本场疫病流行情况、净化工作效果、实验室检测结果，适时调整免疫程序。种鸡场实施疫病净化时，要结合自身实际及疫病防控成本，可以分种群、分阶段、有步骤地由免疫净化向非免疫净化推进。

①疫苗类别　一类为活疫苗，是由自然减弱或人工致弱的免疫原性好的病原株制成的疫苗；另一类为灭活疫苗，是由人工灭活但保持良好免疫原性的病原株制成的疫苗。两类疫苗各有优缺点，种鸡场应按照需要区别使用（表 2-26）。

表 2-26　活疫苗与灭活苗优缺点比较

	活疫苗	灭活苗
优点	接种途径多，疫苗吸收快，获得免疫力且坚强持久，相当于一次轻微感染，可在体内生长繁殖，诱导产生细胞免疫、体液免疫和局部免疫	无传染性、无致病力、不散毒、毒力不返强，受母源抗体干扰较小，保存、运输条件要求较低，不受用药影响
缺点	反复或多次接种传代可能出现毒力返强，受母源抗体干扰较大，保存、运输条件要求较高，用药可能影响免疫效果	仅适于注射，疫苗吸收慢，获得免疫力需时较长，仅诱导产生体液免疫，不适于紧急免疫接种

②疫苗应用　a.活疫苗检测：种鸡场要严把所用疫苗的质量关。对已购进、拟在本场使用的活疫苗，使用前须进行禽白血病病毒、网状内皮组织增殖症病毒等检测，确保该疫苗未污染。b.疫苗预温、摇匀与稀释灭活苗：从冰箱中取出

后使用前，室温（15～25℃）预温 2h，冬季可用温水；振荡或翻转摇匀但不能有气泡。活疫苗要使用专用稀释液稀释摇匀，如无专用稀释液，临用前可用生理盐水或注射用水稀释。c. 鸡体状况检查：待接种鸡应处于健康、可免疫接种状态。d. 免疫剂量：一定范围内疫苗接种剂量与免疫效价呈正相关，适量增加免疫剂量可以增强免疫效果，但接种剂量过大易导致免疫麻痹或免疫耐受。e. 疫苗使用时间：疫苗一旦使用应尽快用完。如灭活苗尽量在 24h 内用完；活疫苗应在 1～2h 内用完。

（4）消毒

①入场消毒　种鸡场应严格做好人员、车辆、物资进入场区和生产区的消毒，消毒设施应定期更换消毒液以保证有效成分浓度。常用消毒剂有含氯消毒剂、醛类消毒剂、酚类消毒剂和季铵盐类消毒剂等。

②生产区消毒　生产区内环境应定期消毒，包括生产区道路及两侧、鸡舍间空地等。常用的消毒剂有醛类消毒剂、氧化剂类消毒剂等。鸡舍空栏消毒和带鸡消毒是预防和控制疫病的重要措施。鸡舍空栏后，应彻底清扫、冲洗、干燥和消毒，有条件的鸡场最好在进鸡之前进行火焰消毒。带鸡消毒的消毒药必须广谱、高效、强力、无毒、无害、刺激性小和无腐蚀性，如碘制剂、氯制剂、离子表面活性剂等。

③生活区消毒　生活区及周围环境应定期消毒，常用的消毒剂有季铵盐类、氧化剂类消毒剂等。

④不定期消毒　除上述日常预防性消毒外，必要时种鸡场应根据种鸡场周边或本地区动物疫病流行情况，启动紧急消毒，增加消毒频率，严格控制人员和车辆出入，防止外来疫病传入。

（5）淘汰

①监测淘汰　见第九节"淘汰鸡管理"。

②无害化处理　种鸡场应有无害化处理设施，采用有效方式进行无害化处理。种鸡场应配备处理粪污的环保设施设备，有固定的鸡粪储存、堆放设施和场所，并有防雨、防渗漏、防溢流措施，或及时转运。常用方法是：采用焚尸炉密闭焚化处理，不要采用露天浇油焚烧，见图 2-14、图 2-15。因为不完全燃烧产生的浓烟不但会污染环境，而且会产生大量羽状感染流通过风媒传播病原。制订了严格的无害化处理操作流程，并确保所有无害化处理有原始记录。

图2-14　设有专门的无害化处理室（河北大午农牧集团提供）

图2-15　无害化处理专用焚烧炉（河北大午农牧集团提供）

附　以河北大午农牧集团为例，阐述生物安全控制技术要点

（一）选址与布局

1. 选址　地势高、干燥、背风、向阳、水源充足、水质良好，排水方便，无污染，排废、供电和交通方便；远离铁路、公路、城镇、居民区和公共场所，最少500m以上；远离禽场、屠宰场、禽产品加工厂、垃圾及污水处理场所、风景旅游区2 000m以上；远离居民饮用水源地、大型湖泊和候鸟迁徙路线；周围

筑有围墙或防疫隔离带（绿化带/防疫沟见图 2-16）；不同功能区由天然沟壑和树木隔开；自繁自养，坚持"只出不进"的原则，一般情况下，外来的种蛋、种禽都不能进场区。核心群使用专用孵化室和孵化器。

图 2-16　生产区自然环境（河北大午农牧集团提供）

2. 布局　种鸡场管理生活区、生产区和隔离区应分开，独立设置；管理生活区应在夏季主导风向的上风向，生产区应在管理区 100m 以外的下风处；各区间用围墙或绿化带隔离；场内应设置净道和污道，管理生活区和隔离区分别设置通向场外的道路。人流和物流严格分开，净道和污道严格分开，避免交叉感染（图 2-17）。

图 2-17　净道（A）污道（B）及通风系统（河北大午农牧集团提供）

（二）人员的控制

尽量杜绝外来人员入场，进入管理生活区，必须经过消毒通道、淋浴、更换场内的工作服，鞋（雨靴、鞋套）；禁止进入生产区，若必须进入必须经过淋浴、更换生产区内的工作服、鞋；如果来访人员去过其他禽场，3d 以内不得来访（或进入鸡场）。

种鸡场工作人员不能有自己的鸡场，不得到访或入住其他鸡场，任何禽产品不能带进，饭后和如厕后必须洗手。管理人员进入生产区必须洗手、淋浴、更换工作服、鞋（雨靴）。尽量避免不同功能区人员的交叉流动，严禁饲养人员串舍。

（三）运输工具、物品的控制

禁止外来无关车辆进入，进入的车辆必须严格清洗和消毒（图 2-18）。场内的运输工具、器具与设备应定期清洗和消毒（图 2-19）。各生产区的工具不要混用。

图 2-18　进场车辆的消毒（河北大午农牧集团提供）

图 2-19　生产区车辆的再次消毒（河北大午农牧集团提供）

（四）兽医实验室

具有独立的兽医检测实验室，兽医室依据净化需求设有细胞培养操作区、血清学检测操作区、分子生物学检测操作区等不同的功能区（图 2-20）。

图 2-20　兽医实验室（河北大午农牧集团提供）

（五）把握好水平传播控制的关键环节

1. 孵化　专用孵化室及设备，按家系入孵与出雏（图 2-21）。

图 2-21　专用孵化室（河北大午农牧集团提供）

2. 出雏　第一时间获取胎粪，经液氮快速冻融后进行检测；单家系操作，每个家系操作结束后洗手消毒；不同家系之间更换用具避免交叉污染。

3. 饲养　按家系饲养和单笼饲养，每只鸡一世代内固定编号；改造笼具，实现笼与笼之间"只闻鸡鸣，不见鸡面"（图 2-22）。

图 2-22　种鸡单笼饲养（河北大午农牧集团提供）

4. 免疫　种鸡场所使用疫苗需经外源病毒检测，使用前对所有批次疫苗进行检测，可自检，也可委托检验。不同鸡之间免疫时更换注射器，避免经注射途径传播。

（六）卫生条件良好，符合环保要求

垃圾定点存放，按时定期处理。粪便定点堆放，设有防雨罩和地面硬化措施，实现粪便存放点防雨、防渗漏和防溢流（图 2-23）。污水排放要符合国家法律法规要求（图 2-24）。

图 2-23　粪便存放点（河北大午农牧集团提供）

图 2-24　污水沉淀池（河北大午农牧集团提供）

（编者：王建、开研、李树博、穆国东、夏炉明、孙泰然、刘洪雨）

参考文献

陈福勇，2014. 禽白血病净化程序与注意事项 [J]. 中国家禽，36（3）：37-38.

陈顺友，2009. 畜禽养殖场规划设计与管理 [M]. 北京：中国农业出版社.

陈杖榴，2014. 兽医药理学 [M]. 第 3 版. 北京：中国农业出版社.

崔治中，2015. 禽白血病 [M]. 北京：中国农业出版社.

崔治中，2015. 种鸡场禽白血病防控和净化技术方案 [J]. 中国家禽，37（23）：1-7.

崔治中，2016. 原种鸡场 ALV 净化技术和推广进展 [J]. 兽医导刊，9：22-24.

崔治中，孙淑红，赵鹏，等，2014. 对种鸡场禽白血病净化方案的建议 [J]. 中国家禽，36（1）：3-6.

戴亚斌，2014. 鸡场用药关键技术 [M]. 北京：中国农业出版社.

杜雪晴，廖新俤，2014. 病死畜禽无害化处理主要技术与设施 [J]. 中国家禽，5：45-47.

辜新贵，奚德华，王姣，等，2013. 种鸡禽白血病净化方案制定的关键问题探讨 [J]. 中国家禽，35（5）：50-51.

韩雪，2016. 种禽场疫病监测与净化 [J]. 兽医导刊，4：28-29.

郝凤佩，孔晓玲，尚斌，2014. 死畜禽无害化处理技术及设施设备研究进展 [J]. 中国农业科技导报，3：96-102.

郝海玉，张安云，任景乐，等，2016. 父母代蛋种鸡场鸡白痢净化和维持的关键措施 [J]. 中国家禽，38（10）：66-69.

黄金海，2008. 规模化鸡场在选址及布局上的生物安全体系建设 [J]. 福建畜牧兽医，30：

131-133.

黄炎坤，2009. 养鸡场规划设计与生产设备［M］. 郑州：中原农民出版社 .

姜平，2009. 兽用生物制品学［M］. 第 2 版 . 北京：中国农业出版社 .

李新正，陈理盾，2014. 鸡场疾病防控关键技术［M］. 郑州：河南科学技术出版社 .

林金杏，李国强，陈希杭，2007. 种鸡场鸡白痢检疫净化的注意事项［J］. 中国禽业导刊，
　24（24）：45-46.

刘栓江，李巧芬，刘侠英，2005. 现代化种禽场生物安全体系的建立［J］. 中国家禽，27
　（14）：5-8.

卢家仪，1998. 项目风险管理［M］. 北京：清华大学出版社 .

陆昌华，王长江，何孔旺，2011. 动物卫生及其产品风险分析［M］. 北京：中国农业科学
　技术出版社 .

南国良，李玉，夏泰真，1995. 北京家禽育种有限公司肉用种鸡场的设计［J］. 北京农业工
　程大学学报，15（2）：89-91.

全国畜牧总站体系建设与推广处，2013. 病死畜禽无害化处理主推技术［J］. 中国畜牧业，
　24：48-51.

苏一军，2014. 种鸡饲养及孵化关键技术［M］. 北京：中国农业出版社 .

孙华，王玉美，2015. 规模养殖场的消毒措施［J］. 中国畜牧兽医文摘，11：63-64.

孙烨林，宋启明，叶远森，等，2010. 畜、禽舍的消毒原理及方法［J］. 吉林畜牧兽医，6：
　41-42.

田立亚，2004. 从鸡场建设与设计入手增强养鸡场的整体防疫功能［J］. 中国家禽，26
　（10）：66-69.

童海兵，王强，2015. 鸡场建设关键技术［M］. 北京：中国农业出版社 .

王三军，2014. 浅谈跨省引购种畜禽的关键环节［J］. 中国畜禽种业，9：32.

夏炉明，陈琦，卢军，等，2016. 无疫猪群引进母猪传入猪伪狂犬病的定量风险评估［J］.
　中国动物传染病学报，24（5）：16-20.

许建民，韩晓堂，2003. 蛋鸡高效饲养与疫病监控［M］. 北京：中国农业大学出版社 .

Y. M. Saif，2012. 禽病学［M］. 第 12 版 . 高福，刘文军，主译 . 北京：中国农业出版社 .

杨林，张森洁，付雯，等，2016. 种鸡场疫病净化综合防控措施［J］. 中国畜牧业，2：
　41-42.

杨林，张森洁，付雯，等，2016. 种鸡场主要疫病净化程序［J］. 中国畜牧业，3：48-50.

杨宁，1994. 现代养鸡生产［M］. 北京：北京农业大学出版社 .

臧鹏伟，顾舒舒，李双福，2016. 规模蛋鸡场疫病风险评估模型建立与完善［J］. 中国畜牧
　兽医文摘，12（32）：138，157.

曾振灵，2012. 兽药手册［M］. 第 2 版 . 北京：化学工业出版社 .

张伯强，陆承平，1999. 外来动物疫病的传入途径分析及其防控［J］. 中国动物检疫，7
　（26）：61-64.

OIE，2014. Terrestrial animal health code 2014［M］. 23th. Paris：World Animal Health
　Organization.

R. D. Jones，L. Kelly，T. England，et al，2004. A quantitative risk assessment for the
　importation of brucellosis-infected breeding cattle into Great Britain from selected European
　countries［J］. Pre Vet Med，63：51-61.

第三章

种鸡场禽白血病
净化

第一节　流行特征

一、病原

(一) 分类地位

禽白血病又称为禽白血病/肉瘤 (Leukosis/Sarcoma)，是由一类禽反转录病毒引起鸡的良性及恶性肿瘤性疫病。表 3-1 列出了禽白血病/肉瘤群所诱发肿瘤的类型及其同义名，引起这群病的病毒均属于反转录病毒科的成员，通称为禽白血病/肉瘤病毒 (Avian leukosis/Sarcoma viruses，ALSV)，常简称为禽白血病病毒。禽白血病病毒属于反转录病毒科 (Retroviridae) 正反转录病毒亚科 (Orthoretrovirinae) α反转录病毒属 (*Alpharetrovirus*) 的一类病毒。

表 3-1　携带不同肿瘤基因的急性致肿瘤 ALV 及其诱发的肿瘤类型

毒株名称	携带的肿瘤基因	肿瘤基因产物	主要肿瘤类型	在体外转化的细胞
RSV, B77, S1, S2	*src*	Nr ptk	肉瘤	成纤维细胞
FuSV, UR1, PCR II, PCR IV	*fps*	Nr ptk	肉瘤	成纤维细胞
Y73, ESV	*yes*	Nr ptk	肉瘤	成纤维细胞
UR2	*ros*	R ptk	肉瘤	成纤维细胞
RPL30	*eyk*	R ptk	肉瘤	成纤维细胞
ASV-17	*jun*	Tf	肉瘤	成纤维细胞
ASV-31	*qin*	Tf	肉瘤	成纤维细胞
AS42	*mat*	Tf	肉瘤	成纤维细胞
ASV-1	*crk*	Ap	肉瘤	成纤维细胞
AEV-ES4	*erbA*，*erbB*	Tf，R ptk	成红细胞增生症，肉瘤	成红细胞，成纤维细胞
AEV-R	*erbA*，*erbB*	Tf，R ptk	成红细胞增生症	成红细胞
AEV-H	*erbB*	R ptk	成红细胞增生症，肉瘤	成红细胞，成纤维细胞
S13	*sea*	R ptk	成红细胞增生症，肉瘤	成红细胞，成纤维细胞
E26	*myb*，*ets*	Tf	成髓细胞增生症，成红细胞增生症	成纤维细胞，成红细胞

（续）

毒株名称	携带的肿瘤基因	肿瘤基因产物	主要肿瘤类型	在体外转化的细胞
AMV	*myb*	Tf	成髓细胞增生症	成髓细胞
MC29	*myc*	Tf	髓细胞瘤，成红细胞增生症	未成熟巨噬细胞，成纤维细胞
CMII	*myc*	Tf	髓细胞瘤	未成熟巨噬细胞，成纤维细胞
966 ALV-J	*myc*	Tf	髓细胞瘤	未成熟巨噬细胞，
OK10	*myc*	Tf	内皮细胞瘤	未成熟巨噬细胞，成纤维细胞
MH2	*myc*，*mil*	Tf，S/tk	内皮细胞瘤	未成熟巨噬细胞，成纤维细胞

注：引自《Diseases of poultry》。

（二）基因组与主要蛋白

禽白血病病毒基因组为 7～8kb 的单股正链 RNA，每个有传染性的病毒粒子内有 2 条完全相同的单链 RNA 分子，在它们的 5'-端以非共价键连接在一起，每个单链 RNA 分子就是病毒的 mRNA。禽白血病病毒基因组有 3 个主要编码基因，即衣壳蛋白基因（*gag*）、聚合酶基因（*pol*）和囊膜蛋白基因（*env*），在基因组上的排列为 5'-*gag*-*pol*-*env*-3'，这些基因分别编码病毒群特异性（gs）蛋白抗原和蛋白酶、RNA 依赖性 DNA 聚合酶（反转录酶）和囊膜糖蛋白。在两端还分别有非编码区，其中有一段重复序列（R 区）及 5'-端独特序列（U5）或 3'-端独特序列（U3），这些非编码区的序列具有启动子或增强子的活性。在通过反转录产生的前病毒 DNA 中，它们又形成了长末端重复序列（Long terminal repeats，LTR）。

通常，禽白血病病毒感染后诱发肿瘤要经过几个月的潜伏期，但一些急性致肿瘤禽白血病病毒在感染后可以很快诱发急性肿瘤，这些能诱发急性肿瘤的禽白血病病毒的基因组往往较短，其中部分 *gag* 基因、*pol* 基因或 *env* 基因被某种肿瘤基因所取代，成为复制缺陷型病毒。迄今为止，已发现多种肿瘤基因整合进禽白血病病毒基因组并取代部分病毒基因序列，如肿瘤基因 *src*、*fps*、*yes*、*ros*、*eyk*、*jun*、*qin*、*maf*、*crk*、*erbA*、*erbB*、*sea*、*myb*、*myc*、*ets*、*mil* 等，这些肿瘤基因多来自细胞染色体基因组，是与影响生长相关的基因或基因调控序列。

从禽白血病病毒 3 个编码基因 *gag*、*pol*、*env* 转录产生的原始转录子，经过不同的剪辑和翻译后再加工，将产生一系列不同的蛋白质。由 *gag* 基因编码一些非糖基化蛋白 p19、p10、p27、p12 和 p15。其中 p19 又称为基质蛋白（MA），而 p27 是衣壳蛋白（CA），是禽白血病病毒的主要群特异性抗原，即 gs 抗原。另外 2 个蛋白质，p12 是核衣壳蛋白（NC），参与基因组 RNA 的剪辑和包装，p15 是一种蛋白酶（PR），与病毒基因组编码的蛋白质前体的裂解相关。位于病毒粒子衣壳中的由 *pol* 基因编码的反转录酶是一个复合体蛋白，由 a（68 ku）和 b（95ku）2 个亚单位组成，它具有以 RNA 或 DNA 作为模板合成 DNA 的功能，即反转录的功能，还有对 DNA：RNA 杂合子特异性的核酸酶 H 的活性。它的 b 亚单位含有一个 IN 功能区，即整合酶（p32），能将前病毒 DNA 整合进宿主细胞染色体基因组中。囊膜基因 *env* 编码糖基化的囊膜蛋白，它包括位于囊膜纤突表面的 gp85（SU）和将纤突与囊膜连接起来的 gp37（TM），这 2 种囊膜蛋白质连接成一个二聚体。此外，在自然界中还发现了很多不同亚群发生基因重组的天然野毒株，如 2013 年发现的毒株 LC110515-5，其基因组中分别含有 J 亚群、C 亚群和内源性 E 亚群等不同亚群禽白血病病毒的不同基因成分，这提示我们当使用核酸和测序用于检测禽白血病病毒和确定其亚群时要十分慎重。

在禽白血病病毒的各蛋白中，被广泛用于检测的是 p27 蛋白和 gp85 蛋白，其中针对 p27 蛋白的 ELISA 试剂盒或胶体金试纸条等是实施禽白血病净化时最主要的检测手段，而针对 gp85 蛋白的抗体 ELISA 试剂盒是区分不同亚群，特别是 J 亚群和其他亚群的主要检测手段。

（三）内源性病毒与外源性病毒

与其他病毒不同的一个最大特点是，鸡的禽白血病病毒可分为外源性禽白血病病毒和内源性禽白血病病毒两大类。内源性禽白血病病毒是指整合进宿主细胞染色体基因组，可通过染色体垂直传播的禽白血病病毒前病毒 DNA，及其可能产生的禽白血病病毒粒子。它可能只是病毒基因组的不完全片段，不会产生传染性病毒；也可能是全基因组，因而能产生有传染性的病毒粒子，不过此类病毒通常致病性很弱或没有致病性，目前发现的能产生传染性病毒的内源性禽白血病病毒都属于 E 亚群。与内源性禽白血病病毒相对应，鸡的外源性禽白血病病毒是指不通过宿主细胞染色体传递给下一代的禽白血病病毒，包括 A、B、C、D 和 J 等亚群以及近年来从我国地方品系鸡群中新发现的 K 亚群，致病性强的禽白血病病毒都属于外源性病毒。它们既可以像其他病毒一样在细胞与细胞间以完整的病毒粒子形式传播，或在个体与群体间通过直接接触或污染物发生横向传染，也能以游离的完整病毒粒子形式通过鸡胚从种鸡垂直传染给后代。

E 亚群禽白血病病毒，如 RAV-0，通常没有致病性，这可能与其 LTR 的启动子活性较弱有关。它们能在鸡基因组长期存在，表明它们不会对宿主带来明显的不良作用，甚至还可能对宿主有益。种鸡群净化禽白血病病毒，在现阶段主要是净化外源性禽白血病病毒；我们了解鸡群有无禽白血病病毒感染，在现阶段也仅是指外源性禽白血病病毒感染。尽管 E 亚群内源性禽白血病病毒通常没有致病性，但会干扰对禽白血病的鉴别诊断。当然，在鸡的基因组上带有 $ev21$ 等完整的或不完整的 ALV-E 基因组片段并不代表就一定会表达，这决定于每一只鸡个体的多种遗传生理因素，甚至同一个体不同生理条件下也不一样。例如，海兰褐祖代的 AB 系、父母代的公鸡、商品代母鸡中的 1/2 个体都带有 $ev21$，但一般都不表达 p27，或至少表达的量低到检测不出的水平，这是在禽白血病净化过程中经过多次筛选和严格淘汰的结果。山东农业大学家禽肿瘤病研究室在对国内某大型种鸡场的检测中发现了可以表达 p27 甚至诱导产生的抗体可被商品化抗体检测试剂盒所识别的内源性禽白血病病毒，这些鸡群蛋清检测 p27 为阳性，但对 p27 阳性对应鸡分别采集血浆及其蛋清接种 DF-1 细胞和 SPF 鸡胚制备的鸡胚成纤维细胞后，多次均未分离到外源性禽白血病病毒，最终使用 p27 阳性种鸡的鸡胚制备成鸡胚成纤维细胞后，分离到 1 株内源性禽白血病病毒，但该毒株仅可在鸡胚成纤维细胞传代 1～2 代后再也无法维持，即其复制能力极低。对未经这种选择的其他品系，特别是我国的地方品系，鸡基因组上带有 $ev21$ 等完整的或不完整的 ALV-E 基因组片段与表达 p27 的比例关系则差异较大，需要我们通过研究逐一摸索。

除了 E 亚群禽白血病病毒基因组片段以外，在一些鸡的基因组上，也可能存在 J 亚群禽白血病病毒（Subgroup J ALV，ALV-J）的 env 基因片段，甚至还有 A 亚群禽白血病病毒（Subgroup A ALV，ALV-A）的 env 基因片段。尽管目前对鸡的其他内源性病毒序列，如内源性反转录病毒（Endogenous avian retrovirus，EAV）、来自鸡基因组的禽反转录转座子（Avian retrotransposon from chicken genome，ART-CH）、高度重复序列（Chicken repeat 1，CR1）的功能研究还很少，但有一点是证明了的，即 ALV-J 的发生与 EAV-HP 位点相关，即 ALV-J 可能来自某个外源性禽白血病病毒与 EAV-HP 的重组，因为

EAV-HP 与 ALV-J 的原型毒 HPRS-103 的 *env* 基因的同源性非常高。在我国的某些 SPF 鸡群中已经发现了某些 SPF 鸡个体存在上述情况，某些种禽场利用针对 gp85 基因的引物通过 PCR 对禽弱毒疫苗实施检测时扩增出的 gp85 基因产物经测序与 ALV-J 的 gp85 基因高度一致，怀疑疫苗中存在 ALV-J 的污染，而经反复的病毒分离和完整的基因测序后证实其为 SPF 鸡基因组上携带的内源性禽白血病病毒基因成分。更严重的是，类 ALV-J gp85 基因片段在某些因素的刺激下所表达的蛋白，会诱导鸡体产生蛋白，刺激鸡产生被商品化的 ALV-J 抗体 ELISA 试剂盒所识别的抗体，误认为鸡群被 ALV-J 感染。

二、宿主范围

根据 gp85 的特性，经典的分型将 ALV 分为 A、B、C、D、E、F、G、H、I 和 J 10 个亚群，表 3-2 列出了国际上公布的不同亚群禽白血病病毒的不同参考毒株。近年来，崔治中等从我国保种的地方品系鸡基因库中发现了一个新的亚群，定名为 K 亚群，随后其他人也先后从不同地区饲养的地方品系中发现了新的 K 亚群。不同的鸟类可能感染不同亚群的禽白血病病毒，但自然感染鸡群的还只有 A、B、C、D、E、J 和 K 等亚群。在感染鸡的现有亚群中，相对来说，J 亚群与其他亚群间的抗原性差异最大，而且致病性和传染性最强。其他几个亚群则是从其他鸟类发现的。例如，从环颈雉和绿雉中发现 F 亚群病毒，在银雉及金黄雉中发现 G 亚群病毒。还分别从匈牙利鹧鸪和冈比亚鹌鹑中分离到 H 亚群和 I 亚群病毒。其他亚群 F、G、H 和 I，只是代表在其他鸟类，如野鸡、鹧鸡、鹌鹑发现的内源性禽白血病病毒，但对这些亚群禽白血病病毒的致病作用及相关的流行病学目前还很少有研究报告。

家禽和野鸟能感染禽白血病病毒，但目前研究最多的是从鸡分离到的禽白血病病毒，从其他不同鸟类分离到的多种禽白血病病毒在宿主特异性、抗原性和致病性上都与从鸡分离到的有很大差异。鸡是目前已分离到的所有禽白血病病毒的天然宿主，这些病毒除了偶尔从野鸡、鹧鸪、和鹌鹑等其他鸟类分离到外，都是从鸡分离到的。但是，在人工接种的条件下，有些禽白血病病毒毒株呈现出较广的宿主范围，在接种低日龄动物或在诱导免疫抑制的动物连续传代后，一些禽白血病病毒甚至能在一些特别的宿主适应并复制。例如，RSV 就有比较广泛的宿主，它可引起鸡、野鸡、珍珠鸡、鸭、鸽子、鹌鹑、火鸡和石鹧鸪（Rock

表 3-2　根据引发肿瘤的主要类型及囊膜亚群分类的 ALV 实验室参考株

肿瘤类型	囊膜亚群						未确定亚群（缺陷型病毒）
	A	B	C	D	E	J	
淋巴白血病病毒	RAV-1 RIF-1 MAV-1 RPL12 HPRS-F42	RAV-2 RAV-6 MAV-2	RAV-7 RAV-49	RAV-50 CZAV	RAV-60		
禽成红细胞增生病毒							AEV-ES4 AEV-R AEV-H AMV-BAI-A
禽成髓细胞增生病毒							BH-RSV BS-RSV
禽肉瘤病毒（ASV）	SR-RSV-A PR-RSV-A EH-RSV RSV29	SR-RSV-B PR-RSV-B HA-RSV	B77 PR-RSV-C	SR-PSV-D CZ-RSV	SR-RSV-E PR-RSV-E		FuSV PRCII PRCIV ESV Y73 UR1 UR2 S1 S2
骨髓细胞瘤瘤和内皮细胞瘤						HPRS-103 ADOL-Hc1	MC29 966 MH2 CMII CX10 RAV-0
内源性病毒（ev）（无肿瘤）					EV21 EV-E		

注：引自《Diseases of poultry》。

Partridges）诱发肿瘤。在研究对禽白血病病毒的抗性时，鸭可以作为理想的实验模型，这是因为鸭胚接种后，禽白血病病毒可能在鸭体内存在 3 年，虽然在这期间检测不出病毒血症及中和抗体。但是，经鸭胚接种 ALV-C 后，雏鸭在出壳后不久就表现出衰竭性病态。还有报道鸵鸟可发生淋巴瘤，用感染鸡全血接种火鸡可诱发骨硬化等。此外，火鸡还对 ALV-J 较易感，用 HPRS-103 株 ALV-J 接种后可在火鸡诱发急性肿瘤。一些 RSV 毒株还能在包括猴在内的哺乳动物诱发肿瘤。王笑梅等曾报道偶尔从东北地区的一些野鸟，如野鸭中分离到 ALV-A，并且从一些样品中检测到 ALV-B 和 ALV-J 的完整 *env* 和 *LTR* 基因；我国学者还曾报道人工接种 ALV-J 可感染山鸡和鹌鹑并在体内复制，但还没有发现诱发任何临床病理变化。

三、传播方式

禽白血病病毒既可以垂直传播也可以水平传播，但以垂直传播为主。垂直传播主要是指感染和带毒的母鸡通过感染的鸡胚传染给下一代，这是禽白血病病毒最重要的传播途径。被外源性禽白血病病毒感染的鸡群，虽然只有较低比例的鸡胚或雏鸡通过垂直传播被感染，但这种传播途径是禽白血病在鸡群中一代向下一代连续传染的最重要的途径。垂直传播的发生是由母鸡输卵管的卵白分泌腺产生禽白血病病毒粒子的结果。但是，并不是所有卵白中含有禽白血病病毒的种蛋都会产生被感染的鸡胚或雏鸡。一些研究证明，来自卵白含有禽白血病病毒的鸡胚中，只有 1/8～1/2 有病毒感染，这种间歇性的先天性感染是由于卵白中的病毒被卵黄囊中的抗体中和或由于热的灭活作用的结果；另一方面，在一些检测不出群特异性 p27 抗原的种蛋中，可能存在禽白血病病毒的先天性垂直感染。当然，鸡胚的先天性感染与母鸡输卵管中的病毒及其向卵白中排毒密切相关，也与母鸡的病毒血症密切相关。

此前对于公鸡在禽白血病病毒传播中的作用并不明确，大多认为公鸡是否感染禽白血病病毒似乎并不影响其后代对禽白血病病毒的先天感染率。电子显微镜观察也发现在感染公鸡的生殖器官各种结构中都有病毒的出芽，但偏偏在生殖细胞上没有。这表明，禽白血病病毒不能在生殖细胞复制，长期以来感染的公鸡被认为似乎只是带毒者和对其他鸡配种接触感染时的传染源。但山东农业大学家禽肿瘤病团队近期完成的一项研究表明，采用携带禽白血病病毒的公鸡精液给母鸡人工授精后不仅可以造成母鸡感染禽白血病病毒，其所产雏鸡也会出现一定比例的带毒。在对鸡群实施禽白血病净化过程中，淘汰带毒的公鸡是非常重要的一项工作。山东农业大学家禽肿瘤病团队对我国 2 个正在实施禽白血病净化种鸡场公鸡的血液和精液进行病毒分离，观察和比较这 2 种检测途径对评价种公鸡禽白血病病毒感染状态的吻合性。结果显示，对正在实施净化的某蛋鸡场检测公鸡 400只，其中精液样品禽白血病病毒阳性的 11 份，血浆样品禽白血病病毒阳性的 13份，两者同时为阳性的 8 份。检测正在实施净化的某地方品系鸡场公鸡 1 212份，其中精液样品禽白血病病毒阳性的 45 份，血浆样品禽白血病病毒阳性的188 份，两者同时为阳性的 16 份。上述结果说明禽白血病病毒在同一只鸡的血浆和精液中感染状态的不对应性，据推测这是禽白血病病毒的一种逃避机制。在实际生产中，很多时候禽白血病病毒感染鸡群后的病毒血症产生后又消失，但在其精液中仍可以检测到一定比例的禽白血病病毒感染，类似的现象在同属于反转录病毒的人获得性免疫缺陷综合征病毒中也被发现。这提示我们禽白血病病毒通过公鸡精液传播是一种非常独特的传播方式，也可以解释在生产中某些鸡群的公鸡和母鸡在分别进行血浆病毒分离为阴性的前提下，采集精液进行人工授精后仍可以检测到一定比例的阳性鸡。提示我们从提高净化效率角度考虑，应该同时对公鸡的血浆和精液做全面的病毒分离，来确定阳性个体进而全面淘汰，这将有助于在最短的时间内淘汰所有的带毒公鸡。

横向传播也是禽白血病病毒的传播途径之一，外源性禽白血病病毒也可以像其他病毒那样通过直接或间接接触从 1 只鸡传给其他鸡，其中绝大多数被接触感染的鸡都是由于与先天感染，即垂直感染的鸡直接接触而被感染的。电子显微镜检查表明，在感染鸡胚的多种器官都可以发现病毒粒子，特别是在胚胎的胰腺腺泡细胞中可见大量病毒出芽和聚集，这些有高度传染性的病毒粒子可能释放到刚出壳的雏鸡的排泄物中，这些传染性病毒还会在雏鸡成长过程中，继续存在于口腔液或粪便中，成为对其他鸡横向感染的传染源。经垂直传染携带禽白血病病毒的雏鸡出壳后，在孵化室及运输箱高度密集状态下与其他雏鸡的直接接触，可导致初出壳的雏鸡以很高的比例被横向传播，在一个运输箱最高时，可在 1~2d 内感染 30% 的直接接触鸡。虽然对于鸡群维持禽白血病感染状态来说，垂直传播引起的感染是最重要的，但横向传播引起的感染对于鸡群的垂直感染能维持在一定比例，从而足以保持传的持续性方面是非常必要的。因为禽白血病病毒对理化因子的抵抗力很弱，在体外环境中不会存活很长时间，因此，由间接接触产生的横向感染通常不太容易使禽白血病病毒在鸡群中或鸡群间广泛传播，特别是对于一些日龄较大的鸡群，一般不必过于担心横向传播，但会使净化的鸡群再次污染。

除了垂直传播和横向传播外，使用了被外源性禽白血病病毒污染的弱毒疫苗也是常见的禽白血病病毒传播途径之一。美国等多次报道弱毒疫苗中污染禽白血病病毒，其中仅在我国血管瘤高发的 2006—2009 年 4 年时间内，经病毒分离鉴定存在禽白血病病毒污染的疫苗就有多次，这些疫苗涉及马立克氏病活疫苗、新城疫活疫苗、鸡传染性法氏囊病活疫苗以及禽痘活疫苗等多种弱毒疫苗。这种传播方式危害极大，因为它能让鸡群（场）内的大多数个体以人工接种的方式同时感染。如果这种污染外源性禽白血病病毒的疫苗在成年鸡使用，对免疫鸡群一般不会造成太大危害，但如果用在对禽白血病病毒特别易感的雏鸡阶段，如在 1 日龄使用马立克氏病活疫苗，可能对鸡群造成严重问题，包括生长迟缓、免疫抑制及后期的肿瘤发生。对于实施禽白血病病毒净化程序的原种鸡场来说，不论哪种活疫苗和在何种时间段使用，只要污染了外源性禽白血病病毒，其危害都是很大的，因为它可能使鸡场再次变为禽白血病病毒阳性，净化程序不得不从头开始。

除了上述主要传播方式外，不同的鸡只使用同一注射器也可以造成一定的横向传播。山东农业大学家禽肿瘤病团队在我国的 817 肉杂鸡和海兰褐蛋鸡中先后发现了急性致肿瘤型禽白血病，但这种复制缺陷型的禽白血病病毒需要与复制完整型的禽白血病病毒同时作用才可以引起急性肿瘤，关键是复制缺陷型的禽白血病病毒是如何从一只鸡传播到另一只鸡的，试验表明，当使用 1 支注射器给发生急性肿瘤的鸡免疫后马上给下一只鸡进行免疫接种，可促进下一只鸡急性肿瘤的发生。

四、临床症状

禽白血病对鸡群的危害表现在多个方面，一是由禽白血病病毒感染诱发产生的肿瘤及导致的死淘，其死亡率通常为 1%～2%，但偶尔也可达到 20%，甚至更高；二是在大多数感染鸡发生禽白血病亚临床感染，可对一些重要的生产性能，如增重、产蛋率和蛋的质量产生不良影响；三是造成一定甚至非常严重的免疫抑制，主要是导致免疫器官萎缩以及对新城疫和禽流感等疫苗免疫后抗体产生的抑制作用。

在蛋鸡，禽白血病导致其产蛋性能下降。对于同群蛋鸡来说，在整个产蛋饲养期内，排毒鸡要比非排毒鸡每只少产 20～35 枚蛋，对我国多数正在实施净化的黄羽肉鸡群净化后也观察到了产蛋率的显著上升，如江苏立华集团饲养的雪山草鸡入舍母鸡产蛋数由净化前的 125 枚升至净化后的 155 枚，广东智威农业科技有限公司某品系 55 周产蛋数由净化前的 92 枚升至净化后的 124 枚。带毒的母鸡还表现为性成熟延后，第 1 枚蛋产出较晚，产蛋率低、蛋较小、蛋壳较薄，此类排毒鸡最后由非肿瘤性疫病造成的死亡率增加 5%～15%，受精率下降 2.4%，孵化率下降 12.4%。排毒鸡大多数呈现病毒血症，而其他非排毒鸡则可产生免疫反应，对禽白血病抗体呈现阳性。禽白血病病毒感染对白羽肉种鸡的影响也与蛋鸡相同，但同时还导致商品代肉鸡生长迟缓。公鸡感染禽白血病病毒后，病毒可出现于精液中，有研究表明，禽白血病病毒感染也会影响精液的质量和活力。

通常鸡感染禽白血病病毒后，多数仅表现为亚临床感染，大多数在临床上只表现出一些非特异的症状，如食欲减少、瘦弱、腹泻、脱水、水肿等。在淋巴白血病时，有时可显腹部膨大，鸡冠苍白皱缩，偶尔发绀。在发生成红细胞增多症白血病或成髓细胞瘤白血病时，可见羽毛囊孔出血。在出现临床症状后，病情可能很快发展，病鸡可能在几周内死亡，但也有些病鸡不显任何临床症状就死亡。当一部分感染鸡或病鸡有特定的肿瘤发生发展时，就会出现一些特征性的临床症状。在骨髓细胞瘤白血病时，可见骨骼性髓细胞瘤在头部、胸部、小腿部形成的结节性突起。如果髓细胞瘤发生在眼眶，则可造成出血或瞎眼。此外，在皮肤上还会出现血泡样的血管瘤，当这些血泡破裂则引起出血。发生肾瘤时，有可能压迫坐骨神经导致脚麻痹。在皮肤和肌肉中还会发生可触及的肉瘤或其他结缔组织瘤。随着各种肿瘤病程继续发展，前面所述的各种临床症状均会显现出来。在骨硬化时，多波及长骨。触摸腿骨可感觉到骨干和骨后端部呈均匀性或不规则性肿大，相应部位比较温热。随着骨的病变发展，病鸡呈现靴形小腿。这些病鸡常常个体矮小，行走呈踩高跷步态，关节较僵直。

禽白血病可表现多种多样的肿瘤性病变，如淋巴肉瘤白血病、成红细胞增生性白血病、成髓母细胞白血病、髓细胞瘤白血病、血管瘤、肾瘤和肾母细胞瘤、纤维肉瘤、其他结缔组织瘤、骨硬化以及上皮细胞肿瘤等多种肿瘤表现形式。

（一）淋巴肉瘤白血病

感染鸡一般在 4 月龄或更大月龄时才会形成典型的淋巴肉瘤。肿瘤主要位于肝脏、脾脏和法氏囊，其他脏器，如肾脏、肺脏、性腺、心脏等有时也会发生淋巴肉瘤。淋巴肉瘤质地柔软，表面光滑并呈良好的光泽度。将肿瘤切开后，呈灰白色到乳白色，偶尔有坏死区。肿瘤可以生长成结节状、点状或弥散型。在结节状肿瘤，淋巴样肿瘤直径可达 0.5～5cm，可单个发生，也可出现多个结节。结节通常为圆球形，但也有为扁平状的，特别是位于脏器的表面时。在肝脏中常见点状圆形淋巴肉瘤，是由许多直径<2mm 的小结节组成，均匀地分布在整个实质器官中。当发生弥漫性淋巴肉瘤时，相关脏器均匀地肿大，质地显著变脆。发生这种类型淋巴肉瘤时，肝脏呈现实质纤维化，质地硬化。

（二）成红细胞增生性白血病

该病通常发生在 3～6 月龄鸡，肝脏和肾脏呈中度肿胀，而脾显著肿大。肿大的脏器呈樱桃红色至深红木色，质地变软变脆。骨髓增生，半液状，呈红色。在不同脏器组织出现点状出血，如肌肉、皮下和内脏。此外，还可见到肝脏、脾脏血栓形成、梗死和破裂。也会出现肺水肿、心包积液和肝脏表面纤维素沉着。在出现严重贫血时，血液稀薄，淡红色，凝血缓慢。相反，在急性病例不容易看到明显的肉眼病变，血液可能呈暗红色且带有一种烟雾状的覆盖物。

（三）成髓母细胞白血病

成髓母细胞白血病并不常见，一般只发生在成年鸡。患鸡肝脏显著肿大，硬实，弥漫性布满灰白色的肿瘤浸润组织，使肝脏呈一种斑驳状或颗粒状外观。脾脏和肾脏也呈弥漫性细胞浸润，中度肿大。骨髓被灰黄色硬实的肿瘤浸润组织取代。当疫病严重时，这种成髓母细胞可占整个外周血细胞的 75%，形成很厚的一层白细胞粥层。患鸡明显贫血，血小板低下。

（四）髓细胞瘤白血病

髓细胞瘤白血病常发生在骨的表面骨膜及软骨附近，其他组织也会有相应的肿瘤病变。髓细胞瘤常出现在肋骨软骨结合处、胸骨的内表面、骨盆骨、下颌骨和鼻孔的软骨部位。这种肿瘤还可发生在口腔、气管内、眼内或眼周。肿瘤呈结节状，也可能是多结节性的，质地有点柔软质脆，呈奶酪色。由 ALV-J 诱发的髓细胞瘤性浸润还可使肝脏和其他器官肿大。此外，还能引起骨骼肿瘤和髓细胞性白血病。

（五）血管瘤

在不同年龄鸡都可能在皮肤或内脏发生由 ALV 感染诱发的血管瘤，这些血管瘤表现为充满血液的囊泡状物，或较硬实的瘤状物。它们是一层内皮细胞或其他细胞增生物构成并由外膜包裹的血泡。同一只鸡同时可能有多个血管瘤存在，一旦破裂，如果流血不止就会造成死亡。

（六）肾瘤和肾母细胞瘤

肾脏有 2 种类型瘤，即肾母细胞瘤和腺瘤。肾母细胞瘤大小不一，有的较小，呈灰色、粉红色的小结节镶嵌在肾实质中，也有的较大，呈灰黄色囊状的大块肿瘤组织，甚至取代了大部分肾脏。肿瘤块可通过细小的纤维性血管连结在肾脏上。大的肿瘤块呈囊泡状可波及两侧肾，另一种肾脏的腺瘤也是形状大小不一。在同一个体内可能有多个腺瘤块。

（七）纤维肉瘤和其他结缔组织瘤

在禽白血病病毒自然感染病例中，雏鸡和成年鸡均可发生多种不同类型的良性或恶性结缔组织瘤。常见急性肿瘤的无细胞浸出液也能诱发同样的肿瘤，包括纤维瘤、纤维肉瘤、黏液瘤和黏液肉瘤、组织细胞肉瘤、骨瘤和骨性肉瘤、软骨瘤和软骨肉瘤。良性肿瘤生长较缓慢，且都局灶化，无浸润性。恶性肉瘤则生长迅速，并向周围组织浸润，还能转移。纤维瘤长出来后就像一个纤维结节一样附在皮肤上、长在皮下组织、肌肉和其他器官，但纤维肉瘤的质地较软。如果出现在皮肤上，这些肿瘤可发生溃疡。黏液瘤和黏液肉瘤也具有柔软的质地，它们含有一些黏稠的润滑性物质，这类肿瘤主要发生在皮肤和肌肉。组织细胞肉瘤质地较坚实，主要发生在内脏。骨瘤和骨肉瘤是一种质地硬实的瘤，不太常见，主要出现在多种骨骼的骨膜上。软骨瘤和软骨肉瘤很少发生，它们出现在有软骨的组织，有时还出现在纤维肉瘤及黏液肉瘤中。在 ALV-J 感染时，还可能出现神经胶原肉瘤。

（八）骨硬化

该病最早出现的可见变化发生在胫骨和跗跖骨的骨干部分，很快也会发生在其他长骨和骨盆骨、肩胛骨、肋骨等，但不会在趾骨发生。通常这种病变是两侧对称发生的。最初表现为在正常灰白色略显透明的骨骼背景上出现明显的淡黄色病灶。然后，骨膜开始增厚，骨质呈海绵状易折断。这一病变通常先围绕骨体四周发展，然后蔓延至主骨骺部分，使相应的骨骼呈纺锤状。有时，这种病变只表现为局灶性或呈偏心状。病变严重程度差异很大，从轻度的外生性骨疣到大片不对称肿大，直到骨髓腔完全闭合。在病程较长的病例，骨膜不再像早期那样增厚，将骨膜去除后，可见变得非常硬化的骨不规则的多孔表面。在病的早期，病鸡脾脏轻度肿大，随后则呈现严重的脾萎缩，不成熟法氏囊和胸腺也显著萎缩。在发生骨硬化的病鸡也常发生淋巴肉瘤。

（九）其他肿瘤

　　除了肾脏肿瘤外，禽白血病病毒诱发的上皮细胞肿瘤很少发生。用急性转化性病毒作人工感染试验可见此种情况，但在 ALV-J 感染和人工接种试验也可出现上皮细胞肿瘤。如 BAI-A 和 ALV-J 的 HPRS-103 株都可诱发卵泡膜细胞瘤和卵巢粒细胞瘤，用 MH2 株 ALV 或一些 ALV-J 株病毒接种后也可诱发睾丸的粒原细胞瘤，用 MC29、MH2 和 HPRS-103 株 ALV 人工接种还能诱发胰脏的恶性腺瘤，骨硬化症病毒 Pts-56 株也能在珍珠鸡诱发胰腺瘤和恶性腺瘤及十二指肠乳头瘤，MC29 和 MH2 株病毒也能诱发恶性鳞状细胞瘤及肝细胞瘤，一些 ALV-J 可引起胆管瘤和恶性卵巢瘤，MC29 和 HPRS-103 株病毒可诱发间皮瘤。

五、流行概况

　　在 20 世纪 90 年代前，我国整个养禽业和禽病界对禽白血病关注的较少。在此阶段，虽然对我国鸡群中禽白血病病毒感染状态已有少量的研究报道，但对禽白血病的鉴别诊断、禽白血病病毒的分离鉴定和流行状态一直缺乏系统的流行病学数据，现在还没有任何历史资料能显示地方品种鸡中禽白血病病毒的感染状态。

　　我国在 1999 年分别从江苏和山东的白羽肉鸡和种鸡中分离到 ALV-J，在 2000 年又从河南的白羽肉种鸡分离到 ALV-J，但回顾性调查表明，从 1990 年中期开始，许多肉鸡公司的兽医就已发现白羽肉种鸡出现了较高的肿瘤死淘率，只是很多鸡场都将此误诊为鸡马立克氏病，更没有采取任何措施，几乎所有品系白羽肉鸡 ALV-J 的发病率越来越高。2005 年前，我国肉鸡产业 50% 以上的商品代肉鸡苗鸡，是由国外引进并在国内自繁自养的艾维因品系原祖代白羽肉种鸡提供的，对国外进口的依赖度不到 1/2。但是，由于原种群感染了 ALV-J 但未能采取严格的净化措施，禽白血病使其失去了市场竞争力，从而不得不退出市场，随后又丢失了原始种群，这不仅使相关种鸡公司蒙受了重大经济损失，也使我国白羽肉鸡业现在不得不 100% 依赖进口。近年来，山东农业大学家禽肿瘤病实验室多次对进口祖代鸡进行抽样检测禽白血病病毒并从中分离鉴定到 ALV-A，虽然其致病性较弱并没有在生产中造成危害，但这一结果不仅警示了相关的国外供应商公司，而且保障了我国过去十年中白羽肉鸡中的禽白血病病毒的净化度。

但是，在我们关注白羽肉鸡 ALV-J 感染时，由于不合理的饲养管理方式，如将白羽肉种鸡与蛋用型种鸡在同一鸡场混养、为改良地方品种鸡引进白羽肉鸡的公鸡等，ALV-J 也慢慢地传入部分蛋用型和改良型黄羽肉鸡并逐渐蔓延。2004—2005 年，中国农业大学报道了蛋用型鸡中 ALV-J 引发的髓细胞样肿瘤临床病例，山东农业大学在 2006—2007 年从若干个患有髓细胞样肿瘤蛋用型鸡场的病鸡分离到 ALV-J。2008—2009 年，ALV-J 诱发的髓细胞样肿瘤在全国各地商品代蛋用鸡中暴发，其中有很多病鸡还在体表呈现血管瘤出血，蛋鸡业俗称为"血管瘤"。粗略估计，2008—2009 年，每年造成约 6 000 万只产蛋鸡死亡，并有蔓延趋势，当时已涉及国内约 2/3 祖代鸡公司的后代。

在 2005 年左右，在南方某些黄羽肉鸡中就已出现典型的 ALV-J 引起的骨髓细胞样肿瘤，某些父母代种鸡群还呈现较高的发病率和死亡率，也从中分离到多株 ALV-J，它们的 gp85 和 LTR 基因序列与从白羽肉鸡分离到的 ALV-J 显示出很高的同源性。20 世纪 90 年代，南方不少地方开始将白羽肉鸡公鸡与本地品种鸡杂交以培育大型黄羽肉鸡新品种。在这一育种过程中，随着不断引入白羽肉种鸡，也将 ALV-J 引入了黄羽肉鸡。此外，由于南方许多育种公司在同一鸡场往往饲养不同品种、不同品系的鸡，特别是使用同一孵化室，使 ALV-J 在培育型黄羽肉鸡流行的同时，也在许多纯地方品种鸡中蔓延，且对这些地方品种鸡的传染性和致病性逐渐增强。

2014 年全国重点种畜禽场主要垂直传播性疫病监测结果显示，曾祖代鸡场 p27 抗原、J 亚群抗体、A/B 亚群抗体的场阳性率分别为 50%、50% 和 70%，个体阳性率分别为 1.04%、1.63% 和 2.45%；祖代蛋鸡场 p27 抗原、J 亚群抗体、A/B 亚群抗体的场阳性率分别为 6.67%、60% 和 80%，个体阳性率分别为 0.18%、1.48% 和 5.63%，上述数据说明我国种鸡场中普遍存在 J 亚群、A/B

亚群白血病病毒的感染。此外，2011—2014 年对国家级地方鸡种基因库的监测数据显示，p27 抗原的个体阳性率为 17%～23%，J 亚群抗体阳性率达到 19%～33%，A/B 亚群抗体阳性率为 3%～18%，证明禽白血病病毒在地方品种鸡群中持续存在，并且维持较高的感染率。上述数据表明，ALV-J 已传入我国大部分黄羽肉鸡群及地方品种鸡群中，包括一些保种用的地方品系鸡基因库。虽然在我国地方品种鸡中也存在着其他经典亚群的禽白血病病毒，目前造成危害的主要还是 ALV-J。

在过去 20 年中，禽白血病，特别是 ALV-J 给我国养鸡业造成了重大的经济损失，严重危害了我国白羽肉鸡、蛋用型鸡、黄羽肉鸡和地方品种鸡等各种类型鸡的健康发展，其中尤以在蛋用型鸡中造成的经济损失最为突出。现在我国养鸡业在禽白血病上最大的挑战是，我国自繁自养地方品种鸡的分布广泛、品种繁多，涉及的育种鸡群至少几百个，即使是那些有市场潜力的品种实施净化也要很长的时间，为此，我们必须防止禽白血病病毒在我国地方品种鸡和黄羽肉鸡中的进一步蔓延，还要防止 ALV-J 从黄羽肉鸡再向已经实现净化的蛋鸡或白羽肉鸡传播。

第二节　防控策略

禽白血病病毒亚群众多，不同亚群之间以及不同毒株之间基因变异较大、抗原性差异较大，而且禽白血病病毒诱导机体产生抗体的能力较差。尽管许多学者试图通过基因工程疫苗、核酸疫苗和纳米佐剂疫苗等多种新型技术研制禽白血病疫苗并取得了一定的成果，但由于疫苗的保护率仍然较低，并且禽白血病病毒亚群众多，单纯通过疫苗实现禽白血病的净化和根除是不可能的，因此，开发出能够用于净化和防控禽白血病的商品化疫苗在近期很难实现。此外，逆转录酶抑制剂类药物等对禽白血病病毒复制有抑制作用，但这些药物对于降低通过鸡胚垂直传播造成的感染抑制作用非常有限，更难以确保鸡群感染后 100% 变为阴性，难以用于净化。

鉴于禽白血病病毒主要是通过种蛋垂直传播，将带毒鸡剔除淘汰进而建立起完全阴性的种群是减少和逐渐消灭该病的关键措施，即实现种禽禽白血病的净化。在现代规模化养鸡生产中，不论是蛋用型鸡还是白羽肉用型鸡或黄羽肉用型鸡，分别有曾祖代（核心群）、祖代、父母代、商品代不同类型的鸡群和鸡场，它们呈金字塔形的放大趋势，我们不可能对每一只鸡，特别是数量庞大的父母代及其下游商品代鸡实施净化。因此，对种鸡群特别是曾祖代和祖代实施严格的净化淘汰措施，建立洁净的无禽白血病的核心群是防控禽白血病最重要的策略，这一策略通过在欧美等发达国家以及我国部分蛋用型鸡育种公司的实践，得到养禽业的广泛共识。

我国针对禽白血病的防控必须充分考虑不同类型鸡群的禽白血病感染状态并据此制定不同的防控策略。我国目前饲养的不同品系的白羽肉鸡，如罗斯308、哈巴德等其种源完全依赖于进口，此类鸡群进口时已经实现了对禽白血病的净化。此外，很多蛋用型进口种鸡，如海兰、伊莎等也早已实现了对禽白血病的净化。对上述进口已完成净化的种鸡，我们对其主要的防控策略是采取严格的综合性生物安全措施防止禽白血病的再次感染，即全力保持其净化状态，主要有以下防控要点：一是对进口种鸡的不定期监控和严格检验检疫，确保引进完全洁净的种源，并在引进后饲养过程中通过合理的监测程序监控种鸡群的禽白血病病毒感染状态，构建预警评估体系；二是在孵化过程中避免与其他鸡群，特别是非净化鸡群同时孵化，更要避免同时出壳，防止发生横向传播；三是做好灭鼠和防野鸟等基础性的生物安全工作，确保饲养过程中的生物安全；四是对所有弱毒疫苗，特别是低日龄使用的弱毒疫苗坚持全面检测，严防弱毒疫苗中外源性禽白血病病毒污染，要有对使用污染弱毒疫苗的判定和处理预案。对于我国自繁自养的蛋用型或肉用型品系，如已经通过严格的净化程序实现了对禽白血病的净化，可参照上述策略实施禽白血病的综合防控。对上述已经实现净化的品系总体概括为4种能力：证明已净化的能力、维持净化状态的能力、及时发现感染的能力、发生后及时处置的能力。对于祖代以下的父母代种鸡或商品代鸡群从上游种鸡场引种并饲养过程中，可参照上述防控重点来预防禽白血病的再次感染。

对于我国不同品种的地方品种鸡及培育的黄羽肉用型鸡和蛋用型鸡，对上述不同类型、不同品系的原种鸡场核心群实施外源性禽白血病病毒的净化是预防鸡白血病最基本最重要的一环，需要实施严格的净化淘汰措施来建立起洁净的核心群。在国务院颁布的《国家中长期动物疫病防治规划（2012—2020年）》中，明确提出，2020年全国所有种鸡场的禽白血病达到净化标准。对于上述我国尚未实现净化的种鸡群禽白血病主要有以下几个防控要点：一是实施严格的检测和淘汰措施，建立起洁净的核心群，首先对拟实施净化鸡群开展感染状态和排毒规律研究，并在此基础上制定科学合理和可操作的净化检测程序；二是注意孵化期间的横向传播，采用纸袋和纸盒等孵化技术，按家系孵化和小群孵化，减少阴性鸡和阳性鸡的接触机会，避免正在净化鸡群与其他鸡群同时孵化和出壳；三是在育雏过程中对硬件设施等做必要的改造，确保建立了净化需要相适应的配套硬件条件，如在不同家系之间雏鸡以纸板阻挡，做到"只闻鸡声，不见鸡面"；四是做好异源性传播途径的控制，对所有弱毒疫苗，特别是对低日龄使用的弱毒疫苗开展全面检测，在注射疫苗过程中尽量使用无针头注射器或减少注射器的重复使用次数，避免注射器带来的横向传播；五是做好灭鼠和防野鸟等基础性生物安全工作，确保饲养过程中的生物安全。我国不同品系特别是黄羽肉鸡和一些纯地方品系鸡群实施禽白血病净化常常面临一些现实的困难：一是品系较多较杂，工作量繁重，无法同时实施净化；二是某些品系感染率较高，如果严格按照淘汰措施会严重干扰育种和保种，影响生产进度甚至育种延续，面临育种和疫病控制之间的矛盾。对于此类鸡群要遵照循序渐进的原则，逐步实现净化并要注重净化策略，如某公司饲养了多个品系种鸡，原有环境已高度污染，净化难度较大，为此，建议该公司选择在其他环境较好的地方新建标准化种鸡群，从1日龄胎粪检测开始，将阴性鸡群转入新的种鸡场开始饲养和实施净化。

我国地方品种鸡种类繁多、涉及种鸡场的数量庞大、分布的区域广泛，对这些鸡群禽白血病防控的难度要比发达国家大得多。总体上，在我国实现对鸡群禽白血病的防控是一项长期工作，而且难度和复杂程度也比较大，需要针对不同类型的鸡群和不同的养殖模式分别实施不同的防控策略，我们还要提防禽白血病从这些鸡群（场）再传播回已基本实现净化的白羽肉鸡和蛋用型鸡群中。

第三节　监测技术

通常，临床上除了一些非常明显的禽白血病特征性眼观变化外，一般禽白血病病毒诱发的病变很难与鸡马立克氏病和禽网状内皮组织增生症等其他肿瘤病相区别，需要依靠实验室技术进行鉴别诊断。

对禽白血病病毒的检测和监测技术可以分为病原学检测和血清学检测2个方

面。禽白血病病毒感染鸡体后，根据其病原和抗体状态分为 4 种情况：一是既无病毒血症又无抗体，这表示从未感染也不排毒，是我们期望的状态；二是有病毒血症但无抗体，这通常代表早期感染并耐过的鸡，可能排毒甚至持续性排毒，常出现在垂直传播而感染的鸡群；三是既有病毒血症又有抗体，这通常代表近期感染并耐过，也可能排毒；四是无病毒血症但有抗体，这通常代表后期感染，特别是在日龄相对较大的鸡感染 ALV 后的状态，这种情况下可能不排毒或间歇性排毒。从上述 4 种情况我们可以清晰地看出，血清学监测数据对于真实反映鸡群当前感染状态指示作用较差。因此，对于禽白血病病毒的监测，建议以病原学检测为主。

一、病原学检测技术

禽白血病病毒的病原学检测技术主要包括酶联免疫吸附试验直接检测不同样品中禽白血病病毒群特异性 p27 抗原，不同样品接种细胞进行病毒分离鉴定，直接检测样品核酸、病理组织学和免疫组织化学检测等，这些检测技术各有其优缺点，对于禽白血病病毒检测需要重点考虑的是如何避免内源性禽白血病毒干扰的问题。

（一）酶联免疫吸附试验直接检测不同样品中禽白血病病毒群特异性 p27 抗原

由 gag 基因中的 p27 基因表达产生的 p27 蛋白是不同亚群之间以及内源性和外源性禽白血病病毒共有的群特异性抗原，目前用于检测 p27 抗原的酶联免疫吸附试验（ELISA）商品化试剂盒已有多种品牌供应，而目前不仅有农业行业标准《禽白血病病毒 p27 抗原酶联免疫吸附试验》（NY/T 680—2003），也有相关的国产化试剂盒问世。该方法和相关试剂盒可以直接用于检测种蛋蛋清、胎粪、细胞培养物、泄殖腔棉拭子等不同样品中的 p27 抗原，但无法区分内外源，只有当使用 DF-1 细胞培养检测其细胞培养上清液中 p27 抗原为阳性时，可判断为存在外源性禽白血病病毒。

长期实践表明，当应用 ELISA 试剂盒直接检测种蛋蛋清、雏鸡胎粪和泄殖腔棉拭子等不同样品中 p27 抗原并同时进行病毒分离鉴定对比时，种蛋蛋清检测结果与病毒分离吻合度相对较高，其次为雏鸡胎粪，泄殖腔棉拭子则有很高比例的假阴性和假阳性。目前，对种鸡特别是蛋用型鸡群，用 ALV-p27 抗原 ELISA 试剂盒检测蛋清 p27 抗原阳性率是评估鸡群禽白血病病毒感染状态的最常用方法。ELISA 试剂盒检测蛋清中禽白血病病毒的 p27 抗原与 ELISA 试剂盒检测血清抗体不同，抗体阳性的鸡不一定带毒，更不一定排毒，但如果在蛋清中检测出禽白血病病毒 p27 抗原，特别是当 ELISA 反应中 S/P 值较高时，基本可以判定相应的鸡不仅处在感染和带毒状态，而且还很有可能在排毒。目前该方法主要用于核心种鸡群禽白血病病毒的净化，在开产初期和留种前检测种蛋来淘汰相应种鸡，但对于其他鸡群来说，也有助于从群体角度评估和大致判定鸡群的禽白血病病毒感染状态。对于产蛋期的禽白血病疑似病鸡，如能采集到产出蛋或尚未排出蛋的蛋清，检测 p27 就可以初步判定有无禽白血病病毒感染。该方法虽然偶尔也能检测内源性禽白血病病毒，但通常比例很低且 ELISA 的 S/P 值不会太高，往往只勉强高于判定阳性的阈值。

（二）病毒分离鉴定

禽白血病病毒既可以在鸡胚上增殖，也可以在鸡胚制备的鸡胚成纤维细胞（CEF）上增殖，在鸡胚上增殖时通常选用卵黄囊接种方式或鸡胚静脉接种增殖，但鸡胚接种操作相对复杂，目前已很少有人应用该方式培养禽白血病病毒，动物试验主要是观察禽白血病病毒致病性或是鸡胚接种模拟垂直传播。采用 SPF 鸡胚制备的 CEF 进行病毒分离培养时，通常不产生细胞病变，一般在盲传 2 代甚至更高代数后取细胞培养上清液按照商品化 ELISA 试剂盒说明书检测细胞培养物中的 ALV-p27 抗原，也可以参照农业行业标准《禽白血病病毒 p27 抗原酶联免疫吸附试验》（NY/T 680—2003）检测细胞培养物中的 ALV-p27 抗原，但确保试剂盒的灵敏度、特异性和可重复性是非常重要的，必须选用最灵敏、最特异的试剂盒检测其中 p27 抗原。但是，不管是采用鸡胚接种还是 CEF 培养，理论上均面临内源性禽白血病病毒的干扰，由于几乎所有的鸡胚和 CEF 上都有内源性禽白血病病毒的基因成分，其 p27 蛋白表达的概率不确定，而 p27 抗原检测又无法区分内外源禽白血病病毒。但实际操作中我们经常观察到，绝大部分 SPF 鸡胚蛋清或其制备 CEF 空白细胞上清中几乎测不到 p27 抗原，这是因为在长期的净化和建立 SPF 鸡群过程中，通过大量的高频率检测将那些容易表达 p27 抗原的个体都淘汰掉了。

为了更便捷和快速地分离鉴定禽白血病病毒，目前我们通常用 DF-1 细胞来分离外源性禽白血病病毒，因为内源性禽白血病病毒在 DF-1 细胞上不能复制。我们将不同样品接种至 DF-1 细胞后，按照商品化 ELISA 试剂盒说明书或参照农业行业标准（NY/T 680—2003）检测细胞培养物中的 p27 抗原，只要检测到 p27 抗原即可确认存在外源性禽白血病病毒的感染。目前，在实施净化时用于接种 DF-1 细胞进行病毒分离鉴定的样品主要包括鸡血浆、公鸡精液以及在开展疫苗外源病毒检测时不同弱毒疫苗样品。如果样品为鸡血浆，可使用一次性抗凝采血管或预先在超净工作台中吸入抗凝剂的一次性注射器，从鸡翅静脉无菌采集抗凝血 1mL，1 500r/min 离心 3min 后取血浆接种于已长成单层的 DF-1 细胞上。在采集公鸡精液时，先用酒精棉球将泄殖腔周围擦拭干净，将公鸡精液采集到 1.5mL 已灭菌的离心管中，1 只公鸡精液对应 1 个离心管，编号后放入冰盒中暂存。将精液接种到细胞前需制备稀释液，因为精液在采集过程中无法做到像采集抗凝血那样高度无菌，因此，在 PBS 缓冲液中需要加入标准浓度的青、链霉素和两性霉素以抑制细菌和真菌的生长。然后在灭菌的 1.5mL 离心管中加入 80μL 稀释液和 20μL 精液充分混匀稀释，在 3 000r/min 的 4℃ 离心机中离心 3min，将上清液在无菌超净台中取出 100μL 加入 DF-1 细胞上。样品接种后细胞在 37℃ 孵育 2h，弃掉培养液，更换为含 1% 胎牛血清的细胞维持液，继续在 37℃ 培养 7～9d 后收集培养上清液，检测细胞培养物中的 p27 抗原。病毒检出率与细胞维持时间有密切关系，在确保细胞生长状态的情况下，尽量维持较长时间有助于提高检出率，在样品数量较少或净化至一定程度检出率较低时，接种细胞维持一个代次后应对细胞进行传代处理，能显著提高检出率。对于不同的疫苗样品，则需要以不同的处理措施处理后方可接种 DF-1 细胞，具体参见《中国兽药典》中相关操作规程。

　　不同的操作人员对同一批鸡群实施病毒分离时检出率通常有一点差异，这除了与操作熟练程度有关外，对一些细节的把握也决定了检出率的差异。由于禽白血病病毒属于逆转录病毒，其复制与细胞的复制密切关联，如果细胞密度过大则接种后病毒复制空间也极其有限，为此在细胞密度较低的时候（如 50%～60% 时）即接种样品，这有助于延长细胞维持时间，提高检出率。此外，我国部分企业还借鉴国外经验，在接种细胞的同时接种样品，使病毒的复制与细胞的增殖同步进行，有助于提高检出率，但这需要较高的操作技术水平。此外，保持样品的新鲜极其重要，因为禽白血病病毒在体外存活能力较差，如果低温保存措施不到位，可能会造成病毒分离率显著降低，对于精液的采集尤为重要，需要用公鸡新鲜的精液开展病毒分离。不管是血浆样品还是公鸡精液，一旦经过滤器过滤后则会使检出率降低，因此，某些企业技术人员无法做到无菌采血，在到达实验室后不得不分离血清并经滤器过滤后接种细胞，这会显著降低病毒分离的成功率。在开展病毒分离鉴定时常出现的问题还包括多个方面，如接种样品后细胞脱落、细胞污染和细胞维持较短时间及老化脱落等，这与一些具体的操作密切相关。接种样品后细胞脱落多出现在接种血浆后，由于抗凝剂的选择和浓度不合适导致细胞发生凝集脱落，通常我们可选择肝素钠、肝素锂和柠檬酸三钠等作为抗凝剂。相对来讲，前2种抗凝效果较好，柠檬酸三钠效果次之，加入抗凝剂的浓度不够则需要在接种 DF-1 细胞时再加入一定的抗凝剂以防止细胞脱落。细胞污染可能发生在操作的各个环节，与不同人员的操作熟练程度密切相关，如在采血时注射器针头未进入鸡体内即拔出活塞会导致采集血浆出现污染，多数企业在实施公鸡精液病毒分离时容易出现污染现象，尽管精液的采集无法做到无菌条件下的操作，但使用已灭菌的器皿、操作前对手进行消毒和佩戴一次性手套以及添加两性霉素和青、链霉素等措施可显著降低污染率。细胞维持较短时间及过早老化脱落则与细胞的初始接种密度和营养密切相关，如前所述，接种时细胞密度不宜过大，更不要在细胞已经长满的情况下才更换为维持液，这样状态的细胞极易出现过早老化和脱落，依据实践经验，可在细胞密度 70%～80%时即可更换为细胞维持液，使细胞在维持液中继续增殖。

不管是在 CEF 还是 DF-1 细胞上分离病毒，仅仅测定细胞培养物中的 ALV p27 抗原无法实现亚群的鉴定和区分，可以对阳性样品进行如下处理来确定分离毒株的亚群：一是将细胞固定后使用针对不同亚群的单克隆抗体（如针对 ALV-J 的单克隆抗体）或者单因子血清（如针对 ALV-A 的 gp85 表达蛋白免疫小鼠后获得的单因子血清）进行间接免疫荧光（IFA）来判断分离毒株为何种亚群；二是将分离毒株的 *gp85* 基因或完整的 *env* 基因进行扩增和克隆测序并与不同参考毒株进行同源性分析。总体上，病毒分离鉴定的特异性和敏感性均很高，在禽白血病的净化中，病毒分离鉴定是最为可靠的方法，但技术要求和经费需求也较高。

（三）核酸检测技术

常用的分子生物学检测技术，如 PCR/RT-PCR、荧光定量 PCR/RT-PCR、核酸斑点分子杂交等用于禽白血病病毒的检测通常面临着内源性禽白血病病毒的干扰，尽管不同品系鸡群甚至不同个体间染色体上内源性禽白血病病毒的基因成分和整合位点有所不同，但几乎都存在这些内源性禽白血病病毒的基因成分。因此利用 PCR 检测疫苗中禽白血病病毒可能有较高比例的假阳性和有较高比例的假阴性，并且可重复性较差，因此，单纯 PCR 结果可疑性大，阳性结果需经克隆测序验证或核酸分子杂交验证。荧光定量 PCR 尽管灵敏度较高，但同样面临内源性禽白血病病毒的干扰。

因为禽白血病病毒在复制过程中可以 cDNA 形式整合于鸡染色体基因组中，因此对于样品核酸既可以提取 RNA 又可以提取 DNA，但是相对来讲，提取 RNA 更能代表游离状态的禽白血病病毒粒子，因此，采用 RT-PCR 比 PCR 检测结果更有说服力。尽管已有各种报道提供不同引物用于禽白血病病毒的 PCR/RT-PCR 检测，但目前没有任何一个引物可以保证能够绝对性的区分内源性和外源性禽白血病病毒，当使用针对不同亚群共有的保守区设计引物时尽管扩增成功率高，但无法区分内外源性禽白血病病毒，造成假阳性；但另一方面不得不考虑的是，如果过分强调区分不同亚群的差异性，由于禽白血病病毒的高变性和基因高度差异性，导致引物对一些外源性毒株扩增失败，造成假阴性。因此，其主要作用还是在完成对禽白血病病毒的分离后，作为进一步确定亚群和进行变异分析时的辅助工具。

崔治中等建立了利用 RT-PCR 扩增产物结合特异性核酸探针做分子杂交，检测疫苗等样品中有无禽白血病病毒核酸的方法，即首先用 1 对引物扩增样品 RNA，扩增产物不是直接应用电泳检测，而是利用地高辛标记的禽白血病病毒核酸探针对扩增产物进行检测，这一操作对于 RT-PCR 扩增的退火温度等条件控制并不严格，其主要作用是对样品进行扩增，但探针选择不同亚群之间差异最大的区域并通过对杂交温度的严格控制来实现对不同亚群以及内外源之间的鉴别，这一方法不仅提高了检测的特异性，而且还能提高检出的灵敏度。应用这一方法对国家地方品系鸡基因库实施净化检测过程中，检测到的阳性个体与病毒分离鉴定保持了较好的吻合性，甚至某些检测灵敏度超过了病毒分离鉴定。但是，这一方法还需要对更大的群体和更多的品系实践来验证其可重复性。

（四）病理学与免疫组织化学

尽管禽白血病有其特征性的病理变化和显微镜下的病理组织学病变，但鸡马立克氏病病毒及禽网状内皮组织增殖症病毒也可能诱发与其类似的病理变化及病理组织学变化，由于这 3 种病毒诱发的肿瘤有时非常相似，仅仅依靠病理切片的观察往往很难作出准确判断和得到确定结论。

应用禽白血病病毒特异单克隆抗体或单因子血清对肿瘤组织的切片做免疫组织化学反应时，可以在显微镜下看到肿瘤细胞基本形态的同时直接观察细胞质中的禽白血病病毒抗原，则可以确认某一脏器组织中的特定细胞类型肿瘤究竟是哪种病毒或哪个亚群的禽白血病病毒引起的，但这一方法比较烦琐且操作技术难度大，更不容易在批量样本中实施。

二、血清学检测技术

禽白血病病毒感染鸡群后，当出现抗体时有以下 2 种情况：一是仅仅检测到抗体但分离不到病毒，这种情况主要是感染后期，特别是感染日龄较大时容易出现；二是既能检测到抗体又能检测到病毒，这种情况出现概率较低，并且相对来讲，出现时间维持也不是很长。实际上，禽白血病病毒感染鸡群后并非每只鸡都会产生抗体，抗体产生比例非常低，特别是垂直传播造成的感染，试验证实通过卵黄囊接种某些地方品系鸡胚孵化后终生带毒排毒但不产生抗体，但是一旦产生抗体后病毒血症一般会消失。因此血清学检测只能判断鸡群是否曾经感染过，对于判定这只鸡目前感染和带毒排毒状态指示意义不大。但是从群体防控角度对鸡群的禽白血病病毒抗体检测是必须的，主要用来评估鸡群是否有外源性禽白血病病毒感染。对于蛋用型鸡和白羽肉鸡来说，都要求供应其鸡苗的相应种鸡场没有外源性禽白血病病毒感染。这是因为世界上主要的大型家禽育种公司都能保证他们提供的种鸡没有外源性禽白血病病毒感染，因此，对我国相应的父母代种鸡场及商品代鸡场提出这种要求是切合实际的。对鸡群禽白血病病毒感染状态的血清学抗体检测可分别选择 ELISA 或 IFA，两者各有其优缺点，需针对不同的检测对象和样本数量而分别酌情选择。

（一）酶联免疫及附试验（ELISA）

目前已有商品化的抗体 ELISA 试剂盒可用于血清中 ALV-A/B 亚群以及 ALV-J 亚群抗体的检测，理论上，为了检测鸡群中禽白血病病毒抗体状态，需分别使用针对 A、B、C、D、J 亚群，甚至新发现 K 亚群的 ELISA 抗体检测试剂盒。其中 A、B、C、D 亚群，ALV 的囊膜蛋白有很高的交叉反应性，可以用同一个试剂盒；检测 ALV-J 的血清抗体，则是单独一种试剂盒。实际上我们目前常用的 ALV-A/B 抗体的 ELISA 试剂盒不仅可以检测到 A 亚群和 B 亚群禽白血病病毒诱导产生的抗体，对于其他亚群，比如近年来新发现的 K 亚群禽白血病病毒诱导产生的抗体也可识别，只是长期以来在实施净化和监测的鸡群中除了 ALV-J 的流行外，主要就是 ALV-A/B 亚群，因此，人们一直认为这一试剂盒仅仅识别上述 2 种亚群感染产生的抗体。使用时，只要严格按照生产商提供的说明书操作即可得到相应的检测结果，这一方法的优点是判定结果客观，非常适合于大批量样品，特别是血清学调查时的检测，便于机械化操作和电脑读数。此外，由于已有相应的商品化试剂盒，结果相对比较稳定，只要严格按使用说明操作，不同实验室的检测结果有一定的可比性和参考价值。

近年来，使用上述不同抗体试剂盒时发现了一些值得重视的问题：一是由于不同实验室和不同试验人员操作的严谨性和熟练程度，如温度控制和水质等导致的同一批样品检测结果差异较大，这需要加强人员培训和操作规范性的考核。二是发现某些内源性禽白血病病毒诱导产生的抗体也可以被商品化的试剂盒检测到，例如，山东农业大学在对进口品系鸡实施 ALV 净化追踪时，发现某祖代鸡群不仅种蛋蛋清检测到 p27 抗原阳性，其血清抗体还出现了 A/B 亚群抗体阳性，但是对种蛋蛋清检测到 p27 抗原阳性的几十只鸡做病毒分离鉴定时均为阴性，多次分离无果后选用 p27 抗原阳性的种蛋孵化并制成 CEF，检测细胞培养上清液中 p27 抗原为阳性，该上清液无法在 SPF 源 CEF 上连续传代，经测序后证实为内源性禽白血病病毒，将该内源性禽白血病病毒的 gp85 蛋白表达后免疫鸡产生抗体可被商品化的 ALV-A/B 亚群抗体 ELISA 试剂盒检测到。三是某些批次试剂盒的特异性出现了问题，特别是 ALV-A/B 亚群抗体 ELISA 试剂盒存在一定的假阳性，多数种鸡场在蛋清 p27 抗原阳性率未有任何变化并且病毒分离也均为阴性的情况下突然出现了 ALV-A/B 亚群抗体阳性率的显著上升，当对这些血清同时应用 ALV-A/B 亚群抗体 ELISA 试剂盒和以病毒感染阳性细胞做 IFA 时出现了结果不吻合的情况，即 ALV-A/B 亚群抗体 ELISA 试剂盒存在一定比例的假阳性。为了避免以上情况的出现，建议一方面要储备一些已知背景的样品，如人工感染禽白血病病毒的 SPF 鸡血清和空白 SPF 鸡群血清用作试验中的阳性对照和阴性对照，另一方面就是同时应用 IFA 等方法对可疑样品做对比验证。如果种鸡场缺乏相应的物质储备和技术手段，在怀疑检测结果可疑时，则需要送至专业检测机构进行复核，以免造成不必要的损失。

目前，ELISA 检测血清抗体主要应用于以下几个方面：一是对 SPF 鸡群的血清学检测，评估鸡群洁净状态，这是我国对 SPF 鸡群抽样检测的标准方法；二是对拟实施净化鸡群进行检测作为对其感染阳性率摸底调查的辅助手段；三是农业农村部对种鸡场净化效果进行评估时的检测；四是在应用接种 SPF 鸡检查法检测疫苗中有无 ALV 污染时的血清检测。不管是用于何种情况，需要对上述出现的假阳性问题给予高度关注，当出现不合乎常规的情况时，应考虑选用对比验证的方法进行复核。

（二）间接免疫荧光抗体反应（IFA）

该方法是以已知的 A、B、J 等不同亚群禽白血病病毒感染的 DF-1 细胞作为抗原，以待检测血清为第一抗体利用 IFA 检测鸡血清对 A/B 或 J 亚群禽白血病病毒已产生的抗体反应。在这种情况下，分别在 A、B、J 等亚群禽白血病病毒感染的细胞培养板的相应孔或培养皿中的细胞爬片（盖玻片）上滴加一定稀释度的待检鸡血清作为第一抗体，随后按规定程序孵化和洗涤，再加入商品化的荧光素（如异硫氰酸荧光素，FITC）标记的兔（山羊）抗鸡 IgG 作为第二抗体，再按操作程序孵化和洗涤后，在荧光显微镜下观察是否出现特异性的荧光。这一方法一般要人工操作、人工判断，不适合大批量样品的检测。但它的结果可靠，在荧光显微镜同一视野中有禽白血病病毒感染或未感染的细胞可分别作阳性及阴性样品互为对照。目前，IFA 主要应用于以下情况：一是当样品数量较少，不值得或不方便用一块 ELISA 板或做一次 ELISA 检测时，可用 IFA 来检测；二是怀疑 ELISA 试剂盒检测的结果阳性率过高或过低时，特别是当鸡群中有很低比例的样品呈现阳性或可疑而且 ELISA 值及 S/P 值在临界线的附近时，可选择 IFA 进行验证。

总体上，不管是 ELISA 还是 IFA 方法，必须强调的是，对禽白血病病毒抗体检测只有在用于判定鸡群是否有外源性 ALV-A/B 或 ALV-J 亚群感染时才有诊断意义，抗体检测阳性与否不能用来判定发生肿瘤的鸡是否是由禽白血病病毒引起。这是因为，一方面发生了禽白血病病毒诱发肿瘤的鸡不一定呈抗体阳性反应，另一方面对 ALV-A/B 或 ALV-J 亚群或两者抗体呈现阳性的鸡不一定发生肿瘤，而且在多数情况下都没有肿瘤发生。但是，如果对一个鸡群大批量样品（如>200～300 份血清样品）检测对 ALV-A/B 及 ALV-J 亚群抗体均为阴性时，该鸡群正在出现的肿瘤就不大可能是由禽白血病病毒引起的，即可排除禽白血病肿瘤的可能性。这是因为，有些鸡出现禽白血病病毒感染诱发的肿瘤时，肯定有一部分鸡在感染后会出现抗体反应。至于 SPF 鸡群，则是另一个标准。只要禽白血病病毒抗体阳性，就代表鸡群已有禽白血病病毒感染，不考虑是否发病都不得再作为 SPF 鸡群。但是，随着研究的深入，在 SPF 鸡群中也出现了特殊情况，即某些携带有内源性禽白血病病毒基因的 SPF 鸡个体在某些因素刺激下导致了蛋白的表达并诱导鸡体产生抗体，抗体可被商品化的 ELISA 试剂盒或 IFA 所识别，尽管这不是感染导致，但也会显著影响疫苗生产商对 SPF 鸡胚的选择。

第四节　风险点控制

一、风险点概述

鉴于禽白血病主要通过垂直传播，不管是从国外还是国内引种时，选择洁净种源避免引入禽白血病是最关键的风险控制点，这不仅包括避免引进带毒的种鸡及其种蛋，还包括避免引进带毒的公鸡及其精液。尽管禽白血病病毒的横向传播能力很低，但由于建立和维持一个无外源性禽白血病病毒感染的原种鸡核心群的成本很高，一旦污染再次实施净化时所需周期也很长，因此需要有一个良好的生物安全隔离环境。特别是考虑到低日龄，尤其是孵化和出雏时非常容易发生横向传播，要避免将不同的鸡群，特别是与未净化的鸡群同时孵化、出雏和饲养。由于其他鸟类，包括一些野鸟也能携带禽白血病病毒，鸡舍必须严防野鸟的闯入。虽然现在还没有昆虫能传播禽网状内皮组织增殖症病毒那样传播禽白血病病毒的证据，但仍然建议鸡舍应有预防蚊虫等进入鸡舍的必要措施。此外，预防鼠类进入的措施也是必要的。除了上述几个方面，防止弱毒疫苗中禽白血病病毒污染特别重要，这可能是生物安全隔离条件良好的规范化种鸡群发生再次感染的最大风险。

二、风险点控制

要做好禽白血病的风险点控制工作，需要考虑以下几个方面：

（一）引种时的检疫与监测，避免通过引种感染禽白血病病毒

在 ALV-J 亚群全球传播过程中，我们可以清楚地看到不经检疫引种带来的问题。实际上，1988 年在英国发现 ALV-J 后的几年内，它之所以能快速蔓延至全球各国几乎所有大型白羽肉鸡育种公司的原种核心群，显然与所有公司都在相互引种改良生产性能直接相关。根据崔治中等发表论文所显示的证据，我国最早流行的 ALV-J 也是随着从美国引种把 ALV-J 带入了我国，而更严重的是，在我国各地培育快大型黄羽肉鸡初期，忽视了禽白血病的危害性和传播途径，往往都不检疫而引入了称之为隐性白的白羽肉鸡作为种鸡，使之与不同地方品种鸡杂交，从而在保留羽毛的黄色或杂色的同时，还能从白羽肉鸡的遗传性中获得长得大、生长快、料肉比低的优良特性，也自然而然地把 ALV-J 带进了黄羽肉鸡核心群，并在繁育扩大鸡群过程中，使 ALV-J 在黄羽肉鸡以及其他地方品系中蔓延，这导致我国几乎所有的培育型黄羽肉鸡群都感染了 ALV-J。从育种角度看，即使是商业化经营的大型育种公司，其生产性能最优秀的品种，有时也要引进其他来源的种鸡，以保持种群必要的遗传多样性，并为进一步改良性状提供必要的遗传基础。但当从其他来源引种时，对选定的后选鸡群在引进鸡场前必须对其禽白血病病毒感染状态做严格的检疫和检测，而且这种检疫绝不能仅是一次性的。鸡在感染禽白血病病毒后的病毒血症或排毒是间歇性的，而且没有任何一种方法能确保一次把鸡群中所有感染鸡和带毒鸡都检测出来，因此，至少要检测到性成熟开始产蛋时。山东农业大学先后对引进不同品系在 SPF 隔离环境下饲养的多批次祖代鸡实施 4 个月以上的禽白血病监测，通过病毒分离鉴定、抗体动态、肛门棉拭子和血液核酸检测等，确实分离鉴定到 ALV-A 亚群，提示我们要评估引种鸡群禽白血病病毒感染的状况，评估指标主要包括对引种鸡群的抗体监测数据和种蛋蛋清 p27 抗原阳性率。

另外，需要注意的是，部分种鸡群引种时还包括对一些公鸡精液的使用，实验表明，采用未经检验的公鸡精液不仅会造成母鸡感染，还会传给下一代。因此，引种时要严格检验种公鸡的精液。对某些品系检测的实践表明，采集种公鸡血浆和精液同时进行病毒分离是十分必要，因为两者结果有时候并不完全吻合，本着从严控制的原则，在引种和实施净化过程中，根据推荐的程序开展检测，这也是避免鸡群发生禽白血病病毒感染的关键风险控制点。

（二）不同来源种蛋的孵化和出雏时须严格分开

据推测，地方品种鸡与不同类型鸡饲养在同一鸡场，或者不同类型鸡的种蛋共用同一孵化室孵化和出雏时，通过直接和间接接触而感染。虽然禽白血病病毒的横向传播能力较弱，但仍有可能横向传播，特别是 ALV-J 的横向传播能力较强。因此，不仅种鸡群鸡舍必须远离其他鸡群，即使同一种群不同代次的种鸡群也应隔离饲养，因为对它们在禽白血病病毒检疫方面的严格程度不同或实施净化的进程不同。例如，对父母代种鸡在禽白血病病毒感染的检疫和监控水平肯定低于对祖代种鸡群，祖代种鸡群又要低于曾祖代种鸡群等。在同一个育种公司，在还没有完全彻底净化的条件下，核心群种鸡对禽白血病病毒的净化度最高，因为对它们是要逐一多次检测的，而对以后代次的种鸡群只能抽检。但曾祖代鸡群的抽检比例及其禽白血病病毒净化度总是高于祖代，祖代又高于父母代。不仅不同来源的种鸡必须分场隔离饲养，还要防止将来自不同种鸡群的种蛋在同一孵化室孵化和出雏，这是因为，孵化室是最容易发生禽白血病病毒的横向传播。某父母代种鸡场为节约成本，其孵化器的部分为曾发生过血管瘤的某种鸡公司提供代孵化服务并与自己繁育的种群同时孵化和出雏，导致其自身海兰鸡群发生了严重横向感染，在开产时从其送检的 200 枚鸡蛋进行蛋清禽白血病病毒抗原检测，发现高达 12% 的阳性率。因此，如果不得不使用同一个孵化室，就必须将来自不同种鸡群的种蛋在不同的时间孵化和出雏。只有在一批种蛋孵化和出雏完成后，将该孵化室彻底消毒后才可以开始另一批种蛋的孵化和出雏，对于核心种鸡群尤为如此。

（三）核心群鸡舍应完全封闭，建立完善的生物安全措施

作为种鸡场，其隔离条件和生物安全措施要比一般养禽场要求更加严格。不仅为了净化禽白血病，考虑到预防其他传染病，种鸡场也应有隔离良好的地理位置。此前曾发生过某些种鸡场因种源不足从不同来源购买种鸡并同场饲养的问题，这些鸡场随后均因为引入了不经检疫的禽白血病阳性鸡导致原有鸡群感染，甚至全部淘汰。为此，种鸡场要严格执行全进全出制度，对于饲养已净化的进口品系时要特别注意这一点，要避免不同来源的种禽在同一鸡场饲养或发生交叉。运送物品车辆进出时以及人员出入均要严格执行消毒制度，某些种鸡场仅有场区门口的消毒池，且消毒池中消毒液高度难以没过轮胎，消毒效果较差，这些均可能造成外来车辆将病原引入。某些种鸡场运输饲料的车辆和运输粪便的车辆路径会发生部分的甚

至较长的交叉，除了场区门口的消毒池也没有喷洒消毒等其他措施，对车辆整体消毒缺乏必要的措施，这些都可能造成病毒的传播。种鸡场所需要物品与外界的交流程度越低越好，包括孵化过程，某些种鸡场将种蛋运送至几百米外的孵化室孵化后再运回种鸡场，这一过程也可能造成雏鸡感染，良好的内部循环和运转能最大限度地降低鸡群感染的概率，有原种场建设有核心群专用孵化室，尽管每年仅启用1～2次，其他时间闲置，但却保证了正在净化的种鸡群与其他任何鸡群或外部环境不发生交叉，并利用鸡场天然的沟壑屏障将育雏、育成和孵化等功能区分开，特别是清出的粪便经短暂的污道后直接倒入沟壑下的粪便存放区，粪便存放区位于鸡舍下方约15m的沟壑中，这可以避免粪便反向污染。

在人员管理方面，进入核心群的工作人员要固定化，避免其他感染鸡群的饲养员进入保种和正在实施净化的鸡群中工作。对于我国正在实施净化的蛋鸡种鸡场来讲，由于其育种品系相对单一，确保净化的核心群封闭相对容易，但对于我国品系众多的地方品系和黄羽肉鸡品系并不容易，在一个同时饲养着几十个配套系的种鸡场同时实施净化存在着极大的困难，当仅选取几个品系开展净化时，则要特别注意避免正在实施净化的品系与尚未净化的高感染率鸡群出现接近或交叉的情况。对净化鸡群需要在相对独立的单独区域实施检测和饲养，有条件的企业建议在其他区域建立更高标准的种鸡场，将相对洁净的种群经过一定检测和选择后转入新的鸡舍，并以此为起点开始更加严格的净化措施。

鉴于已有野鸟携带禽白血病病毒的报道，为了防止禽白血病病毒通过野鸟传播至鸡群，更为防止禽流感病毒等烈性病原通过野鸟传播，种鸡场应在鸡舍设立严密而有效的防鸟网或其他的防鸟措施，更重要的是要定期检查其维护状况和保护效果。笔者对多个种鸡场检查中发现，部分种鸡场的防鸟网因固定螺帽掉落导致防鸟网出现缺口，而检查时恰恰有麻雀在防鸟网逗留，这是非常大的生物安全漏洞。某些种鸡场为了美化环境在紧靠种鸡场围墙，甚至不同鸡舍之间全部种满植被或蔬菜，这些都不利于防鸟。对于坐落于山区的种鸡场，特别是我国南方地区某些植被覆盖好水源充足的山区种鸡场，要高度重视驱鸟防鸟工作。在防鸟工作方面，某些种鸡场对细节的把握非常好，将所有替换或需要维修的设备、任何鸡场中暂时用不到的物品也放在铁丝网覆盖的棚中保存，避免鸟类栖息和鸟粪等物品掉落其中。

鉴于越来越多的未知媒介被证实可以传播动物病毒，在传播途径不确定和不明确的情况下，种鸡场的隔离措施越严格越好。很多病毒，如禽网状内皮组织增殖症病毒等被证实可以通过蚊传播，虽然现在还没有昆虫能传播禽白血病病毒的证据，但仍然建议鸡舍应有预防蚊子等昆虫进入鸡舍的措施，特别是在夏天和温湿度较高的南方地区。此外，建立必要的防鼠设施和定期开展灭鼠工作对于维持种鸡场的洁净状态十分必要，这需要对种鸡场内实施必要的地面硬化措施，包括铺设水泥地面或铺以一定厚度的碎石。

（四）对使用疫苗进行严格检测，避免使用禽白血病病毒污染弱毒疫苗

2006 年，Zavala 和 Fadly 报道了 2 次在马立克氏病活疫苗中禽白血病病毒的污染。2008 年，Barbosa 报道了在鸡痘活疫苗中禽白血病病毒的污染，我国也在 2006 年后，分别从鸡新城疫低毒力活疫苗、鸡痘耐热保护剂活疫苗以及鸡传染性法氏囊病活疫苗等多批弱毒疫苗中通过病毒分离鉴定证实了禽白血病病毒的污染。可以说弱毒疫苗中污染禽白血病病毒是导致净化鸡群发生再次感染的重要途径之一，对于鸡群禽白血病防控来说，种鸡群应用的所有疫苗中绝不能有外源性禽白血病病毒的污染。如果接种了被外源性禽白血病病毒污染的弱毒疫苗，不仅感染的种鸡群有可能发生相应的肿瘤或对生产性能有不良影响，更重要的是会造成一些带毒鸡将禽白血病病毒垂直传播给后代，从而会在下一代雏鸡中诱发更高的感染率和发病率。如发生在核心群则危害更大，这意味着已在种鸡群，特别是原种鸡群的净化及其持续监控上花费了很长的周期和很高的成本后，由于使用了被外源性禽白血病病毒污染的疫苗使种鸡群重新感染外源性禽白血病病毒，使原来已在净化上所做的努力前功尽弃。

理论上来讲，我们对用于种鸡，特别是种鸡核心群的疫苗都要高度关注其是否污染了外源性禽白血病病毒，但也要有关注的重点。为了预防由于疫苗污染带来的禽白血病病毒感染，主要是关注弱毒疫苗，其中最主要关注用鸡胚或鸡胚来源的细胞作为原材料生产的疫苗。我们应高度关注雏鸡阶段，特别是在 1 日龄通过注射法（包括皮肤划刺）使用的疫苗，这是因为禽白血病病毒感染对年龄和感染途径有很强的依赖性，年龄越小越易感，注射途径感染比其他途径易感。因此，首先要给以特别关注的是液氮保存的马立克氏病细胞结合性疫苗。这是因为，该疫苗是在孵化室出壳后立即注射，而且如果发生污染，也容易污染较大的有效感染量（包括细胞内和细胞外），其次是通过皮肤划刺接种的禽痘疫苗。

为了保证避免使用被禽白血病病毒污染的疫苗，不仅要对每一种弱毒疫苗的每一个批号的产品进行检测，更重要的是要选择可靠的方法和试剂。目前，用于

弱毒疫苗中禽白血病病毒检测的方法主要有细胞培养检查法、接种 SPF 鸡检查法和核酸检查法，对各方法简要介绍如下：

1. 细胞培养检查法　按照《中国兽药典》规定的，对疫苗中禽白血病病毒污染主要采用细胞培养检查法进行检测，即将疫苗样品接种鸡胚成纤维细胞（CEF）盲传 2 代后测定细胞培养上清液中 ALV-p27 抗原的方法来确定所检测疫苗中是否存在禽白血病病毒的污染，但是这一方法面临的现实问题是，鸡马立克氏病活疫苗、鸡新城疫活疫苗、鸡痘活疫苗、鸡传染性法氏囊病活疫苗等接种 CEF 后均可造成细胞病变（CPE），这无疑会使可能的禽白血病病毒污染在细胞上复制受到干扰，为此，对不同的疫苗进行一定的预处理是进行细胞培养检查法的关键。例如，对不同的鸡马立克氏病活疫苗就有不同的预处理措施。

（1）鸡马立克氏病火鸡疱疹病毒活疫苗（Fc-126）　通常按照如下程序进行检测：取 1 000（或以上）羽份制品，用 4.0mL（或适量）不含血清的 M199 培养液溶解；4℃ 10 000r/min 离心 15min；上清液经 0.45μm 滤器过滤 1 次，0.22μm 滤器过滤 2 次，取滤液 1mL 与 1mL 抗 MDV（HVT）单特异性抗血清 37℃作用 1h。

（2）鸡马立克氏病活疫苗（CVI988 株、814 株）　通常按照如下程序进行检测：取 1 000（或以上）羽份制品，加适量无菌超纯水，冻融 3 次，用 10 倍浓缩 M199 调节渗透压至等渗，4℃ 2 000r/min 离心 5min，上清液经 0.22μm 滤器过滤 1 次，滤液全部接种。

（3）鸡马立克氏病二价活疫苗（HVT＋CVI988 株）　通常按照如下程序进行检测：取 1 000（或以上）羽份制品，加适量无菌超纯水，冻融 3 次，用 10 倍浓缩 M199 调节渗透压至等渗，4℃ 2 000r/min 离心 5min，上清液经 0.22μm 滤器过滤 1 次，滤液与 2.0mL 抗 MDV（HVT）单特异性阳性血清 37℃作用 1h。

马立克氏病细胞结合性疫苗禽白血病病毒污染检测，将待检疫苗从液氮中取出后置于普通冰块上缓慢融化，待融化后置于离心管中作轻度离心（1 500～2 000r/min 离心 5min），取细胞沉淀悬浮于 2mL 灭菌蒸馏水中，使细胞在低渗透压下部分裂解，继续在冰水中放置 5～10min 后，用超声波将细胞充分打碎。由于 MDV 是细胞结合苗，当细胞死亡后其中的 MDV 不再具有感染性，但这一处理过程不会使细胞内的禽白血病病毒灭活，还能从细胞中释放出来呈游离状态。将超声波处理的细胞悬液在 10 000r/min 离心 10min，取上清经 0.45μm 滤膜过滤后立即接种准备好的 DF-1 细胞。

除了上述用于 MDV 疫苗的预处理措施外，还可依据大小不同的病毒粒子通过不同孔径的一次性滤器过滤来消除疫苗影响，如鸡痘耐热保护剂活疫苗通常按照如下程序进行检测：取 1 000 羽份制品，用适量不含血清的 M199 培养液溶解，使最终为 500 羽份/2mL；2～8℃ 12 000r/min 离心 10min；上清液经 0.8μm、0.45μm、0.22μm、0.1μm 滤器各过滤 1 次，取滤液 2mL（相当于 500 羽份）用于接种 CEF，连续盲传 3 代检测 p27 抗原。而对于鸡传染性法氏囊病活疫苗和鸡新城疫活疫苗通常利用抗体中和来消除疫苗对细胞的影响，如鸡传染性法氏囊病活疫苗通常按照如下程序进行检测：取 1 000 羽份制品，用适量不含血清的 M199 培养液溶解，使最终为 500 羽份/2mL；2～8℃ 12 000g 离心 10min；取上清液 2mL 与 2mL 抗鸡传染性法氏囊病病毒特异性抗血清混匀，置37℃作用 60min 后接种 CEF 细胞，连续盲传 3 代检测 p27 抗原。禽白血病病毒在 DF-1 上复制能力显著强于 CEF 细胞，而且鸡马立克氏病活疫苗、鸡新城疫活疫苗、鸡痘活疫苗、鸡传染性法氏囊病活疫苗等接种 DF-1 后出现细胞病变的时间要长于在 CEF 细胞上，更重要的是 DF-1 细胞可以区分内源性 ALV 和外源性 ALV，为此，在兽药典规定的基础上增加 DF-1 细胞的检测非常有必要，另外，除测定 ALV-p27 抗原外，增加 IFA 这一辅助检测手段有助于提高检测的灵敏度。

2. 接种 SPF 鸡检查法   将待检测疫苗在其使用日龄接种 SPF 鸡一定时间后（目前《中国兽药典》规定的是 42d），采集血清分别进行 ALV-A/B 和 ALV-J 亚群抗体检测，据此判断待检测疫苗是否存在 ALV 污染，这是检测疫苗中是否存在禽白血病病毒污染的"金标准"。该方法的优点是结果可靠，稳定性强；缺点是周期长，成本高，需要一定的实验条件，如隔离器及试验动物等，不适于一般的种鸡场和基层企业。使用该方法检测需要注意 3 个方面：一是避免免疫耐受性感染，慎用低日龄 SPF 鸡。由于疫苗中污染的禽白血病病毒毒株及含量不同、接种鸡的年龄不同，其反应性也差异较大，接种太早，如 1 日龄接种有可能诱发免疫耐受性，但在成年鸡接种有时又可能既不产生病毒血症又没有抗体反应。二是要确保试剂盒质量可靠，因为某些检测抗体的 ELISA 试剂盒存在一定比例的假阳性，如出现阳性需要通过 IFA 进行验证。三是因为不同鸡对禽白血病病毒感染发生反应的个体差异较大，因此，每组接种 SPF 鸡需要一定的数量，如10～12 只。

3. 核酸检查法   针对禽白血病病毒污染的核酸检查法尚无明确的规程，也未列入《中国兽药典》。常用的分子生物学检测技术，如 PCR/RT-PCR、荧光定量 PCR/RT-PCR、核酸斑点分子杂交等，其优点是方法简单易学、快速、成本较低，特别是对于细胞培养检查法困难的疫苗样品可直接用于检测样品中的禽白血病病毒。因为禽白血病病毒在复制过程中可以 cDNA 形式整合于鸡染色体基因组中，因此，对于样品核酸既可以提取 RNA 又可以提取 DNA，但相对来讲，提取 RNA 更能代表游离状态的禽白血病病毒粒子，所以采用 RT-PCR 比 PCR 更有说服力。由于内源性禽白血病病毒基因成分的干扰，采用分子生物学方法检测疫苗中禽白血病病毒污染，必须充分考虑内源性禽白血病病毒基因成分的存在，利用 PCR 检测疫苗中禽白血病病毒可能有较高比例的假阳性和假阴性，并且可重复性较差，因此，单纯 PCR 结果可疑性大，阳性结果需做克隆测序或分子杂交验证。如某些种鸡场直接利用 PCR 测定疫苗中 p27 基因，结果从多种疫苗中检测到禽白血病病毒阳性，实际上均为内源性禽白血病病毒基因成分。

对 PCR 扩增产物进行测序有助于鉴别内源性和外源性禽白血病病毒干扰，但利用 PCR 检测还存在着另一种风险，因为疫苗中禽白血病病毒污染可能剂量较低，导致无法有效扩增或者扩增的 PCR 产物量较低，在核酸电泳中无法被有效识别。例如，在 1 000 羽份疫苗中人工添加 $10TCID_{50}$ 以及更低剂量的禽白血病病毒时，通过 PCR 方法在电泳中无法检测出相应条带。荧光定量 PCR（或 RT-PCR）尽管灵敏度较高，但仍旧面临内源性禽白血病病毒基因成分干扰的问题，如果在荧光定量 PCR（或 RT-PCR）中不是用简单的染料法，而是采用特异性探针法，也能显著提高特异性，但成本大大提高。另一个可选择的方法是，对 RT-PCR（或 PCR）产物再用外源性禽白血病病毒特异性核酸探针来做特异性验证。首先用 1 对引物扩增样品 RNA，扩增产物不是应用电泳检测，而是利用地高辛标记的核酸探针对扩增产物进行检测，这不仅提高了检测的特异性，而且还能提高检出的灵敏度。这一方法不受疫苗类型的影响可直接提取核酸，即有效避免了细胞培养检查法中疫苗毒株对细胞的损伤。利用上述检测方法对污染的弱毒疫苗开展了模拟试验：用无菌 PBS 稀释 ALV-J 株至 $1TCID_{50}/2mL$、$10TCID_{50}/2mL$、$100TCID_{50}/2mL$、$1 000TCID_{50}/2mL$，然后分别用上述已掺入禽白血病病毒的 PBS 缓冲液稀释 4 瓶同一批次的新城疫活疫苗（1 000 羽份），即获得了人工模拟污染禽白血病病毒的 4 瓶鸡马立克氏病活疫苗 $1TCID_{50}/1 000$ 羽份、$10TCID_{50}/1 000$羽份、$100TCID_{50}/1 000$ 羽份、$1 000TCID_{50}/1 000$ 羽份，将上述 4 瓶已稀释好的疫苗利用病毒核酸提取试剂盒提取 RNA 后进行 RT-PCR 结合核酸斑点杂交检测。鸡马立克氏病疫苗、鸡痘疫苗、鸡传染性法氏囊病疫苗等按照上述操作进行检测。对污染不同剂量禽白血病病毒的疫苗提取 RNA 后进行 RT-PCR 结合核酸斑点杂交检测，结果显示，当在每瓶疫苗中添加禽白血病病毒的剂量在 $10TCID_{50}/1\,000$ 羽份及以上时，结果均为阳性，但当污染剂量为 $1TCID_{50}/1\,000$ 羽份时，检测为阴性；鸡马立克氏病疫苗、新城疫疫苗、鸡痘疫苗、鸡传染性法氏囊病疫苗 4 种疫苗的检测结果均为如此，不同的是对人工污染的鸡痘疫苗检测，同等污染剂量情况下，显色均不如其他疫苗明显，但不影响结果的判定（图 3-1）。

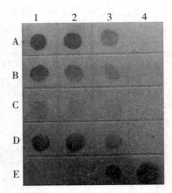

图 3-1　应用 RT-PCR 结合斑点杂交检测不同疫苗中人工污染的 ALV

A1-A4、B1-B4、C1-C4、D1-D4 分别为每瓶（1000 羽份）鸡马立克氏病疫苗、新城疫疫苗、鸡痘疫苗、鸡传染性法氏囊病疫苗中添加了 $1\,000TCID_{50}$、$100TCID_{50}$、$10TCID_{50}$、$1TCID_{50}$、的 ALV-J 毒株；E1、E2 为空白 CEF 细胞 DNA 作为阴性对照，E3、E4 为 ALV-J 的 DF-1 培养物作为阳性对照

以上 3 种方法各有其优缺点，建议种鸡场根据技术水平和设备水平选择适合自己的检测方法，更要注重多种方式联合应用，因为任何一种单一方法可靠性都不是绝对的 100%，从净化的严谨性考虑，要确保使用弱毒疫苗不能有任何外源性病毒污染的风险。为了对疫苗外源性病毒污染的有效预警，建议对疫苗使用前后的血清样品同时检测禽白血病病毒抗体以评估污染发生的可能性，但严格讲，即使抗体上升也无法作为疫苗污染的直接证据，因此，建议种鸡场对于使用疫苗要有样品备份制度，至少保存到使用该批疫苗鸡群确定无问题时，以做到出现问题时有据可查。

第五节　净化程序

我国目前饲养着不同品系的白羽肉鸡，如罗斯 308、哈巴德等，其种源完全依赖于进口，此类鸡群进口时已经实现了对禽白血病的净化。此外，很多蛋用型进口种鸡，如海兰、伊莎等也早已实现了对禽白血病的净化。但对于我国不同品种的地方品种鸡及培育的黄羽肉用型鸡和小部分蛋用型鸡，则尚未实现净化，某些鸡群甚至感染率很高。因此，必须充分考虑上述不同类型鸡群的禽白血病感染状态，并据此制定不同的净化程序和防控策略。

一、进口已净化白羽肉鸡和蛋用型种鸡以及我国部分已实现净化自繁自养品系禽白血病防控策略

目前我国几乎所有的白羽肉用型种鸡和部分蛋用型种鸡主要依赖于进口。经过近 20～30 年的努力，目前国际上保留下来的不同品系的白羽肉用型种鸡群或蛋用型种鸡群都已基本净化了各种亚群的外源性禽白血病病毒。对于进口的已实现净化的白羽肉用型种鸡和蛋用型种鸡主要是维持净化的问题，即通过采取严格的综合性生物安全措施防止禽白血病再次感染，这主要包括以下几个方面：通过对引进种鸡实施严格检验检疫以及对血清和种蛋抽检评估来选择洁净的种源、避免与未净化的鸡群接触，特别是孵化和育雏阶段，对所有弱毒疫苗进行严格的用前检测防止使用存在外源性禽白血病病毒污染的疫苗，做好防野鸟以及保持鸡舍环境的隔离和封闭等其他饲养管理措施等。

（一）种源的选择

对饲养祖代及其以下代次的鸡场来说，为了预防禽白血病，必须从无外源性禽白血病病毒感染的育种公司选择和购入鸡苗。为了可靠地选择种源，不论是从国际跨国公司还是国内公司，首先要根据育种公司的信誉度、历年引进种鸡的实际净化状态以及其他用户的反映做出判断。特别是应要求供应商提供相关种鸡群在相应年龄（23 周龄后）血清抗体检测报告和留种孵化前鸡蛋清 p27 抗原检测报告。此外，同时要求供应商提供初产种蛋（100～200 枚）并检测其蛋清中 p27抗原。不论是对血清抗体的检测还是对 p27 抗原的检测，选择灵敏性和特异性好的商品化试剂盒并确保检测过程的可靠性是很重要的。

（二）定期检测和动态监测鸡群禽白血病病毒感染状态

在饲养过程中定期检测引进的种群，随时了解该批鸡对禽白血病病毒的感染

状态，不仅对该群鸡本身很重要，更重要的是可保证其下一代在禽白血病病毒感染方面的洁净度。一方面可为下游客户提供种鸡群的检测报告；另一方面，一旦发现禽白血病病毒阳性可及时采取措施，甚至必要时淘汰该群鸡或转为商品代蛋鸡。为了掌握种鸡群是否有外源性禽白血病病毒感染，通常可在种鸡群开产后，在种蛋孵化前，采集 200 份左右血清样品，检测 ALV-A/B 及 ALV-J 亚群抗体，同时，采集种蛋蛋清检测 ALV-p27 抗原。此后，还要定期抽检（1%左右）血清样品检测 ALV-A/B 或 ALV-J 亚群抗体及种蛋蛋清 p27 抗原。对于经营进口的白羽肉用型种鸡场或蛋用型种鸡场，如果血清 ALV-A/B 或 ALV-J 亚群抗体阳性率或蛋清 p27 抗原阳性率超过 1%时，应请专业实验室做进一步病毒分离鉴定后再决定相应对策。

（三）预防同场其他来源鸡群的横向感染

虽然禽白血病病毒横向传播能力很弱，但还是会发生。因此，种鸡场一定要严格实施全进全出，即同一个鸡场，在同一时期只能饲养同一批来源的鸡。特别注意在孵化过程中，一定要避免与其他鸡群，特别是非净化鸡群同时孵化及出壳，防止横向传播。

（四）实施严格检测，预防使用被禽白血病病毒污染的疫苗

尽管疫苗中污染的禽白血病病毒的剂量和致病性程度及其危害性表现不同，但其危害的严重性是相同的，即可能完全破坏鸡群原有的净化状态。对于现有的鸡群来说，即使是注射了被禽白血病病毒污染的疫苗，可能会有少数鸡在成年后出现肿瘤的表现，但比例不会太高，除非在 1 日龄鸡接种的疫苗中污染了大量致病性很强的禽白血病病毒。但即使没有发生肿瘤，也会对一部分鸡诱发产生抗体，将使整个鸡群从禽白血病病毒感染阴性转变为阳性。通常，凡是用鸡胚或其细胞作为原料的疫苗都有被污染的可能，但最要关注的是 1 日龄接种鸡马立克氏病细胞结合性疫苗，其次是禽痘疫苗。相应检测方法可参照本章风险控制关键点部分介绍的方法。

对已经实现净化的各种鸡品系实施禽白血病综合防控，总体可概括为 4 种能力：证明已净化的能力、维持净化状态的能力、及时发现感染的能力、发生后及时处置的能力。对于祖代以下的父母代种鸡或商品代鸡群，从上游种鸡场引种并饲养过程可参照上述防控重点来防控禽白血病的再次感染。

二、不同品种的地方品种鸡及培育的黄羽肉用型鸡和自繁自养蛋用型鸡禽白血病防控策略

　　我国各地还饲养着不同品种的地方品种鸡及培育的黄羽肉用型鸡和蛋用型鸡。由于历史原因，这些鸡群大多都不同程度感染了经典的 ALV-A/B，更严重的是，在过去二十年中，随白羽肉鸡从国外传入的 ALV-J，也传入了这些我国自繁自养的鸡群中。ALV-J 感染首先在培育型黄羽肉鸡中流行，而且这种感染日趋严重并且已经造成明显经济损失。ALV-J 虽然只是最近十年才进入我国各地的纯地方品种鸡，但其蔓延和发展的趋势很快，有些纯地方品种鸡群对 ALV-J 的感染率已相当高，且也开始表现典型的髓细胞瘤和其他禽白血病的病理变化。在很多地方品系中甚至还有一些尚未鉴定的亚群，又从未做过任何净化工作；同时还存在新发 ALV-K 感染的情况。对上述不同类型、不同品系原种鸡场核心群实施外源性禽白血病病毒的净化是预防禽白血病最基本、最重要的一环。为了最大限度地提高从每一世代鸡群中对感染鸡的淘汰率，同时考虑到检测的成本和效率，我们建议根据鸡性器官发育成熟过程，对每一世代的种鸡分 5 个阶段进行逐一检测并淘汰阳性鸡。对一个刚刚开始净化的种鸡群，可以从任何一个阶段开始。

（一）留种鸡开产初期检测和淘汰

　　初产期属于鸡群禽白血病病毒排毒高峰期。取 3 枚初生蛋检测蛋清禽白血病病毒 p27 抗原，淘汰阳性鸡。公鸡应同时对精液和血浆做病毒分离，两者任何一个出现阳性均应淘汰这只公鸡。同一小群中，如有 1 只为阳性，淘汰该小群所有鸡。在净化的第一世代，感染严重的鸡群，如果最后的阴性鸡数量太少，这一条可酌情处理。

（二）留种前检测和淘汰

　　采集 2~3 枚鸡蛋蛋清检测 p27 抗原，淘汰阳性母鸡。公鸡应同时对精液和血浆做病毒分离，两者任何一个出现阳性均应淘汰此公鸡。在感染严重的核心种鸡群，经这一轮检测淘汰后，很可能剩余的种鸡在数量上不能满足个体遗传多样性的育种原则，但也要从严淘汰。作为替代方案，该核心鸡群中被淘汰的鸡，对

于其中生物学性状确实优秀的个体仍然可以保留，但必须与所有阴性鸡隔离饲养。从这些检测阳性种鸡采集的种蛋再单独孵化，相应雏鸡按同样的净化程序单独隔离饲养，从由此长成的下一代育成鸡中仍可筛选出阴性鸡，然后再并入前一世代筛选出的同一品系阴性鸡群中。

（三）种蛋的选留和孵化

经留种前检测淘汰阳性鸡后，每 1 只母鸡仅选用 1 只检测阴性公鸡的精液授精。按规定时间留足种蛋，每 1 只母鸡产的所有种蛋均标上同 1 只母鸡号。在置入孵化箱时，同 1 只母鸡的种蛋要放置在一起。在孵化 18d 后出壳前，将每 1 只母鸡所产种蛋置于同一标号的专用纸袋中，再转到出雏箱中出雏。所出雏鸡作为净化后的第一世代。

（四）第一代出壳雏鸡胎粪检测和淘汰

在出壳前，将每一种鸡的种蛋置于同一出壳纸袋中，逐一采集 1 日龄雏鸡胎粪，置于小试管中。采集完 1 只母鸡的雏鸡胎粪后，必须更换手套，或彻底洗手消毒。用禽白血病病毒 p27 抗原 ELISA 试剂盒检测胎粪中 p27 抗原。同 1 只母鸡所产雏鸡中有 1 只阳性，就要淘汰同纸袋中的其他雏鸡并同时淘汰相应的种鸡。对选留的雏鸡，以母鸡为单位，同 1 只母鸡的雏鸡放于一个笼中隔离饲养。每个笼间不可直接接触，包括避免直接气流的对流。饲养期间要采取避免横向传播的各种措施，如不同鸡笼之间以一定的纸板阻隔，严格检测所有弱毒疫苗，必须保证没有外源性禽白血病病毒污染。

（五）育雏后期采集血浆分离、检测病毒血症和淘汰

育雏期结束，无菌采集所有鸡的血浆，接种 DF-1 细胞分离病毒，培养 9d 后用禽白血病病毒 p27 抗原 ELISA 试剂盒逐孔检测 p27 抗原或用 IFA 逐孔检测感染细胞，淘汰阳性后备鸡。对选留的后备种鸡，仍应维持小群隔离饲养。例如，每群 50 只左右，也尽量使同 1 只母鸡的后代置于一个小群中。

实施上述核心群鸡逐一检测和淘汰的程序，工作量很大、成本也很高。根据国外成功的经验，当 1 个核心群连续 3 个世代都检测不出禽白血病病毒感染鸡后，可转入维持期。在进入维持期后，就不需再对每一后备种鸡按上述做所有检测步骤。可改为对一定比例鸡的定期抽检，如 5% 左右，而且可采用操作上比较

简单的方法检测胎粪和蛋清 p27 抗原。当然，在这方面还没有直接经验，而且不同品系之间蛋清 p27 抗原与病毒分离吻合率也不尽相同，还有待于今后逐渐摸索和成熟。

第六节　净化标准

不管是引进的种鸡还是自繁自养的品种，对其禽白血病净化状态均可通过抗原抗体 2 个方面来进行评价，在实施净化评估时要制定净化标准。禽白血病净化示范场须同时满足以下要求，视为达到非免疫净化标准，即净化标准：①种鸡群抽检，禽白血病病原学检测均为阴性；②连续 2 年以上无临床病例；③现场综合审查通过。

病原学抽样检测方法：针对产蛋鸡群，随机抽样，覆盖不同栋舍鸡群，共采 500 枚蛋，对蛋清 p27 抗原进行 ELISA 检测。当 p27 抗原检测全部为阴性时，实验室检测通过；p27 抗原检测阳性率高于 1%，实验室检测不通过；检出 p27 抗原阳性且阳性率 1% 以内，采用病毒分离进行复测，病毒分离全部为阴性，实验室检测通过；病毒分离出现阳性，实验室检测不通过。病毒分离抽样检测方法：单系 50 份血样，随机抽样，覆盖不同栋舍鸡群，接种 DF-1 细胞培养和分离病毒。

一般来讲，种蛋的 p27 抗原检出率越高，孵化后鸡群发生 ALV 风险的概率越大。相对于病原学检测，血清学检测对于禽白血病净化评估效果要相对差一些，目前针对 J 亚群禽白血病病毒抗体和 A/B 亚群禽白血病病毒抗体主要是对 27 周龄以上血清样品应用商品化的 ELISA 试剂盒进行检测。目前我们所认为的商品化禽白血病 A/B 抗体 ELISA 试剂盒不仅仅能够检测到 A 亚群和 B 亚群 ALV 抗体，对于新发现的 K 亚群诱导的抗体也可以检测到。在实践中可能面临如下问题：一是通常我们认为所有出现抗体的一定是外源性禽白血病病毒诱导的，实际上某些内源性禽白血病病毒诱导产生的抗体能被抗体检测试剂盒所检测到；二是在过去的几年中发现某些批次试剂盒特异性和稳定性出现问题，某些已经实现净化的种鸡场包括进口品系种鸡厂在确定无任何感染的情况下出现了抗体阳性率的显著上升，对部分样品同时进行 ELISA 检测和经典的间接免疫荧光

（IFA）检测发现结果不一致。出现上述现象是不可避免的，一方面确实目前市场上应用的商品化抗体试剂盒某些批次试剂盒特异性和稳定性出现问题，导致评估不准确；另一方面是即使在确保试剂盒特异性和稳定性情况下，保证所有检测鸡抗体全部为阴性也存在一定的困难，在鸡的染色体上存在着大量的禽白血病病毒基因成分，如与 ALV-J 高度同源的 $gp85$ 基因成分，这些成分的表达受到多个可能因素的影响，如持续不断的疫苗免疫刺激等可能导致某些蛋白的表达，而不同亚群之间所表达蛋白具有一定的甚至较高的同源性，其表达蛋白诱导产生的抗体不可避免相互之间存在一定的交叉，导致出现阳性反应。

（编者：付雯、赵鹏）

参考文献

崔治中，2012. 禽白血病病毒研究的过去、现在和将来 [J]. 生命科学，4：305-309.

崔治中，2012. 中国鸡群病毒性肿瘤病及防控研究 [M]. 北京：中国农业出版社.

崔治中，2015. 禽白血病 [M]. 北京：中国农业出版社.

崔治中，2015. 我国 J 亚群禽白血病的防控及其启示 [J]. 中国家禽，6：1-3.

崔治中，2015. 种鸡场禽白血病防控和净化技术方案 [J]. 中国家禽，23：1-7.

崔治中，赵鹏，孙淑红，等，2011. 鸡致病性外源性禽白血病病毒特异性核酸探针交叉斑点杂交检测试剂盒的研制 [J]. 中国兽药杂志，8：5-11.

郭慧君，李中明，李宏梅，等，2010. 3 种 ELISA 试剂盒检测不同亚型外源性鸡白血病病毒的比较 [J]. 畜牧兽医学报，3：310-314.

李建亮，2015. 不同遗传背景鸡群来源 J 亚群禽白血病病毒 gp85 的分子演变分析 [D]. 泰安：山东农业大学.

李薛，李德庆，赵鹏，等，2012. ELISA 与 IFA 检测鸡血清 ALV-A/B 特异性抗体相关性比较 [J]. 病毒学报，6：615-620.

王鑫，赵鹏，崔治中，2012. 我国地方品种鸡分离到一个禽白血病病毒新亚群的鉴定 [J]. 病毒学报（28）：609-614.

赵鹏，崔治中，马诚太，2012. 种蛋中禽白血病病毒 P27 抗原检出率与鸡群禽白血病发病率的相关性研究 [J]. 畜牧兽医学报，43（10）：1618-1622.

Bacon L D, Fulton J E, Kulkarni G B, 2004. Methods for evaluating and developing commercial chicken strains free of endogenous subgroup E avian leukosis virus [J]. Avian Pathol, 33（2）：233-243.

Barbosa T, Zavala G, Cheng S, 2008. Molecualr characterization of three recombinant isolates of avian leukosis virus obtained from contaminated Marek's disease vaccines [J]. Avian Dis, 52：245-252.

Cai L, Shen Y, Wang G, et al, 2013. Identification of two novel multiple recombinant avian leukosis viruses in two different lines of layer chicken [J]. J Gen Virol, 94: 2278-2286.

Cheng J, Wen S, Wang S, et al, 2017. GP85 protein vaccine adjuvanted with silica nanoparticles against ALV-J in chickens [J]. Vaccine, 35: 293-298.

Cui Z, Du Y, Zhang Z, et al, 2003. Comparison of Chinese field strains of avian leukosis subgroup J viruses with prototype strain HPRS-103 and United States strains [J]. Avian Dis, 47: 1321-1330.

Dai Z, Huang J, Lei X, et al, 2017. Efficacy of an autophagy-targeted DNA vaccine against avian leukosis virus subgroup J [J]. Vaccine, 35: 808-813.

Dong X, Zhao P, Xu B, et al, 2015. Avian leukosis virus in indigenous chicken breeds, China [J]. Emerg Microbes Infect, 4: e76.

Dou W, Li H, Cheng Z, et al, 2013. Maternal antibody induced by recombinant gp85 protein vaccine adjuvanted with CpG-ODN protects against ALV-J early infection in chickens [J]. Vaccine, 31 (51): 6144-6149.

Fadly A, Silva R, Hunt H, et al, 2006. Isolation and characterization of an adventitious avian leukosis virus isolated from commercial Marek's disease vaccines [J]. Avian Dis, 50: 380-385.

Gao Y L, Qin L T, Pan W, et al, 2010. Avian leukosis virus subgroup J in layer chickens [J]. China. Emerg Infect Dis, 16: 1637-1638.

Jiang L, Zeng X, Hua Y, et al, 2014. Genetic diversity and phylogenetic analysis of glycoprotein gp85 of avian leukosis virus subgroup J wild-bird isolates from Northeast China [J]. Arch Virol, 159: 1821-1826.

Lai H, Zhang H, Ning Z, et al, 2011. Isolation and characterization of emerging subgroup J avian leukosis virus associated with hemangioma in egg-type chickens [J]. Vet Microbiol, 151: 275-283.

Li X, Dong X, Sun X, et al, 2013. Preparation and immunoprotection of subgroup B avian leukosis virus inactivated vaccine [J]. Vaccine, 31: 5479-5485.

Li Y, Cui S, Li WH, et al, 2017. Vertical transmission of avian leukosis virus subgroup J (ALV-J) from hens infected through artificial insemination with ALV-J infected semen [J]. BMC Vet Res, 13: 204.

Li Y, Liu X, Yang Z, et al, 2014. The MYC, TERT, and ZIC1 genes are common targets of viral integration and transcriptional deregulation in avian leukosis virus subgroup J-induced myeloid leukosis [J]. J Virol, 88: 3182-3191.

Li Y, Meng F F, Cui S, et al, 2017. Cooperative effects of immune enhancer TPPPS and different adjuvants on antibody responses induced by recombinant ALV-J gp85 subunit vaccines in SPF chickens [J]. Vaccine, 35: 1594-1598.

Liu C, Zheng S, Wang Y, et al, 2011. Detection and molecular characterization of recombinant avian leukosis viruses in commercial egg-type chickens in China [J]. Avian Pathol, 40 (3): 269-275.

Liu Y, Li K, Gao Y, et al, 2016. Recombinant Marek's disease virus as a vector-based vaccine against avian leukosis virus subgroup J in chicken [J]. Viruses, 8 (11): 301.

Pan W, Gao Y, Qin L, et al, 2012. Genetic diversity and phylogenetic analysis of glycoprotein GP85 of ALV-J isolates from Mainland China between 1999 and 2010:

coexistence of two extremely different subgroups in layers [J]. Vet Microbiol, 156: 205-212.

Payne L, Gillespie A, Howes K, 1992. Myeloid leukaemogenicity and transmission of the HPRS-103 strain of avian leukosis virus [J]. Leukemia, 6 (11): 1167-1176.

Payne L, Nair V, 2012. The long view: 40 years of avian leukosis research [J]. Avian Pathol, 41: 11-19.

Qian K, Liang Y, Yin L, et al, 2015. Development and evaluation of an immunochromatographic strip for rapid detection of capsid protein antigen p27 of avian leukosis virus [J]. J Virol Methods, 221: 115-118.

Qin A, Lee L F, Fadly A, et al, 2001. Development and characterization of monoclonal antibodies to subgroup J avian leukosis virus [J]. Avian Dis, 45: 938-945.

Saif Y M, Fadly A M, Glison J R, et al, 2008. Disease of poultry [M]. 12th ed. Lowa: Blackwell Publishing Ames, 605-610.

Smith EJ, Williams SM, Fadly AM, 1998. Detection of avian leukosis virus subgroup J using the polymerase chain reaction [J]. Avian Dis, 42: 375-380.

Venugopal K, 1999. Avian leukosis virus subgroup J: a rapidly evolving group of oncogenic retroviruses [J]. Res Vet Sci, 67: 113-119.

Venugopal K, Howes K, Barron G S, et al, 1997. Recombinant env-gp85 of HPRS-103 (subgroup J) avian leukosis virus: antigenic characteristics and usefulness as a diagnostic reagent [J]. Avian Dis, 41: 283-288.

Vogt, Peter K, 2012. Retroviral oncogenes: a historical primer [J]. Nat Rev Cancer, 12 (9): 639-648.

Zavala G, Jackwood M W, Hilt D A, 2002. Polymerase chain reaction for detection of avian leukosis virus subgroup J in feather pulp [J]. Avian Dis, 46: 971-978.

Zhang H, Bacon L D, Fadly A M, 2008. Development of an endogenous virus-free line of chickens susceptible to all subgroups of avian leukosis virus [J]. Avian Dis, 52: 412-418.

Zhao P, Dong X, Cui Z Z, 2014. Isolation, identification, and gp85 characterization of a subgroup A avian leukosis virus from a contaminated live Newcastle Disease virus vaccine, first report in China [J]. Poultry Sci, 93: 2168-2174.

第四章

种鸡场鸡白痢
净化

第一节　流行特征

一、病原

鸡白痢的病原为鸡白痢沙门氏菌（*Salmonella pullorum*，SP），属于肠杆菌科沙门氏菌属 D 血清群中的一个成员，该菌为两端钝圆的细小革兰氏阴性杆菌，大小为（1.0～2.5）$\mu m \times$（0.3～0.5）μm。该菌无荚膜，不形成芽孢，是少数不能运动的沙门氏菌之一。该菌为需氧或兼性厌氧菌，于普通琼脂培养基和麦康凯培养基上生长良好，形成细小、圆形、光滑、湿润、边缘整齐、露滴状、半透明、灰白色菌落，直径为 1～2mm。在普通肉汤培养基中生长呈均匀混浊；利用该菌对煌绿、胆盐有较强的抵抗力，为提高分离率，常将煌绿、胆盐等物质加入培养基中用以抑制大肠杆菌。鸡白痢沙门氏菌在煌绿琼脂上的菌落呈粉红色至深红色，周围的培养基也变为红色，透明；在 SS 琼脂上形成无色透明，圆整光滑或略粗的菌落，少数产 H_2S 的菌株会形成黑色中心；在亚硫酸铋琼脂上形成黑色菌落，其周围绕以黑色或棕色的大圈，对光观察，有金属光泽；在伊红美蓝琼脂上生长为淡蓝色菌落，不产生金属光泽。该菌能分解葡萄糖、甘露醇、木胶糖等，产酸产气或产酸不产气；不分解乳糖、蔗糖等；能还原硝酸盐，不能利用枸橼酸盐，吲哚阴性，少数菌株产生 H_2S，氧化酶阴性，接触酶阳性，鸟氨酸脱羧酶阳性，MR 试验阳性，VP 试验阴性。该菌有 O 抗原，无 H 抗原。该菌对热和常规消毒剂的抵抗力弱，70℃ 20min，0.3％来苏儿等消毒剂 15～20 min 可将其杀死。但该菌在自然环境中的耐受力相对较强。

二、宿主范围

鸡白痢沙门氏菌具有严格的宿主特异性，虽然多种禽类（如鸡、火鸡、鸭、雏鹅、珠鸡、野鸡、鹌鹑、麻雀和鸽等）都有自然感染本菌的报道，但本菌主要引起鸡和火鸡发病，尤其是鸡对本菌最为敏感。各个品种和性别的鸡对本菌均有易感性。

三、传播方式

本菌可经种蛋垂直传播，尤其是排卵之前卵泡中若已经感染鸡白痢沙门氏菌，则其后代中母鸡所产蛋带菌率比较高。本菌也可通过被污染的饲料、饮水、笼具、疫苗等多种途径进行水平传播。本菌在鸡群中还可通过皮肤伤口、啄食带菌蛋和感染鸡互啄而传播。在不同鸡场和鸡舍之间有来回走动的饲养员、免疫员、参观者等，如果不做好消毒工作，也可以携菌传染给健康鸡群。另外，鼠、苍蝇、野鸟、哺乳动物和昆虫可成为本菌的传染源和传播者。饲养管理不善，鸡群过于密集，环境卫生恶劣，空气潮湿以及存在着其他病原的感染，都会加剧鸡白痢的暴发，增加死亡率。

四、临床症状

雏鸡和成鸡感染鸡白痢沙门氏菌后的临床症状常有显著差异。火鸡的临床表现与鸡相似。

雏鸡：那些蛋内感染者大多在孵化过程中死去或孵出病弱雏，但出壳后不久也死亡，通常见不到明显症状。出壳后的感染者多发病于4～5日龄，常呈无症状急性死亡。7～10日龄者发病日渐增多，至2～3周龄达到高峰。病程稍长者常见精神沉郁，绒毛松乱，怕冷扎堆，食欲下降甚至废绝。特征性表现是排白色糊状稀粪，沾污肛门周围的绒毛，有的因粪便干燥封住肛门而影响排粪，并时常发出尖锐的叫声。如果累及肺部，还会出现呼吸困难等症状。有些病鸡还会出现眼盲或关节肿胀，跛行等症状。病程一般为4～10d，死亡率一般为40%～70%或更多。3周龄以上发病的鸡较少死亡。但耐过的病雏多生长发育不良，成为带菌者。

成鸡：一般呈慢性经过，无任何可见症状或仅出现轻微的症状。病鸡表现精神不振，冠和眼部黏膜苍白，食欲降低，但饮水增加，常有腹泻，有些因卵巢或输卵管受到侵害而导致卵黄性腹膜炎，出现"垂腹"现象，母鸡的产蛋率、受精率和孵化率下降，死淘率增加。

鸡白痢沙门氏菌感染成年母鸡后，其产蛋畸形率明显提高，蛋壳色泽明显由深棕色变为浅色，导致蛋壳质量下降，不合格种蛋数量增加；对其种蛋受精率有极显著影响，且显著地增加了孵化过程中的死胎率，降低了受精蛋的孵化率；鸡白痢阳性母鸡后代雏鸡死亡率极显著地高于阴性母鸡。鸡白痢还对母鸡后代雏鸡的体重产生影响，3 周龄阳性组体重极显著低于阴性组。杨晓谷等（2011）报道鸡白痢阳性组的蛋鸡其 18 周内平均产蛋率比阴性组降低 13.1%，入孵率降低 2.6%，17 周死淘率升高 0.43%。此外，鸡白痢还对母鸡后代雏鸡的体重产生影响，3 周龄体重阳性组极显著低于阴性组。

五、流行概况

在许多发展中国家，如墨西哥、阿根廷、印度、巴西和中国，鸡白痢仍是禽类的主要威胁之一。在一些发达国家和地区，如美国、欧洲，因其普遍具有现代化的饲养设施及相对完善的疫病控制方案，鸡白痢发病较为少见，但仍难以完全根除。在 20 世纪 30 年代，由于鸡白痢给美国养禽业造成了巨大的经济损失，因此美国《国家家禽遗传改良计划》得以启动实施，其最初目的是将鸡白痢从商品化鸡群中清除出去。通过数十年的努力，目前美国绝大多数州的商品鸡群已经宣布为无鸡白痢-禽伤寒。但至今仍有少数几个州的庭院家禽和少数火鸡群中检测出鸡白痢阳性。尽管美国《国家家禽遗传改良计划》仍在继续实施当中，但这并不能保证许多庭院家禽和野生禽鸟中不携带鸡白痢沙门氏菌。

根据世界动物卫生信息系统（The World Animal Health Information System，WAHIS）2005—2016 年收集的数据显示，鸡白痢在 2010 年日本和 2011 年荷兰出现过暴发。2010 年 7 月 16 日，日本京都暴发鸡白痢，虽然未出现临床症状，但经细菌分离和血清学检测确证为鸡白痢沙门氏菌感染，且暴发次数达 10 次，危及禽类 3 589 只，出现病例 22 例。首次暴发事件后，与之流行病学相关的 60 个养殖场都进行了血清学检测，共计销毁阳性禽 1 163 只。2011 年 7 月 2 日荷兰上艾瑟尔暴发鸡白痢，虽然仅暴发 1 次，但危及禽类 36 450 只，出现病例 14 400 例，且表现出相应的临床症状，所有被危及的鸡全部扑杀。

近几年来，鸡白痢在种鸡中有蔓延的势头。周廷宣等（2007）采用全血平板凝集试验对重庆市某种鸡场 1 113 只 3 月龄后备种鸡进行鸡白痢抗体检测，其阳性率为 10.3%。吴萍萍等（2008）对安徽省宣城地区的 992 份种鸡血清进行了现场检测，结果显示该地区种鸡群中鸡白痢阳性率为 10.9%，其中母鸡阳性率为 10.6%，公鸡阳性率为 11.2%。江浩等（2013）对遵义市 2 个种鸡场的 2 255

只种鸡进行鸡白痢检测，结果发现弱阳性、阳性、强阳性的鸡分别占总数的17.03％、3.81％和9.89％，总感染率为30.73％。从贵州西南地区3个鸡场中随机抽取97份血样进行检测，鸡白痢阳性率为13.4％。另据报道，一些地区种鸡的鸡白痢阳性率可高达20％，有的甚至高达74％，由此表明鸡白痢在我国不同鸡场中均有不同程度的感染。王红宁等（2016）对我国蛋鸡场采用平板凝集试验进行沙门氏菌污染情况检测，结果表明鸡白痢阳性率为0～45％。时倩等（2011）应用全血平板凝集试验对江苏太仓广东温氏家禽有限公司某种鸡场的5 133只新兴黄鸡进行了鸡白痢检测，抗体阳性检出率为2.7％。通过为期40d的跟踪试验，发现在相同的饲养环境下，鸡白痢抗体阳性鸡群的生产性能在不同程度上低于阴性鸡群，其鸡白痢阳性带菌鸡群的产蛋率、受精率、孵化率分别低于鸡白痢阴性鸡群。刘洋等（2017）通过对北京、宁夏、河南、广东、广西、江苏和河南等地的8个蛋鸡或肉鸡种鸡场进行调研，发现各个种鸡场尽管净化方案不同，但主要采用平板凝集试验，一个世代的淘汰率为0.7％～2.62％。Wang HN等在蛋鸡育雏场2～3周龄发生死亡鸡群中分离出鸡白痢沙门氏菌，用SPF鸡进行了致病性试验和细菌全基因组测序，表明目前仍有致病力强的鸡白痢沙门氏菌引起雏鸡死亡。

第二节　防控策略

一、做好定期检测及淘汰阳性鸡工作

鸡白痢主要由带菌母鸡产出带菌蛋，孵出病雏，病雏的分泌物和排泄物污染饲料、饮水、土壤、垫草，健雏采食污染的饲料和饮水等经消化道感染，从而使本病在鸡群中代代相传。因此，在种鸡群中要定期进行鸡白痢检疫（鸡白痢全血平板凝集试验、鸡白痢沙门氏菌分离鉴定或特异性PCR检测），及时淘汰阳性鸡，以实现鸡群净化。在90～120日龄，采用全血平板凝集试验检测沙门氏菌抗体，应按照NY/T 536—2017的规定进行。曾祖代100％进行检测，祖代鸡抽检比例≥30％，若抗体阳性率高于0.5％，则100％进行检测。父母代检测比例如下：养殖规模≥30万只，按3％比例抽检；10万只≤养殖规模＜30万只，按

4%比例抽检；10万只以下养殖规模，按5%比例进行抽检。所有抗体阳性鸡或可疑阳性鸡参照 NY/T 2838—2015 中规定的微量凝集法进行第 2 次抗体复检，2 次均呈抗体阳性，则淘汰。因全血平板凝集试验有一定局限性，故推荐第 2 种方法：对 14～21 日龄雏鸡，90～120 日龄转群鸡（每次不低于 200 份鸡粪样品），开展鸡白痢沙门氏菌分离鉴定或沙门氏菌 PCR 检测，淘汰有鸡白痢沙门氏菌感染的鸡。通过定期检测并及时淘汰阳性鸡，可清除鸡群内的带菌鸡与慢性患病鸡，建立和培育无白痢病的种群鸡。

二、做好种蛋的消毒工作

孵化用的种蛋必须来自鸡白痢凝集试验阴性的母鸡和公鸡。种蛋及时收集，入孵前应先做好种蛋消毒，同时，对孵化器、蛋盘、出雏盘等孵化用具进行熏蒸消毒。种蛋消毒后应立即上孵或放入无菌的房间及容器中，以防污染。每次孵化出雏完毕后，必须将蛋盘、出雏盘及水盘等冲洗干净晾干后，放入孵化机内进行熏蒸消毒，以备下次孵化之用。熏蒸消毒可用过氧乙酸、百毒杀替代甲醛。

三、做好鸡舍及周围环境的消毒

首先应将舍内的墙壁、地面、育雏舍、饲料槽、饮水器和饲养工具等清扫、冲洗干净，然后用 3%氢氧化钠溶液、0.5%百毒杀溶液交替喷雾消毒 2～3 次。育雏舍门口要设有消毒池，池内可注入 0.5%过氧乙酸或 0.5%百毒杀溶液，定期更换 1 次消毒液。此外，鸡舍外 6m 以内的范围也要清扫消毒，才能确保舍内的消毒效果。实践充分证明：切实做好鸡舍及周围环境的消毒工作，可大大减少鸡感染发病的机会。对于全封闭鸡舍，建议对空气细菌总数进行测定，空气细菌总数 25 000CFU/m³ 为达标，确定消毒的间隔时间和剂量。

四、做好雏鸡的饲养管理工作

本病的发生与饲养管理有密切的关系。鸡群饲养密度大、育雏温度低、育雏舍潮湿、环境卫生差、通风不良和饲料营养不全等因素，均可促进鸡白痢的发生与流行。因此，在育雏期间，必须对雏鸡群实行科学的饲养管理，给雏鸡饲喂优质的全价饲料，适当添加多种维生素和微量元素，以满足雏鸡生长发育的营养需要；最好通过密闭管道喂料，避免散装或袋装料受到鼠的污染。要根据雏鸡的日龄及时调整育雏的温度、湿度和密度；经常清除粪便，勤换垫料，尤其是饮水器边的潮湿垫料，保持育雏舍的卫生、干燥和通风良好；采取有效措施，减少或消除各种应激因素对雏鸡群的影响、干扰。此外，辅以必要的药物防治（预防性的投药），以便提高雏鸡群的抗病力，有助于控制发病，减少死亡，应根据药敏试验结果选择敏感药物投药预防，选择敏感药物在雏鸡1日龄开始，进行3～5d预防性投药。同时也可预防其他细菌性疫病的发生。总之，只要提倡科学养鸡，对雏鸡加强精细的饲养管理，多检查观察鸡群的精神状况，切实做好各步细节工作，就能最大限度地减少鸡白痢的发生，提高育雏成活率。

五、做好引进种鸡的管理工作

引进种鸡时，一定要确定来自健康鸡群（鸡场），同时必须详加了解该场的饲养管理情况并进行严格的检疫（检疫可杜绝病原的传入），经检疫合格的方可引进。

六、鸡群防治

一旦雏鸡群中发生白痢时，要认真做好隔离、封锁和消毒工作。及时淘汰病雏鸡，病死鸡尸体进行焚烧深埋处理。对尚未发病的育雏、育成鸡、种鸡，应根据药敏试验结果选择敏感药物投药预防和治疗，投药会引起鸡蛋残留抗生素，影响蛋品安全，配合良好的饲养管理、卫生消毒和减少各种应激反应，可缩短疗程，提高疗效，促进鸡群的迅速康复。

第三节　监测技术

目前已发现的沙门氏菌血清型近3 000个，其中鸡白痢沙门氏菌在世界范围内广泛分布，尤其是发展中国家面临着严重的威胁。鸡白痢是由鸡白痢沙门氏菌引起的疫病，对家禽养殖业造成了严重的经济损失。感染鸡白痢沙门氏菌的鸡场很难仅通过药物预防和治疗来彻底清除该病。因此，在严格生物安全基础上，实行定期检测并不断淘汰阳性鸡，是目前防控与净化鸡白痢最有效的措施。

鸡白痢的确诊通常需要对鸡白痢沙门氏菌进行分离鉴定。目前包括我国在内的多个国家对该病的检测和诊断仍主要采用传统的细菌学方法，但细菌的培养分离操作步骤多，生化反应类型复杂，使鸡白痢的检测过程显得较为烦琐、耗时、费力，不能满足日益迅速发展的家禽及其产品的贸易需求。国内外学者在传统检测方法的基础上进行了大量研究，建立了血清学、免疫学、分子生物学等多种检测沙门氏菌的方法。目前常用的方法主要有：

一、细菌学检测

鸡白痢常造成鸡全身感染，首选肝脏、脾脏、盲肠进行细菌分离，其分离率较高，病变的心脏、肺脏、肌胃、卵黄囊等分离细菌也较可靠。鸡白痢沙门氏菌的分离参照食品安全国家标准 GB 4789.4—2016《食品微生物学检验　沙门氏菌检验》和农业行业标准 NY/T 2838—2015《禽沙门氏菌病诊断技术》。先取内脏组织、粪便等样品于缓冲蛋白胨水（BPW）中 37℃ 摇动培养 8～18h 进行预增菌，再分别取 1mL 上述混合物转种于 10mL 四硫磺酸盐煌绿增菌液（TTB）和 10mL 亚硒酸盐胱氨酸增菌液（SC）中 42℃ 培养 18～24h 进行增菌，最后再取 1 环增菌液划线接种于选择培养基上培养（包括 BS 琼脂平板、XLD 琼脂平板或沙门氏菌属显色培养平板），观察菌落形态，呈典型沙门氏菌特征者继续进行革兰氏染色和显微镜观察。细菌学检测方法可直接根据菌落的形态特征分离并初步鉴定鸡白痢沙门氏菌，即使病料被严重污染，也能按菌落特征分离出来，且分离率较高。

鸡白痢沙门氏菌疑似菌落分离纯化后需进一步进行生化特性鉴定，该方法是根据细菌各自产生不同的生化反应来进行鉴定。传统的生化鉴定，首先应挑取单个典型或可疑菌落接种于三糖铁琼脂（TSI）斜面上，并进行底层穿刺，同时直接接种于赖氨酸脱羧酶试验培养基和营养琼脂平板，以对沙门氏菌进行初步判断，再挑取营养琼脂平板上的典型菌落，稀释成合适浊度的菌悬液，利用生化鉴定试剂盒或全自动生化鉴定仪进行鉴定。得到的沙门氏菌应具有如下的生化特性：可发酵阿拉伯糖、葡萄糖、甘露醇，不发酵乳糖、蔗糖和水杨苷，不发酵卫矛醇，偶尔发酵麦芽糖，产酸、产硫化氢，VP（一）、MR（弱＋）、吲哚（一）等。生化鉴定是鉴别鸡白痢沙门氏菌和鸡伤寒沙门氏菌有效可靠的方法，尽管两者生化反应的相同点多于不同点，但在实践中仍较为常用，值得注意的是，有些菌株具有抗原变异的现象，故个别生化鉴定结果不唯一，特别体现在有无气体产生上。进一步参照食品安全国家标准 GB 4789.4—2016 对疑似菌进行血清型鉴定，最终判定结果。细菌学检测是诊断沙门氏菌的"金标准"，但其检测过程相对烦琐，往往需要好几天才能得出结果。

二、血清学检测

血清学检测是利用抗原抗体能够特异性结合而形成丛状或凝集现象的一种检测方法。目前检测沙门氏菌的唯一官方标准就是血清学方法中的凝集试验，包括全血平板凝集试验（PAT）、血清平板凝集试验（SPAT）等，具有廉价、可操作性强、快速的特点，故血清学方法在临床上应用十分广泛。

（一）全血平板凝集试验

国内大部分鸡场检测沙门氏菌时多采用全血平板凝集试验，所用的凝集抗原为染色抗原。全血平板凝集反应是在洁净的玻璃板上，滴上鸡白痢抗原 1 滴（约0.05mL），立即用针头刺破鸡肱静脉，用移液枪吸取 0.05 mL 加入抗原中充分搅匀，轻轻摇动玻璃板，一般在 15s 内出现反应。在 2min 以内出现 50％以上凝集者为阳性反应。混匀后若立即出现大而明显的凝集颗粒，则为强阳性；若大小颗粒都有，或摇晃后才开始出现凝集颗粒，则为中阳性；若静置后才出现，且颗粒较小，或像流沙，则为弱阳性；若无凝集颗粒则为阴性。做此检测应注意以下几点：①检测应在室温 20～25℃条件下进行。凝集的染色颗粒应在混合的液面上，在液面下的平板上的无色颗粒不是反应颗粒。检测用抗原应置于 2～8℃冷暗处保存，使用时应回复到室温后方可检测，使用过程中要保持抗原处于悬浮液状态；②要注意采血针头与移液枪枪头的更换与消毒，防止交叉感染，可用酒精灯火焰消毒；③要在检测前对鸡舍内部环境彻底清理消毒，保证检测的准确性。检测一般要在产完蛋当日 14 时后进行；④检测前饲料及饮水中不能加入抗菌药物，避免抑制抗体产生，造成阳性鸡漏检。全血平板凝集试验对操作环境要求不高，简单易行且检出率较高，在生产实践中应用较多。值得注意的是全血平板凝集反应的诊断抗原更适用于产蛋母鸡和1年以上的公鸡，而对幼龄鸡敏感性较差；此外，一些与沙门氏菌抗原相同或相近的细菌，如副伤寒沙门氏菌、大肠杆菌、微球菌及兰氏分类的D群链球菌等，它们占非白痢阳性反应的大部分，故容易错检；最后，鸡伤寒沙门氏菌与鸡白痢沙门氏菌感染难以用血清学试验进行区分，凝集试验主要用于检出带菌者，而对鸡白痢的确诊仍需做进一步的鉴定。

（二）血清平板凝集试验

由于全血平板凝集试验的灵敏度具有一定的局限性，容易漏检抗体效价较低的阳性个体，因此，血清平板凝集试验也被广泛使用。蒋维维等曾通过检测1万只鸡的血清和全血样品，发现血清样品鸡白痢的阳性检出率普遍高于全血平板凝集试验的阳性检出率；晏志勋等通过对比全血与血清平板凝集试验检测鸡白痢，发现血清平板凝集试验的阳性检出率高于全血平板凝集试验，且利用血清平板凝集试验检出的阳性个体包含了全血平板凝集试验检出的全部阳性个体，认为在鸡白痢净化过程中，血清平板凝集法的敏感性高于全血平板凝集法。其操作方法与全血平板凝集试验大致相同，只是多了析出血清这一步。血清平板凝集试验较全血平板凝集方法特异性更强，阳性检出率更高，稳定性更好，因此采用血清平板凝集试验更有利于鸡白痢的净化。值得注意的是血清平板凝集试验相对全血平板凝集试验而言，操作更为复杂，工作量增加，时间延长，因此，对于规模较大的种鸡场，可在鸡白痢净化初期，考虑采用全血平板凝集的方法，当阳性比例降低到较低水平或后期检不出阳性个体时，再采用血清平板凝集方法进行检测，也可在某个特定阶段或某些核心鸡群中采用血清平板凝集试验的方法，加速鸡白痢的净化。

三、分子生物学检测

常用的鸡白痢分子生物学检测方法包括聚合酶链式反应（PCR）、多重PCR、环介导等温扩增技术（LAMP）等。

（一）直接 PCR 检测法

与传统的鸡白痢检测方法相比，PCR 具有快速、灵敏、特异等优点，特别是在高通量筛选下，有助于沙门氏菌血清学分型。Xiong D 等根据沙门氏菌鞭毛

上特异的 $flhB$ 基因建立了一步法 PCR，通过对 27 种不同血清型的沙门氏菌及 8 种非沙门氏菌进行检测，结果显示沙门氏菌能显示出 1 条大小为 182bp 的特异性条带，且该方法能检测到的最小 DNA 浓度为 5.85pg/μL，最少细菌量为 10CFU。张童利等通过对 GenBank 中鸡白痢沙门氏菌、鸡伤寒沙门氏菌和肠炎沙门氏菌全基因组的生物学分析，确定了以 SEEP17495 基因来检测沙门氏菌，结果显示仅沙门氏菌能扩增出 1 条大小为 356bp 的特异性条带，且该方法能检测到沙门氏菌的最小菌液浓度为 10^3CFU/mL，其他血清型的沙门氏菌及其常见的非沙门氏致病菌扩增结果均为阴性。Xu L 等对中国 1962—2016 年间 650 株沙门氏菌分离株进行研究，发现其中 644 株均具有 ipaJ 基因，其余 6 株因缺乏 pSPI（毒力岛）12 为阴性，并以此构建了沙门氏菌的快速 PCR 方法，能特异性的扩增出 1 条大小为 741bp 的目的条带，该方法能够良好地区分鸡白痢沙门氏菌与鸡伤寒沙门氏菌，并具有较高的特异性和灵敏性，能检测到的最小 DNA 浓度为 90fg/μL，最小细菌量为 10^2CFU。有研究报道，基于细菌全基因组分析，找到了沙门氏菌基因组特异靶点，研制出了可以同时检测沙门氏菌属和区分鸡白痢沙门氏菌的 PCR 方法，该方法已申报国家发明专利，并已进入新兽药证书申报流程，有望实现产品市场化推广。

（二）多重 PCR 检测方法

与直接 PCR 相比，Chamberian 等提出的多重 PCR 方法能够在同一反应中同时检测多个目的基因，可以简化操作步骤，减少污染概率，提高检测的实效性，是一种更为简便、快速、敏感性高的诊断方法。Xiong D 等利用 3 种特异性基因（其中 $tcpS$ 存在于都柏林沙门氏菌、肠炎沙门氏菌、鸡白痢/鸡伤寒沙门氏菌中；$lygD$ 仅存在于肠炎沙门氏菌中；$flhB$ 仅存在于鸡白痢/鸡伤寒沙门氏菌中）建立了多重 PCR 方法，该方法能检测到沙门氏菌的最小 DNA 浓度为 58.5 pg/μL；杨帆等（2015）以沙门氏菌属、鸡白痢沙门氏菌和肠炎沙门氏菌的特异性基因（$invA$、$fliC$、$sdfI$）设计引物，通过优化反应条件，其回收产物可分别在 304bp、600bp、706bp 处获得对应的特异性条带；杨林等（2014）根据沙门氏菌属特异性基因（hut、495bp）、肠炎沙门氏菌（$SdfI$、304bp）、鼠伤寒沙门氏菌（Spy、401bp）、鸡白痢沙门氏菌（$glgC$、252bp），鸡伤寒沙门氏菌（$glgC$、252bp 和 $speC$、174bp）的血清型特异性基因分别设计引物，建立了 mPCR 方法，可同时检测鉴定肠炎沙门氏菌、鼠伤寒沙门氏菌、鸡白痢沙门氏菌及鸡伤寒沙门氏菌，其中检出沙门氏菌的敏感性、特异性、符合率分别为100%、94.6%、96.4%，最低细菌量为 3×10^3 CFU，最低 DNA 浓度为214pg/μL。

（三）环介导等温扩增技术

环介导等温扩增技术是 Notomi 等发明的一种较新颖的恒温核酸扩增方法。和传统 PCR 相比，环介导等温扩增技术不需要进行高温变性过程，可直接通过肉眼观察结果。不仅降低了对实验仪器的要求，同时能节省时间，降低了使用同位素带来的污染，还可实现高通量检测。Fan 等构建了一种检测组织沙门氏菌的环介导等温扩增技术方法，在细菌低拷贝数的前提下，其灵敏度比 RT-PCR 高10 倍，同时还缩短了 3h 的检测时间，大大提高了检测的灵敏度。程菌等（2014）基于 $fimY$ 基因建立了沙门氏菌的环介导等温扩增技术检测方法。目前环介导等温扩增技术也存在一些缺点，如对引物设计要求较高、具有较高的假阴性率、对目标靶序列长度要求短等，暂时不适宜在鸡场等基层推广。

（四）全基因组测序

近年来，全基因组测序广泛应用于病原菌的监测中，全基因组测序理论上能够分辨 2 个几乎完全相同基因组之间的单个碱基差异。通过对比分析细菌基因组的单核苷酸多态性（SNPs），可以确定不同分离株之间的流行病学关联性，并可以推演细菌在过去几年或者几个月内的进化过程。目前，该方法已广泛应用于重要病原菌的演化追踪。随着基因组测序成本的进一步降低，未来全基因组测序可能会成为病原菌监测的常规手段，广泛用于病原菌溯源。有条件的种鸡场可采用全基因组测序对分离的鸡白痢沙门氏菌进行溯源，以确定鸡白痢沙门氏菌污染来源，为种鸡场鸡白痢净化关键风险点的控制提供科学依据。

第四节　风险点控制

种鸡感染鸡白痢后，如果检疫净化工作不力，就会影响成年鸡的生产性能。带菌鸡一般是以损害生殖系统为主的慢性或者为隐性感染为特征。由于感染鸡长期带菌，产出被感染的受精蛋，不但可以把此病传染给后代，而且这些被感染的蛋内含有大量的病菌，对有啄蛋癖的鸡也是一个重要的传染源。感染母鸡产的蛋在孵化过程中通过蛋壳、羽毛等扩大传染，使病菌发育增殖，造成有的鸡胚死亡，有的在孵化后发生败血症死亡，还有未发病或耐过的雏鸡又成为带菌鸡。由于带菌蛋在孵化过程中污染了孵化器，因此，多数雏鸡一出壳就感染了鸡白痢，这是危害最大的传播方式，严重影响雏鸡的成活率，给养鸡场（户）造成极大损失。

一、种鸡场的建设

隔离是阻断病原通过各种途径侵入鸡群最有效的措施，按照作用的不同，分为横向隔离和纵向隔离。横向隔离主要阻断养殖场与外界，不同养殖场之间和同一养殖场不同防疫区之间的水平传播。纵向隔离主要指同一防疫区内不同批次鸡群之间的隔离措施。场址应选择在地势较高、干燥平坦、排水良好和向阳背风地方。防止场区受到周围环境污染或污染周围环境，选址时应远离村庄、居民区、家禽屠宰场、兽医站和集贸市场。从防疫的角度，场址应充分利用自然地形地貌，如利用原有林带树木、山岭、河谷等作为天然屏障。在场区内根据不同区域（或范围）能否与鸡群直接或间接接触的概率或距离把场区分为 3 级防疫区。即一级为鸡舍，能与鸡群直接接触；二级为生产区（鸡舍除外），与鸡群间接接触，离鸡群较近；三级为生活区，与鸡群间接接触，距离较远。

要从经过检疫净化的、卫生防疫条件好、无主要疫病的种鸡场引种；种鸡场的布局要合理，鸡群实行全进全出制度；做好输精环节的设施配置和技术规范，选择有责任心的输精员，严格消毒，防止水平传播。

二、饲料和饮水

采购的饲料原料必须符合微生物检测指标。不将动物性蛋白饲料，如鱼粉、肉骨粉、羽毛粉、血粉等做为饲料原料，要注意饲料质量和存放条件及时间，避免饲料受潮变质，避免病原微生物污染饲料。为改善肠道环境，有时需加喂饲用酵母、微生态制剂，以调理肠道，减少沙门氏菌的生存环境。

三、做好常规消毒

制定合理的免疫程序，做好免疫接种工作，预防其他疫病的发生。鸡舍常规消毒需定期筛选有效消毒剂，消毒后每隔 12h 监测鸡舍内细菌总数，以空气中细菌数不超过 25 000CFU/m³ 为合格，并根据鸡场实际测定情况以及实验室测定结果制定出个性化的鸡舍常规消毒程序。做好鸡群、鸡舍常规消毒的同时，应特别注意孵化场的消毒工作。由于蛋壳表面附着的细菌，在适当的温度和湿度下，经过 2h 即可通过蛋壳上的气孔侵入蛋内，因此，孵化用种蛋应尽快收集并及时消毒，同时对孵化器、蛋盘、出雏盘等用具每次孵化前后必须清洗消毒。孵化室也要定期进行消毒，特别是在入孵后开机前、18～19 日胚龄落盘时、出雏达 50％时，要在孵化器内进行熏蒸消毒。

四、做好检疫净化，淘汰阳性鸡

鸡白痢检疫净化是种鸡场保证鸡群健康，提高种蛋、雏鸡产品质量的关键措施之一。目前，大多数鸡场均采用鸡全血平板凝集试验的方法进行鸡白痢检测，此方法操作简便，但有一定局限性。此外，还可对 14～20 日龄雏鸡开展鸡白痢沙门氏菌分离鉴定或沙门氏菌 PCR 检测，及时淘汰阳性鸡，建立鸡白痢阴性鸡群。

第五节　净化程序

鸡白痢在使用药物治疗时易产生耐药性，国内市场上暂时还没有经批准的疫苗产品可供使用。因此，控制鸡白痢最有效的方法就是对种鸡群实施净化。《国家中长期动物疫病防治规划（2012—2020 年）》指出，全国种鸡场沙门氏菌病应在 2020 年净化完成，禽沙门氏菌病主要关注鸡白痢的净化。1935 年起，美国实施了家禽改良计划，通过平板凝集试验检测鸡群中鸡白痢抗体阳性个体，净化效果明显。目前，英国只有 4 个地区的鸡白痢和鸡伤寒没有完成净化。欧盟主要采取病原分离的方法控制沙门氏菌感染，按照欧盟人畜共患病 92/117 号法令规定，对于多于 250 只鸡的种鸡群需要定期进行细菌学监测，血清学方法只有在结果等同于细菌学方法时才能采用。近几年，国内种鸡场也通过平板凝集试验筛选、淘汰抗体阳性鸡，开展了本场鸡白痢和鸡伤寒的净化工作。

鸡白痢能通过种蛋传递，垂直传播，且损害种鸡生殖系统，从而影响种鸡产蛋率，导致雏鸡育成率降低，并影响人类健康和蛋产品质量，对种鸡场造成的经济损失巨大。因此，必须彻底净化种鸡场鸡白痢，提高种鸡场的经济效益。对于种鸡场鸡白痢的净化应采取以下措施。

一、严格把关种鸡引进

种鸡场在引进雏鸡或种蛋前，要了解供种场的鸡白痢净化情况，从质量和信誉好的鸡场引种。入孵种蛋应来自无鸡白痢的鸡群。

二、加强种蛋的消毒

通过种蛋传播是鸡白痢沙门氏菌的主要途径。带菌种蛋孵化出壳后，种蛋壳会含有大量的鸡白痢沙门氏菌，当蛋放在垫料或地面上时，很容易被鸡白痢沙门氏菌所污染，使健康雏鸡吸入后感染。因此，产蛋箱应经常保持干净，每天 2 次收集种蛋，置于冷库保存。1 周内入孵且入孵前需用 0.1% 新洁尔灭溶液浸蛋 5 min，晾干后入孵化器熏蒸消毒 30 min。

孵化场要保证以下环节的清洁、卫生与消毒：蛋库→孵化室→孵化器→孵化盘→出雏室→出雏器→出雏、免疫人员→注射器械→运雏车。对蛋库、孵化室的所有仪器、器具做好清洗、消毒工作；严格做好种蛋的熏蒸消毒，孵化前也应进行消毒。

三、严格消毒鸡舍

在鸡进入鸡舍时，用 2% 烧碱溶液消毒地面，10% 新鲜石灰乳刷墙，对于全封闭鸡舍，建议对空气细菌总数进行测定，确定消毒的间隔时间和剂量。

四、加强饲养管理

实行严格的封闭式饲养制度，需要消毒才能进入鸡场。保证鸡舍的环境良好。做好平时的疫病监测工作，种鸡场要建立完整的鸡群疫病防疫档案，详细记录疫病发生及防治情况。

五、进行严格的检疫净化

（一）种鸡场鸡白痢净化程序

1. 鸡白痢沙门氏菌抗体监测   种鸡场从无鸡白痢鸡场引种后，在 90～120 日龄，采用全血平板凝集试验检测沙门氏菌抗体，应按照 NY/T 536—2017 的规定进行。曾祖代 100％进行检测，祖代鸡抽检比例≥30％，若抗体阳性率高于 0.5％，则 100％进行检测。父母代检测比例为：养殖规模≥30 万只，按 3％比例抽检；10 万只≤养殖规模＜30 万只，按 4％比例抽检；10 万只以下养殖规模，按 5％比例进行抽检。所有抗体阳性鸡或可疑阳性鸡参照 NY/T 2838—2015 中规定的微量凝集法进行第 2 次抗体复检，2 次均呈抗体阳性，则淘汰。若抗体阳性率高于 5％，则抽检比例升至 30％，淘汰阳性鸡。

执行标准：可参照 NY/T 536—2017《鸡伤寒和鸡白痢诊断技术》（附件 1）。

方法：采用平板凝集试验或试管凝集法检测血清。

判定标准：祖代种鸡场鸡白痢血清学阳性率低于 0.5％；种公鸡的鸡白痢血清学全部为阴性，连续 2 年以上无临床病例，即认为达到鸡白痢净化状态。父母代种鸡场鸡白痢血清学阳性率低于 1％；种公鸡的鸡白痢血清学全部为阴性，连续 2 年以上无临床病例，即认为达到鸡白痢净化状态，可按照程序申请净化评估。

2. 14～21 日龄和 90～120 日龄粪便中鸡白痢沙门氏菌检测   对 14～21 日龄雏鸡，90～120 日龄转群前后（每次不低于 200 份鸡粪样品），开展鸡白痢沙门氏菌分离鉴定或沙门氏菌 PCR 检测，确定是否有鸡白痢沙门氏菌感染。

判定标准：种鸡场连续 3 批次鸡白痢沙门氏菌分离率或 PCR 阳性率低于 0.5％；连续 2 年以上无临床病例，即认为达到鸡白痢净化状态，可按照程序申请净化评估。

（二）鸡场沙门氏菌抗体阴性鸡群的维持

种鸡场达到禽白血病净化状态或通过农业农村部评估认证后，可开展维持性监测。原种鸡场从逐只鸡分离病毒改为在开产后按一定比例（如5％～10％）检测血清抗体和蛋清 p27 抗原，如无阳性，可逐年减少检测比例；祖代代和父母代鸡场从无鸡白痢鸡场引种连续 2 年，可按 5％～10％比例进行维持性监测。

1. 种鸡场空栏期消毒及鸡白痢沙门氏菌监测　引进雏鸡前对鸡舍及周边环境进行系统消毒，消毒后采集鸡舍内墙角、鸡笼、地面棉拭子样品进行总菌数计数及鸡白痢沙门氏菌分离鉴定，评估舍内消毒效果。同时采集鸡舍外饮水、周边土壤、鼠、苍蝇、鸟类等样品，评估鸡舍周边鸡白痢沙门氏菌感染风险。

2. 饮用水微生物指标检测　需对鸡群饮水进行检测，每 3 个月检测 1 次。饮水取样方法按照 GB/T 5750.2—2006《生活饮用水标准检验方法　水样的采集与保存》进行，对沙门氏菌的检测方法按照 GB 4789.4—2016《食品安全国家标准　食品微生物学检验　沙门氏菌检验》和 NY/T 2838—2015《禽沙门氏菌病诊断技术》进行。对不达标的饮水通过净化处理，使饮水达到 NT 5027—2008《无公害食品　畜禽饮用水水质》要求。必要时不同种鸡场水的净化处理方案根据实际情况，通过实验确定。

3. 饲料中沙门氏菌检测　监测每批蛋白类饲料原料和饲料成品。饲料采样方法按照 GB/T 14699.1—2005/ISO 6497：2002《饲料　采样》进行，对沙门氏菌进行检测。对合格原料和成品不需要进行处理。不合格原料和成品不能使用。

4. 空气中细菌总数检测　空气中细菌数不超过 25 000CFU/m³ 为合格。鸡场根据实际情况并结合实验测定结果，制定个性化的消毒程序。

5. 沙门氏菌抗体监测　采用全血平板凝集试验对沙门氏菌抗体进行检测。祖代、父母代淘汰阳性鸡，可将商品代阳性鸡在隔离条件下饲养。

（三）生物安全体系

1. 设施设备

（1）结构布局　种鸡场规划布局应符合《动物防疫条件审查办法》中相关要求。场址应处于交通方便、远离居民区、生活饮用水源地、畜禽生产场所和相关设施如动物诊所、活禽交易市场和屠宰场等，远离集贸市场和交通要道以及大型湖泊和候鸟迁徙路线，选择利于鸡舍保温和通风的较高地势，选择上风向位置，鸡舍周围保持良好的卫生状况。

种鸡场建设应按中华人民共和国农业工程建设标准《种鸡场建设标准》要求进行，生活区、生产区、污水处理区、病死鸡无害化处理区分开，各区相距不少于 50 m；鸡舍布局合理，育雏舍、育成舍、种鸡舍、孵化室和隔离舍等分别设在不同区域，鸡舍相互距离不少于 15 m。

（2）防疫设施设备　开展动物疫病净化的种鸡场应配备必要的防疫设施设备，以满足生产和防疫的需要。对关键的设施设备应建立档案，按计划开展维护和保养，确保设施设备的齐全完好，保存相关记录。

种鸡场应设置自然或人工屏障与外界有效隔离，防止外来人员、车辆、动物随意进入鸡场。种鸡场鸡舍应有防鸟、防鼠措施和设施，种鸡场应设置明显的防疫标志。种鸡场生产区门口应设置人员消毒设施，采取喷淋、雾化、负离子臭氧消毒或其他更有效的方式。开展疫病净化的种鸡场宜采用较为严格的沐浴、更衣、换鞋以及配合喷淋、雾化或负离子臭氧消毒的综合消毒方式，或其他更有效的方式，确保进入生产区人员的消毒效果。

种鸡场应配套日常物品消毒设备和水源消毒设备，每一栋鸡舍门口应设置消毒池，鸡舍入口应配有消毒盆，供出入鸡舍人员洗手消毒，必要时，种鸡场宜配备火焰消毒设备。

（3）兽医室　种鸡场应设置兽医室，配备必要的实验室仪器设备，如离心机等，以满足日常诊疗、采样和血清分离工作需要。兽医室的设置应与生产区有效隔离，除非必要，其人流、物流应不可与生产区交叉。种鸡场兽医室应配备与工作相适应的消毒设施设备，确保必要时从兽医室进入生产区的人和物经过有效地消毒处理。

（4）无害化处理设施设备　种鸡场应有无害化处理设施，采用有效方式进行无害化处理。种鸡场应配备处理粪污的环保设施设备，有固定的鸡粪储存、堆放设施和场所，并有防雨、防渗漏、防溢流措施，或及时转运。

（5）生产设施设备　种鸡场应配备相应数量的种鸡舍、育雏舍、育成舍、孵化室和隔离舍等，鸡舍的设计应充分考虑减少用水、便于清粪、利于防疫。种鸡场应尽可能提高喂料、喂水和给药过程的自动化和定量控制水平。种鸡场应配备必要的降温保暖设施，确保各阶段鸡群在较适宜的温度环境下生长。种鸡场应配备相适宜的通风设备，保持鸡舍空气清新，维持舍内温度湿度。鸡场的各类投入品，如饲料、添加剂、药物、疫苗等应分开储存且符合相关规定，应配有专门用于疫苗、兽药保存的冰箱或冰柜。

2. 生产管理措施

（1）档案记录管理　有各种人员培训、生产记录和育种记录，有饲料、兽药使用记录；有完整的防疫档案，包括消毒、免疫和实验室检测记录；有鸡群发病处置记录或阶段性疫病流行情况档案；有完整的病死鸡处理档案，包括具备相应的隔离、淘汰、解剖或无害化处理记录。以上所有档案和记录保存3年（含）以上，建场不足3年的以建场时间计算。

（2）制度管理　建立投入品（含饲料、兽药、生物制品）使用制度，免疫、引种、隔离、兽医诊疗与用药、疫情报告、病死鸡无害化处理、消毒等防疫制度，销售检疫申报制度、产品质量安全管理制度、日常生产管理制度、车辆及人员出入管理制度、疫病净化方案和阳性动物处置方案等。

（3）饲养管理　种鸡场应实行分区饲养和全进全出生产模式，种鸡、孵化、育雏、育成、蛋鸡、后备鸡分群饲养，分别制定饲养标准和防疫程序。根据生产需要对人流、物流、车流实行严格的控制。鼓励有条件的种鸡场实行分点饲养及全进全出的饲养工艺。

3. 生物安全管理

（1）人流物流管理　种鸡场须建立入场和进入生产区的人员登记记录。进入生产区人员须经严格消毒，由消毒通道进入。进出鸡舍时应经消毒池进行脚部消毒和洗手消毒。外来人员禁止进入生产区，必要时，按程序批准和严格消毒方可入内。本场负责诊疗巡查和免疫的人员，每次出入鸡舍和完成工作后，都应严格消毒。尽量减少本场兽医室工作人员和物品向生产区流动，必要时需经严格消毒。

外来物品须经有效消毒后方可进入生产区，外来染疫或疑似染疫的动物产品或其他物品禁止入场。外来车辆入场前应经全面消毒，非经许可批准，禁止进入生产区。外售鸡只向外单向流动。

（2）无害化处理　种鸡场应有无害化处理设施及相应操作规程，并有相应实施记录。对发病鸡群及时隔离治疗，限制流动；病鸡、死鸡及其污染的禽产品应按《病死及病害动物无害化处理技术规范》（农医发〔2017〕25号）的要求采用焚烧法、化制法、掩埋法和发酵法进行无害化处理。

（3）消毒　种鸡场应严格做好人员、车辆、物资进入场区和生产区的消毒。养殖场的消毒设施应定期更换消毒液以保证有效成分的浓度。场区门口消毒设施的常用消毒剂有含氯消毒剂、醛类消毒剂、酚类消毒剂和季铵盐类消毒剂等。

生产区内环境，包括生产区道路及两侧、鸡舍间空地应定期消毒，常用的消毒剂有醛类消毒剂、氧化剂类消毒剂等。

生产区内空栏消毒和带鸡消毒是预防和控制疫病的重要措施。鸡舍空栏后，应彻底清扫、冲洗、干燥和消毒，有条件的鸡场最好在进鸡之前进行火焰消毒。带鸡消毒的消毒剂必须广谱、高效、强力、无毒、无害、刺激性小和无腐蚀性，如碘制剂、氯制剂、离子表面活性剂等。

生活区周围环境应定期消毒，常用的消毒剂有季铵盐类、氧化剂类消毒剂等。

除上述日常预防性消毒外，必要时种鸡场应根据种鸡场周边或本地区鸡白痢流行情况，启动紧急消毒，增加消毒频率，严格控制人员和车辆出入，防止外来疫病传入。

（4）种源管理　种鸡场引种应来源于有《种畜禽生产经营许可证》的种鸡场，国外引进种鸡和种蛋应符合相关规定，宜优先考虑从通过农业农村部净化评估的种鸡场引种。引进种鸡应具有"三证"（种畜禽合格证、动物检疫证明、种鸡系谱证）。鸡场所用种蛋、后备种鸡和引入种鸡应进行检测，确认开展净化的特定病种为阴性。对引入种鸡尤其应实行严格的隔离检测，一般在独立的隔离舍隔离 40d 以上，确保临床健康、鸡白痢阴性，经彻底消毒方可进入场区。

第六节　净化标准

不管是引进的种鸡还是自繁自养的品种，对其鸡白痢净化状态均可通过抗体来进行评价，在实施净化评估时要制定净化标准。鸡白痢净化示范场须同时满足以下要求，视为达到净化标准：①血清学抽检，祖代以上养殖场阳性率低于0.2%，父母代场阳性率低于 0.5%；②连续 2 年以上无临床病例；③现场综合审查通过。

（编者：王红宁、杨鑫、张安云、雷昌伟）

参考文献

程菌，王红宁，张安云，等，2014. 禽源沙门菌不同检测方法的比较及分型研究 [J]. 四川大学学报（自然科学版），51（3）：597-602.

刘洋，王传彬，霍斯琪，等，2018. 种鸡场沙门菌血清学与病原学监测结果比较与分析 [J]. 中国兽医杂志，54（2）：3-6，11.

时情，潘玲，周杰，2011. 鸡白痢鸡伤寒对种鸡生产性能的影响 [J]. 吉林农业科学，36（04）：55-57.

王红宁，2012. 蛋鸡沙门菌病净化研究 [J]. 中国家禽，34（1）：37.

王红宁，雷昌伟，杨鑫，等，2016. 蛋鸡和种鸡沙门菌的净化研究 [J]. 中国家禽，38（21）：1-5.

吴萍萍，潘玲，毛火云，等，2008. 种鸡鸡白痢血清学调查 [J]. 中国畜牧兽医，35（12）：132-133.

杨帆，王红宁，张安云，等，2015. 多重 PCR 检测病死鸡中沙门菌方法的研究 [J]. 四川大学学报（自然科学版），52（1）：163-169.

杨林，娄亚坤，宿春虎，等，2014. 多重 PCR 方法快速鉴别肠炎、鼠伤寒、鸡白痢及鸡伤寒沙门菌 [J]. 畜牧兽医学报，45（2）：268-273.

杨晓谷，李国祥，纪康，等，2011. 鸡白痢的预防与净化 [J]. 山东畜牧兽医，32（11）：34-35.

张童利，王曼宇，曹俊，等，2017. 鸡白痢沙门氏菌与其他致病性沙门氏菌的血清型特异性 PCR 鉴别检测方法的建立 [J]. 中国预防兽医学报，39（3）：215-219.

周廷宣，2007. 后备各种鸡血清中沙门菌病抗体的检测 [J]. 中国畜牧兽医，34（9）：87-88.

Barrow PA, Jones MA, Smith AL, et al, 2012. The long view：*Salmonella*-the last forty years [J]. Avian Pathology, 41（5）：413-420.

Leekitcharoenphon P, Nielsen EM, Kaas RS, et al, 2014. Evaluation of whole genome sequencing for outbreak detection of *Salmonella enterica* [J]. PLoS One, 9（2）：e87991.

Wang YX, Zhang AY, Wang HN, et al, 2017. Emergence of *Salmonella enterica* serovar Indiana and California isolates with concurrent resistance to cefotaxime, amikacin and ciprofloxacin from chickens in China [J]. International Journal of Food Microbiology, 262：23-30.

Xiang R, Zhang AY, Lei CW, et al, 2019. Spatial variability and evaluation of airborne bacteria concentration in manure belt poultry houses [J]. Poultry Science, 98（3）：1202-1210.

Xiong D, Song L, Pan Z, et al, 2018. Identification and discrimination of *Salmonella enterica* serovar *Gallinarum* biovars *Pullorum* and *Gallinarum* based on a One -Step Multiplex PCR Assay [J]. Frontiersin Microbiology, 9：1718.

Xiong D, Song L, Tao J, et al, 2017. An efficient multiplex PCR-based assay as a novel tool for accurate inter-serovar discrimination of *Salmonella enteritidis*, *S. pullorum/Gallinarum* and *S. Dublin* [J]. Frontiersin Microbiology, 8：420.

Xu L, Liu Z, Li Y, et al, 2018. A rapid method to identify *Salmonella enterica* serovar

Gallinarum biovar *Pullorum* using a specific target gene *ipaJ* ［J］. Avian Pathology，47（3）：238-244.

Zhang XZ，Lei CW，Wang HN，et al，2018. An IncX1 plasmid isolated from *Salmonella enterica* subsp. *enterica* serovar *Pullorum* carrying *bla* TEM-1B，*sul* 2，arsenic resistant operons ［J］. Plasmid，100：14-21.

第五章

种鸡场禽流感
控制与净化

第一节　流行特征

禽流感（Avian influenza，AI），是由禽流感病毒引起的、以感染禽类为主的一种急性、高度接触性传染病，根据其致病力不同，可以分为高致病性、低致病性和非致病性禽流感。高致病性禽流感病毒包括 H5、H7 亚型的部分禽流感毒株，它们不仅对家禽造成严重危害，也对国际贸易有严重影响，还对人类健康构成严重威胁。世界动物卫生组织将高致病性禽流感列为必须报告的动物疫病，我国将其列为一类动物疫病。在《国家中长期动物疫病防治规划（2012—2020 年）》中，高致病性禽流感被列为优先防控的重大动物疫病之一。

一、病原

禽流感病毒（AIV）为甲型流感病毒，属于正黏病毒科、流感病毒属。甲型流感病毒根据主要表面糖蛋白 HA 和 NA 抗原特性分类。到目前为止，已经鉴定出了 18 个 HA 亚型和 11 个 NA 亚型。所有亚型中除了最近发现的 H17N10 和 H18N11 病毒只在蝙蝠中检测到外，其他都能在野生水生鸟中找到。

禽流感病毒对热比较敏感，56℃加热 30min、60℃加热 10min 或 65～70℃加热数分钟即可丧失活性。病毒在直射阳光下 40～48h 被灭活，紫外线直射可破坏其感染性。

在自然条件下，存在于鼻腔分泌物和粪便中的病毒，由于受到有机物的保护，具有极大的抵抗力，可存活 10～20d，在骨髓和组织中存活数周，在冷冻的组织和骨髓中可存活 10 个月。

流感病毒与其他有囊膜病毒一样，对乙醚、氯仿、丙酮等有机溶剂均敏感。常用消毒药易将其灭活，如福尔马林、去氧胆酸钠、羟胺、十二烷基硫酸钠（SDS）、稀酸、氨离子、卤素化合物（如漂白粉和碘剂等）、重金属离子等都能迅速破坏其传染性。

二、宿主范围

甲型流感病毒可以感染大范围的宿主，包括人、鸟、猪、马和海洋哺乳动物。许多家禽和野禽、鸟类都对禽流感病毒敏感，家禽中火鸡、鸡、鸭是自然条件下最易受感染的禽种。

通常认为禽流感病毒是人流感病毒的庞大基因库，是人流感发生变异的新基因的来源，这种联系是通过中间宿主（如猪等哺乳动物）实现的。

人主要是经呼吸道感染禽流感病毒，也可通过密切接触感染的家禽分泌物和排泄物、受病毒污染的水等被感染。从事家禽养殖业者、在家禽发病前1周内去过其饲养、销售及宰杀等场所者以及接触禽流感病毒感染材料的实验室工作人员为高危人群。

三、传播方式

本病的传播主要为水平传播，主要存在于病禽、感染禽的消化道、呼吸道等组织器官中，可通过眼、鼻、口腔分泌物、粪便、空气等进行传播，传播速度极快。

禽流感的传播途径多样，不易切断。禽流感可以通过消化道、呼吸道、眼结膜、伤口直接接触等多种途径感染，通过被病毒污染的饲料、饮水、尘埃、分泌物和排泄物等进行传播。

本病的发生没有明显的季节性，但以冬季和春季多发；在大密度饲养的情况下传播迅速；在鸡与水禽混养的地方增加了互相感染的概率。

四、临床症状

其症状既可表现为急性高度致死性，也可表现为无症状隐性带毒，不仅能感染禽类，也能感染哺乳动物，威胁人类健康。

病鸡特征性症状为冠髯发绀、出血，肿头，流泪，呼吸困难，衰竭死亡，部分病例可能表现明显的共济失调等神经症状。病理变化特点是脚胫及多处皮肤出血，皮下水肿，眼结膜出血，整个消化道（从口腔至泄殖腔）黏膜出血、坏死、溃疡。

本病潜伏期的长短随家禽所感染病毒的毒力、病毒数量、感染途径等不同有较大差异，由几小时至几天不等。其病型根据临床症状及病理变化不同可分为急性败血型、急性呼吸道型和非典型3类。

(一) 急性败血型禽流感 (典型禽流感)

病鸡主要的症状为高度沉郁，冠髯发绀、肿胀、出血，昏睡，张口喘气，肿头肿眼，流泪流涕，急性死亡。部分病例出现共济失调、震颤、偏头、扭颈等神经症状。发病快，死亡率高，有的没有表现症状就死亡。

(二) 急性呼吸道型禽流感 (典型禽流感)

病鸡主要表现为流泪流涕、呼吸急促、咳嗽、打喷嚏、鼻窦肿胀、排黄白色稀粪或草绿色稀粪，部分发生死亡（在与新城疫病毒或其他禽 I 型副黏病毒株合并感染时，死亡率较高）。有的张口呼吸，怪叫，有呼噜声音，似抽水烟袋声音。晚间听到鸡群像蛤蟆湾的蛤蟆叫声。

(三) 非典型禽流感

病鸡一般表现为肿头、肿眼、流泪、甩鼻、咳嗽、喘气、呼噜声、黄白色下痢或草绿色稀便，产蛋率大幅度下降，可达 $50\%\sim80\%$，并发生零星死亡。蛋色变浅，出现薄壳蛋、沙壳蛋。

临床症状非典型化，如原来禽流感发病后出现的鳞片下出血、冠髯发绀、急性死亡，剖检可见心冠脂肪、腹部脂肪、肠道浆膜面等严重出血等，逐步转变为各种症状非典型化，甚至没有剖检变化，仅有呼吸道症状或产蛋下降 $5\%\sim10\%$。

五、流行概况

(一) 全球高致病性禽流感流行现状

2014 年以来，H5N1 高致病性禽流感疫情持续在亚洲、欧洲和非洲暴发流行；其他亚型重组病毒不断出现，如 H5N8 高致病性禽流感病毒相继出现在韩国、日本、德国、荷兰、英国、美国、中国台湾等国家和地区；与此同时，美国、加拿大相继发生了 H5N2 亚型高致病性禽流感疫情。

近年来禽流感病毒感染人事件时有发生。根据 WHO 的统计数据，2003 年至 2015 年 3 月 31 日，埃及、印度尼西亚、中国、柬埔寨、越南等 16 个国家共有 826 人感染 H5N1 高致病性禽流感病毒，440 人死亡，死亡率高达 53.27％。

（二）我国高致病性禽流感流行现状及特点

在一系列综合性防控措施的实施下，我国高致病性禽流感防控取得了初步成效。近年来，随着高致病性禽流感全面免疫防控策略的不断深入，加上我国养禽业发展规模化程度越来越高，高致病性禽流感的流行得到一定控制，在我国的流行整体呈下降趋势，但在局部地区仍有持续性地方流行，免疫失败和免疫带毒现象持续存在，防控中仍存在薄弱环节。

1. H5 亚型高致病性禽流感的威胁仍然很大，造成的损失比较严重　根据 OIE 的数据统计，2013 年 12 月以来，我国发生的贵州荔波、河北焦庄、湖北黄石、贵州安顺、云南通海、黑龙江双城等 6 起 H5 疫情，共计扑杀 543.8 万只家禽，给我国养殖业造成了巨大的经济损失。从发病时间看，冬春发病较多，主要集中在 12 月至次年 3 月，但全年发病的态势依然严峻；从发病地区看，长江南北均有发生。虽然各地都在执行强制免疫政策，但部分地区仍然存在免疫家禽抗体水平参差不齐、自然发病和排毒等现象，发病禽群的临床症状与生物安全状况、禽种的敏感性、健康状况、抗体水平高低、病毒变异与疫苗匹配性等因素密切相关。

2. H5 亚型高致病性禽流感病毒 NA 亚型发生显著变化，多亚型病毒同时出现　10 余年来，我国 H5 亚型禽流感病毒多为 H5N1 亚型；但是，近两年来，我国 H5N2、H5N8、H5N6、H5N5 等亚型显著增多。2012 年之前，我国流行毒以 H5N1 亚型为主；2013 年，我国流行毒以 H5N8 亚型为主；2014 年以来，H5N6 亚型毒株成为主流。2014 年，四川省出现了全球第 1 例 H5N6 亚型流感病毒感染人的病例。这些情况给今后的禽流感防控工作带来了重重困难。

3. 我国 H5 亚型高致病性禽流感病毒 HA 基因谱系发生显著变化，多个分支病毒共存　病原生态学和分子流行病学调查监测结果表明，我国 H5 亚型禽流感病毒呈现复杂多变的特征。从序列分析结果看，2013 年上半年以前，以第 2.3.2.1 分支病毒为主，同时也有第 2.3.4 分支和第 7.2 分支的病毒。但从 2014 年至今，第 2.3.4.6 分支病毒呈大幅度上升趋势（WHO 称之为 2.3.4.4 分支），是目前最主要的流行分支。从抗原性角度来看，目前第 2.3.2.1 分支的部分毒株出现了较大变异，与现在使用的 Re-6 疫苗株之间的交叉反应性较差，因此，随着变异株的出现和增多，Re-6 疫苗对该分支病毒的防控效果值得商榷。第 7.2 分支和第 7.1 分支（Re-4 疫苗株）的部分毒株之间存在明显的抗原差异，为此，用 Re-7 疫苗株替代 Re-4 疫苗株。鉴于新出现的第 2.3.4.6 分支病毒与 Re-4、Re-5、Re-6、Re-7 疫苗株的抗原性差异较大，继而推出 Re-8 疫苗株替代 Re-5 疫苗株。

4. H9N2 亚型禽流感流行态势　H9N2 亚型禽流感病毒变异持续存在，流行区域在不断地扩大，对商品肉鸡的危害大，与传染性喉气管炎、新城疫或传染性支气管炎混合感染，H9N2 亚型禽流感病毒可与大肠杆菌协同致病。禽大肠杆菌病是家禽最常见的细菌病之一。在该病的致病机理方面，临诊上低致病性禽流感常与禽大肠杆菌病并发或继发。H9N2 与不同致病性的大肠杆菌间存在着不同程度的致病协同作用，特别是 H9N2 亚型禽流感先行感染对大肠杆菌具有协同致病。

第二节　防控策略

一、当前防控高致病性禽流感的国家策略

高致病性禽流感病毒基因型复杂、变异快。我国已在家禽和野鸟中监测到多个 HA 进化分支。周边国家和地区疫情形势依然复杂，境外疫情传入风险持续存在。同时，我国处于多条候鸟迁徙路线，国内家禽饲养密度高，标准化规模化养殖程度低、群众消费习惯未发生根本改变，局部地区发生疫情的可能性依然存在，高致病性禽流感防控任务十分艰巨。结合我国疫情发生情况和防控措施，做好高致病性禽流感的防控工作。

（一）加强养殖环节监管

不从疫区引进种鸡、种蛋，引进的种鸡须健康无病，坚持自繁自养，采取全进全出饲养方式。鸡场场门口设消毒池，设有工作人员专用出入通道。工作人员及常用物品清洗消毒，进出车辆、物品、场区周围环境要消毒，严防被污染的车

辆、物品进入场内，杜绝外来人员进入场内。平时坚持对鸡舍进行消毒，保持鸡舍清洁卫生。鸡粪便、病死鸡及污染物是主要传染源，应进行无害化处理，粪便在指定地点堆积密封发酵，病死鸡及污染物深埋或焚烧。

（二）加强养殖场巡查，确保免疫到位

防疫工作实行网格化管理，督促检疫员、村防治员严格按照动物卫生监督执法巡查制度开展日常防疫巡查，做好巡查记录，发现问题及时纠正和报告。指导养殖场落实综合防疫措施，督促养殖场严格按照科学的免疫程序进行免疫，落实畜禽养殖场防疫检疫工作，并建立和保存畜禽养殖档案和免疫档案，加强抗体水平监测。要求畜禽养殖场主特别做好高致病性禽流感强制免疫工作．确保免疫密度 100％。督促养殖场主实行封闭管理，提高养殖场防控疫病能力。并及时了解最新养殖动态，配合相关部门做好已免动物免疫效果监测和流行病学调查工作。

（三）加强领导落实防控双重责任制

成立以主管农业的领导为主要负责人的"重大动物疫病防控指挥部"，协调公安、交通、市场监督等有关部门的有关领导参加，并下设办公室。与此同时，下属各乡、镇成立相应的乡、镇指挥部，上下一致，加强对口协作，有利于上级部署迅速传达，在防范禽流感上步调一致，上级战略部署得以一竿子插到底，落实到基层。根据春季、秋季重大动物疫病防控工作部署，召集各村农业负责人、防治员及相关责任单位召开春秋防会议及签订责任书，做到责任到村，责任到户，责任到人，并迅速落实重大动物疫病防控工作经费。

（四）做好禽流感防控工作宣传

各部门要从宣传入手，印制分发各种有关禽流感防治知识的宣传单、宣传图片和宣传小册子，并利用网络等各种手段开展宣传。各地要结合当地实际．通过广播、标语、宣传栏、宣传图片等宣传形式对防控禽流感知识进行宣传。通过宣传可大大提升群众对禽流感的防范意识，从而积极配合做好家禽接种疫苗等预防工作。

（五）防疫工作量化指标

畜牧兽医主管部门主抓辖区内的畜禽防疫工作，在全面防控畜禽传染病的工

作中，对基层乡、镇畜牧站而言，实行百分制办法，量化各项防疫指标，以此为据。每年春、秋两季为大规模流行时节，对城乡饲养的家禽全部接种禽流感疫苗。对新购入或新孵化的家禽则坚持平时补针，确保注射密度100%，预防接种全部实名登记造册，建立档案备查，与此同时，加强对野禽健康的监控。

（六）建立生物安全防控体系

坚持"预防为主，防重于治"的原则，做好高致病性禽流感强制免疫注射工作，由于散养家禽数量比较大，给防疫工作带来很多不便。各养殖场制定适合本场具体情况的免疫、消毒、卫生措施，确定科学的免疫程序和检测计划。通过提高养殖场自身和周边环境的生物安全，增强家禽抵抗力，预防高致病性禽流感的发生。

二、养殖场的防控措施

高致病性禽流感不断暴发，对我国养殖业的健康发展造成重大冲击。我国高致病性禽流感疫情以养殖场暴发为主，散养发病为辅。种鸡场作为养殖的生产经营主体，处于生产和疫病防控第一线，科学有效地对禽流感进行防控具有重要意义。

（一）种源管理

研究认为，种鸡场暴发禽流感的最大风险因素来自养殖场外部，引种是其中的重要因素。种鸡场引种应来源于有《种畜禽生产经营许可证》的种鸡场，国外引进种鸡和种蛋应符合相关规定，宜优先考虑从获得农业农村部净化评估的种鸡场引种。引进种鸡应具有"三证"（种畜禽合格证、动物检疫证明、种鸡系谱证）。种鸡场所用种蛋、后备种鸡和引入种鸡应进行检测，确认开展净化的特定病种为阴性。对引入种鸡尤其应进行禽流感病毒核酸检测，确认开展净化的特定病种为阴性。对引入种鸡尤其应实行严格的隔离检测，一般在独立的隔离舍隔离40d以上，确保临床健康、禽流感感染阴性后，经彻底消毒方可进入场区。

（二）消毒管理

种鸡场应严格做好人员、车辆、物资进入场区和生产区的消毒。养殖场的消毒设施应定期更换消毒液以保证有效成分浓度。厂区门口消毒设施的常用消毒剂有含氯消毒剂、醛类消毒剂、酚类消毒剂和季铵盐类消毒剂等。

生产区内环境，包括生产区道路及两侧、鸡舍间空地应定期消毒，常用的消毒剂有醛类消毒剂、氯化剂类消毒剂等。

生产区内空栏消毒和带鸡消毒是预防和控制疾病的重要措施。鸡舍空栏后，应彻底清扫、冲洗、干燥和消毒，有条件的鸡场最好在进鸡之前进行火焰消毒。带鸡消毒的消毒药必须广谱、高效、强力、无毒、无害、刺激性小和无腐蚀性，如碘制剂、氯制剂、离子表面活性剂等。

生活区周围环境应定期消毒，常用的消毒剂有季铵盐类、氯化剂类消毒剂等。

除上述日常预防消毒外，必要时种鸡场应根据种鸡场周边或本地区禽流感流行情况，启动紧急消毒，增加消毒频次，严格控制人员和车辆出入，防治外来疫病传入。

（三）饲养管理

种鸡场应实行分区饲养和全进全出生产模式，鼓励有条件的种鸡场实行分点饲养及"全进全出"的饲养工艺。根据生产需要对人流、物流、车流实行严格的控制。种鸡、孵化、育雏、育成、蛋鸡、后备鸡分群饲养，分别制定饲养标准和防疫程序。

（四）免疫管理

种鸡场应根据本场制定的免疫制度，结合禽流感特点、疫苗情况及本场净化工作进程，制定合理的免疫程序，建立免疫档案。同时，根据周边及本场禽流感流行情况、净化工作效果、实验室检测结果，适时调整免疫程序。鼓励通过特定疫病免疫净化评估的种鸡场，结合自身实际，评估疫病防控成本，分种群、分阶段、有步骤地由免疫净化向非免疫净化推进。

（五）监测管理

根据制定的禽流感监测计划，切实开展疫病监测工作，及时掌握疫病免疫保护水平、流行现状及相关风险因素，适时调整疫病控制策略。根据建立的特定疫病净化方案和发现阳性鸡处置方案等，切实开展净化监测、隔离、淘汰和无害化处理等工作。

（六）诊疗巡查

兽医管理人员及生产人员定期（一般每天）巡查鸡群健康状况，尽早发现病鸡，及时隔离病鸡、处理死鸡、彻底消毒，采取必要的治疗措施，持续跟踪转归情况，并作相应记录。

需要开展临床剖检时，应做到定点剖检、无害化处理、填写剖检记录和无害化处理记录；确保单向流动，临床剖检人员不得立即返回生产区；必要时采集样品开展实验室检测。

开展禽流感净化的种鸡场，在制定净化方案，开展净化监测和维持性监测的同时，重点做好日常疑似病例的巡查，根据禽流感特点，做好疑似病例的处理。发现疑似病例应立即采取隔离治疗、淘汰、扑杀等措施，并及时确诊。加大同群监测，必要时启动紧急免疫和加强免疫。加强消毒和生物安全措施，尽可能阻断舍间传播。

按本场建立的发病或阶段性疫病情况报告制度，定期上报至本场相关负责人，并建立档案。

收集、了解和掌握本区域疫病流行情况，及时开展相应综合防控措施。必要时启动紧急消毒预案及配套措施，如减少人员外出、严格人流物流入内等，有条件的种鸡场可探索预警机制。

（七）淘汰管理

种鸡场应建立种鸡淘汰、更新和后备鸡留用标准，在关注生产性能、育种指标的同时，重点关注禽流感疫病情况。在净化病种感染比率较高时，可在免疫、监测、分群、淘汰的基础上，加大种鸡群淘汰更新比率，严格后备鸡并群。在净化病种感染比例较低时，在免疫、监测、清群、淘汰的基础上，种鸡场结合生产性能，缩短更新周期甚至一次性淘汰所有带毒鸡。种鸡场应建立种鸡淘汰记录，因传染病淘汰的鸡群，应按照国家有关规定执行，必要时实行扑杀和无害化处理。

（八）无害化处理

种鸡场应有无害化处理设施及相应操作规程，并有相应实施记录。对发病鸡群及时隔离治疗，限制流动；病鸡、死鸡及其污染的禽产品应按《病死及病害动物无害化处理技术规范》（农医发〔2017〕25 号）的要求采用深埋法、焚烧法、化制法、高温法等进行无害化处理。

（九）人流物流管理

种鸡场须建立入场和进入生产区的人员登记记录。进入生产区人员须经严格消毒，由消毒通道进入。进出鸡舍时应经消毒池进行脚部消毒和洗手消毒。外来人员禁止进入生产区，必要时，按程序批准和严格消毒方可入内。本场负责诊疗巡查和免疫的人员，每次出入鸡舍和完成工作后，都应严格消毒。尽量减少本场兽医室工作人员和物品向生产区流动，必要时需经严格消毒。

外来物品须经有效消毒后方可进入生产区，外来染疫或疑似染疫的动物产品或其他物品禁止入场。外来车辆入场前应经全面消毒，非经许可批准，禁止进入生产区。外售鸡只向外单向流动。

（十）防疫人员管理

开展动物疫病净化的种鸡场应建立一支分工明确、责任清晰、能力与岗位相当的疫病净化工作小组，确保净化工作顺利实施，出现临床病例或隐性感染时能得到及时处理。养殖场应至少配备 1 名专业兽医人员。场内所有员工应开展定期培训，确保相应生产和管理制度得以有效宣贯。鼓励种鸡场对场内员工开展定期体检，如患有人畜共患病的员工应将其调离生产岗位。

第三节　监测技术

禽流感采取的监测技术，常用的有血凝（HA）和血凝抑制试验（HI）、酶联免疫吸附试验以及 RT-PCR 或荧光 RT-PCR 方法、病毒的分离和鉴定等。本节主要介绍各技术的主要特点、适用范围、优缺点等。

一、血凝（HA）和血凝抑制（HI）试验

流感病毒颗粒表面的血凝素（HA）蛋白，具有识别并吸附于红细胞表面受

体的结构，HA 试验由此得名。HA 蛋白的抗体与受体的特异性结合能够干扰 HA 蛋白与红细胞受体的结合从而出现抑制现象。该试验是 WHO 进行全球流感监测所普遍采用的试验方法。可用于流感病毒分离株 HA 亚型的鉴定，也可用来检测禽血清中是否有与抗原亚型一致的感染或免疫抗体。

HA-HI 试验的优点是可用来鉴定所有的流感病毒分离株，可用来检测鸡血清中的感染或免疫抗体。它的缺点是只有当抗原和抗体 HA 亚型相一致时才能出现 HI 现象，各亚型间无明显交叉反应；需要在每次试验时进行抗原标准化；需要正确判读的技能。其操作方法及判定标准分别依据 OIE 相关标准、GB/T 18936—2020《高致病性禽流感诊断技术》、NY/T 769—2004《高致病性禽流感免疫技术规范》及我国主要动物疫病监测计划。

二、酶联免疫吸附试验

ELISA 是当前应用最广、发展最快的一项新技术。其基本过程是将抗原（或抗体）吸附于固相载体，在载体上进行免疫酶反应，底物显色后用酶标仪判定结果。ELISA 可用于测定抗原，也可用于测定抗体。在这种测定方法中有 3 个必要的试剂：①固相的抗原或抗体，即"免疫吸附剂"；②酶标记的抗原或抗体，称为"结合物"；③酶反应的底物。

根据试剂的来源和样品的情况以及检测的具体条件，可设计出各种不同类型的检测方法。目前，仅见 GB/T 18936—2020《高致病性禽流感诊断技术》中有间接酶联免疫吸附试验（间接 ELISA）方法，该方法或其他 ELISA 方法的商品化应用不广泛。

三、RT-PCR 方法或荧光 RT-PCR

逆转录聚合酶链式反应或者称反转录 PCR，是 1 条 RNA 链被逆转录成为互补 DNA，再以此为模板通过 PCR 进行 DNA 扩增。RT-PCR 的指数扩增是一种很灵敏的技术，可以检测很低拷贝数的 RNA。RT-PCR 目前广泛应用于禽流感的诊断，并且可以用于定量监测某种 RNA 的含量。

在完成逆转录过程之后，通过 PCR 进行定量分析的时候，随着技术的发展，RT-PCR（实时荧光 PCR）也被用来做定量分析，它比普通 PCR 进行定量分析时灵敏度更高，定量更精确。

　　RT-PCR 适用于检测禽组织、分泌物、排泄物和鸡胚尿囊液中禽流感病毒核酸。鉴于 RT-PCR 方法的敏感性和特异性，引物的选择是最为重要的，通常引物是以已知序列为基础设计的，大量掌握国内分离株的序列是设计特异引物的前提和基础。利用 RT-PCR 的通用引物可以检测是否有 A 型流感病毒的存在，亚型特异性引物则可进行禽流感分型诊断和禽流感病毒的亚型鉴定。常用的荧光 RT-PCR 试剂盒有 H5 亚型禽流感荧光 RT-PCR 检测试剂盒、H7 亚型禽流感荧光 RT-PCR 检测试剂盒、H9 亚型禽流感荧光 RT-PCR 检测试剂盒、H7N9 亚型禽流感荧光 RT-PCR 检测试剂盒、通用型禽流感荧光 RT-PCR 检测试剂盒等。

第四节　风险点控制

　　高致病性禽流感是严重威胁我国禽养殖业健康持续发展的重大疫病，发病率和死亡率很高，给我国的养殖业带来较大的经济损失。并且禽流感病毒也可通过基因重组等方式直接感染人类，是我国的重点防控疫病，因此，对于禽流感病毒传播的关键风险点应进行科学有效控制。

一、活禽交易市场

　　当前，我国的禽流感防控形势依然严峻，除高致病性禽流感的威胁外，还需要警惕能感染人的重组病毒。其中活禽交易市场在禽流感病毒传播中扮演重要角色，它是禽流感病毒重要的集散地和疫病传播环节，它作为禽流感病毒保存、繁殖和传播的重要场所，由不同来源的不同禽类组成，被认为是循环传播禽流感病毒的关键风险点和禽流感病毒潜在的来源地，也是城市生活人群感染禽流感的重要暴露场所。

　　当前的活禽交易市场具有分散且多处存在，场地小，环境卫生条件差，运输车辆与人员流动频繁等特点。市场内普遍存在活禽屠宰加工现象，加工场所简陋且粪污、污水等无处理措施，严重污染市场环境。对活禽交易市场的最新调查结果显示，进入活禽交易市场的家禽可能部分携带禽流感病毒，活禽交易市场（尤其是农贸市场）有助于病毒的复制和进一步扩散，如果家禽进入市场后不能及时售出，随着停留时间的延长（超过 24h），禽流感病毒核酸检测阳性率将明显提高。因此，活禽交易活跃，长途调运频繁，增大了禽流感疫情传播风险，活禽交易市场已成为我国禽流感病毒传播的重要风险点。

对于活禽交易市场的风险必须执行严格的休市消毒政策。Kung N Y 等对我国香港 8 个活禽交易市场分别进行休市前、休市后的样品采集，进行 H9N2 亚型禽流感病毒的分离与鉴定，结果显示，休市前后病毒分离率差异极显著，休市后的病毒分离率会大大降低。这说明了活禽交易市场对于 H9N2 亚型禽流感病毒的传播起到了放大作用，活禽交易市场的设施设备、管理体制、控制系统都直接影响了病毒的储存与传播。活禽交易市场将家禽与人联系起来，形成了家禽-活禽交易市场-人的连接链，对人类健康造成了极大的安全隐患。因此，严格执行休市消毒政策在防控禽流感疫情传播中非常必要，需要针对运输工具、批发市场和农贸市场的销售档口、屠宰过程、环境、人员等影响因素进行严格的消毒控制。另外，对进入市场的活禽应进行检疫，减少病禽进入市场的概率，也应改善市场环境，对于病死动物进行无害化处理，防止病原微生物的传播。种鸡场在场址选择时，应尽量远离活禽交易市场和交通要道。

二、疫苗免疫

疫苗是预防与控制传染病的有效手段，人用流感疫苗现在在全球大量使用，其大量的接种数据表明，流感疫苗能安全有效地阻止每年流感的大规模暴发。养殖场应根据本场情况制定科学合理的免疫程序，建立免疫档案，做好鸡群的疫苗免疫接种与抗体检测工作，鸡群抗体水平的高低、均匀度与鸡发病的情况是密切相关的。

由于禽流感病毒变异频繁，出现多个血清亚型的毒株同时在鸡群中的现象，并且各地流行毒株的血清亚型特点也存在差异。另外，不同亚型的禽流感病毒的基因型差异也较大，抗原性差异大，这就给禽流感免疫带来一定困难。因此，选择禽流感疫苗时一定要根据当地的流行毒株、严重程度及疫苗的种类、性质等方面选择。

应认真做好免疫监测，每个鸡群应坚持每 1～2 月监测 1 次。每次监测都应当认真将鸡群当前的日龄、健康状况、生产成绩、免疫接种次数、距离最后一次免疫的时间、本次检测抗体均值、最高值和最低值等参数作综合分析，做出进一步防疫的精确判断，当检测结果不合格时，低抗体水平不能对鸡起到保护作用，要及时进行补免。

三、生物安全

养殖生产中疫病防控方面的生物安全主要是采取必要的有效措施，最大限度地消除各种理化和生物性致病因子对人和动物的危害，是动物生产中的一种安全保障体系。

（一）生物安全框架

选址应充分考虑人和动物的安全。禽流感病毒具有较强的传染性，应远离市场和交通要道；鸭、鹅等和野生水禽在禽流感病毒的传播中起重要作用，候鸟也可能起一定作用，应远离大湖泊和候鸟迁徙路线，否则，可能会导致病毒发生基因重组产生更强的禽流感病毒，引起疫病传播。

鸡场的结构和布局主要根据鸡生产的各个环节，划分成若干区域。通过建立相应的消毒和保护措施，切断了人员、物流、气流和动物流的交叉污染，确保鸡群的安全。

（二）生物安全管理

1. 人员　人员管理是种鸡场风险管理的重要因素。种鸡场要制定严格的生物安全规定，制定系统简单易行，便于执行，要求所有相关人员定期进行生物安全培训，提高员工对生物安全的理解和责任感。禽流感是一种重要的人畜共患病，员工应穿戴口罩、帽子、隔离服、靴子等进行保护。

2. 饲料和饮水　禽流感的传播途径有排泄物或分泌物污染经口传播的方式，因此，饲料和饮水是本病传播的一个重要风险点。种鸡场内部用水要确保水源安全，封闭存贮，储水、供水设施设备要做好清洗、消毒。要确保种鸡场的饲料质量可靠、来源安全，要做好运输、储存等环节的相关防护措施。

3. 消毒　流感病毒对环境的抵抗力相对较弱，高热或低 pH、非等渗环境和干燥均可使病毒灭活，因带有囊膜，一般消毒剂对本病毒均有作用。因此，消毒可很好地切断传播途径。对于鸡舍、人员、物品、设施设备等都要进行定期消毒。

4. 疫情处置　病禽和带毒禽是禽流感的主要传染源，发现疫情应果断处理，清除病群彻底灭源；若不慎引入则应及时阻止疫情扩散，果断采取隔离封锁、扑杀销毁、环境消毒等措施。被扑杀禽应进行无害化处理。

第五节　净化程序

为实现净化目的和维持净化效果，种鸡场开展疫病净化之前，可根据本节内容，力求健全生物安全防护设施设备、强化饲养管理、严格执行消毒措施和规范无害化处理措施，构建"规范化、制度化、设施化和无害化"的防疫和生产体系。

有条件的种鸡场可根据本场本底调查情况，自主选择进入免疫控制阶段或维持监测阶段。

一、本底调查阶段

（一）调查目的

掌握本场禽流感的感染情况，了解鸡群健康状态、免疫水平，评估净化成本和人力物力投入，制定适合于本场实际情况的净化方案。

（二）调查内容

全面考察鸡场实际情况，包括基础设施条件、生产管理水平、防疫管理水平及兽医技术力量等，观察鸡群健康状况，了解本场禽流感的流行历史和现状、免疫程序、免疫效果等，针对实际情况提出改进措施。同时通过对种鸡场的鸡群按照一定比例采样检测，掌握禽流感带毒和免疫抗体水平情况。

二、免疫控制阶段

本阶段，种鸡场应根据疫病的本底调查结果和净化疫病特点，采取以免疫、监测、分群、淘汰、强化管理相结合的综合防控措施，使禽流感的临床发病得到有效控制，逐步实现免疫无疫状态，为下一步非免疫无疫净化奠定基础。

（一）控制目标

对有禽流感临床疑似病例的鸡群和死亡鸡进行病原学监测，淘汰感染鸡，及时清除病原。通过强化免疫和免疫抗体监测，维持较高的免疫抗体水平，降低鸡群易感性，将临床发病控制在最低水平，逐步实现免疫无疫。

（二）控制措施

种鸡场应优先选用本场或区域优势毒株相对应的优质疫苗，制定禽流感免疫程序和抗体监测计划，在保障养殖管理科学有效、生物安全措施得力和环境可靠的同时，根据抗体监测效果及周边疫情动态适时调整免疫程序，在做好种鸡群免疫的基础上，重点做好雏鸡、育成鸡的免疫。

（三）监测内容及比例

本阶段的监测重点是后备鸡转群和开产前（或留种前）的免疫抗体监测和病死鸡的病原监测，确保种鸡群及个体良好的免疫保护屏障、跟踪鸡群病原感染情况，具体监测情况见表 5-1。

表 5-1　后备鸡转群和开产前（或留种前）的免疫抗体监测和病死鸡的病原监测

种群	最低监测比例	监测频率	监测内容	样品
曾祖代及以上母鸡	10%（总样品量不少于200 只）	后备鸡转群前检测 1 次，开产或留种前检测 1 次，40～45 周龄检测 1 次	免疫抗体	血清
祖代母鸡	5%（总样品量不少于200 只）	后备鸡转群前检测 1 次，开产或留种前检测 1 次，40～45 周龄检测 1 次	免疫抗体	血清
父母代母鸡	2%～3%（总样品量不少于 200 只）	后备鸡转群前检测 1 次，开产或留种前检测 1 次，40～45 周龄检测 1 次	免疫抗体	血清
种公鸡	100%	后备鸡转群前检测 1 次，正式采精前检测 1 次，40～45 周龄检测 1 次	免疫抗体	血清
病死鸡	100%	后备鸡以后	病原	组织病料

（四）监测结果处理

对免疫抗体不合格的种鸡群加强免疫 1 次，3～4 周后重新采血检测，按照鸡场制定的淘汰计划，淘汰加强免疫后抗体不合格的种鸡群。

对病死鸡进行病原学监测，对病原学监测阳性和发现的禽流感临床疑似病例，报告当地动物疫病预防控制机构，及时采集病料送省级疫控机构诊断，如确诊发生禽流感，养殖场应配合兽医部门按照国家有关规定处理。

（五）控制效果评价

采取以下方法评价高致病性禽流感是否达到免疫无疫标准：①种鸡群抽检，H5 和 H7 亚型禽流感病毒免疫抗体合格率 90％以上；②种鸡群抽检，H5 和 H7 亚型禽流感病原学检测均为阴性；③连续 2 年以上无临床病例。

有条件的种鸡场，可探索哨兵动物监测预警机制，鸡舍可设置非免疫育成鸡，跟踪观察，定期监测。

三、检测方法

（一）血清学检测

执行标准：GB/T 18936—2020《高致病性禽流感诊断技术》。

方法：血凝抑制试验（HI）。

（二）病原学检测

执行标准：GB/T 19438.2—2004《H5 亚型禽流感病毒荧光 RT-PCR 检测方法》、GB/T 19440—2004《禽流感病毒 NASBA 检测方法》及 NY/T 772—2013《禽流感病毒 RT-PCR 检测方法》。

方法：采用病毒分离或禽流感病毒 RT-PCR 试验对于所有亚型的禽流感病毒进行检测。必要时对病毒进行分型鉴定。

四、净化效果维持措施

（一）加强管理

严格执行卫生防疫制度，全面做好清洁和消毒；严格执行生物安全管理措施，实行人员进出控制隔离制度；规范饲养管理行为。

(二) 规范免疫

根据本地区和本场疫病流行情况，依据《动物防疫法》及有关法律法规的要求，制定免疫程序，并按照程序执行。通过净化评估的企业，根据自身情况可逐步退出免疫，实施非免疫无疫管理。如净化维持期间监测发现阳性感染或临床发病，应及时调整免疫程序，必要时全群免疫，加大监测和淘汰力度，实行全进全出，严格生物安全操作，维持净化效果。

(三) 开展持续监测

净化鸡群建立后，定期开展监测，以维持净化鸡群的健康状态。

(四) 保障措施

养殖企业是疫病净化的实施主体和实际受益者，应遵守净化管理的相关规定，保障疫病净化的人力、物力、财力的投入，结合本场实际，开展动物疫病净化。种鸡场应做好疫病净化必要的软硬件设计改造，保障净化期间采样、检测、阳性鸡群淘汰清群、无害化处理等措施顺利实施。健全生物安全防护设施设备、加强饲养管理、严格消毒、规范无害化处理，按期向净化评估单位提交疫病净化实施材料，及时向净化评估单位报告影响净化维持体系的重大变更及疫病净化中的重大问题等。

第六节　净化标准

同时满足以下要求，视为达到免疫无疫标准：①种鸡群抽检，H5 和 H7 亚型禽流感病毒免疫抗体合格率90％以上；②种鸡群抽检，H5 和 H7 亚型禽流感病原学检测均为阴性；③连续 2 年以上无临床病例；④现场综合审查通过。

抽样数量要求：①病原学检测方法：针对种鸡群，随机抽样，覆盖不同栋鸡群，按照证明无疫公式计算采样数量（CL＝95％，P＝1％），对咽喉和泄殖腔拭子中禽流感 H5 和 H7 亚型病毒进行 PCR 检测。②抗体检测方法：针对种鸡群，随机抽样，覆盖不同栋鸡群，按照预估期望值公式计算（CL＝95％，P＝90％， e＝10%），对血清中禽流感 H5 和 H7 亚型抗体进行 HI 检测。

（编者：陈静、王苗利、孙圣福）

参考文献

郭福生，彭聪，贾贝贝，等，2013. 关于升级改造活禽市场降低禽流感循环传播风险的初步研究［J］. 中国动物检疫，30（6）：51-55.

Cardona C，Yee K，Carpenter T，2009. Are live bird markets reservoirs of avian influenza? ［J］.Poultry Science，88：856-859.

Fouchier RA，Munster V，Wallensten A，et al，2005. Characterization of a novel influenza A virus hemagglutinin subtype（H16）obtained from black-headed gulls［J］. Virol，79：2814-2822.

Fouchier RA，Schneeberger PM，Rozendaal FW，et al，2004. Avian influenza A virus（H7N7）associated with human conjunctivitis and a fatal case of acute respiratory distress syndrome［J］. Proc Natl Acad Sci USA，101：1356-1361.

Gao HN，Lu HZ，Cao B，et al，2013. Clinical findings in 111 cases of influenza A（H7N9）virus infection［J］. N Engl J Med，368：2277-2285.

Gao R，Cao B，Hu Y，et al，2013. Human infection with a novel avian-origin influenza A（H7N9）virus［J］. N Engl J Med，368：1888-1897.

Guan Y，Short ridge KF，Krauss S，et al，1999. Molecular characterization of H9N2 influenza viruses：were they the donors of the "internal" genes of H5N1 viruses in Hong Kong［J］. Proc Natl Acad Sci USA，96：9363-9367.

Kandun IN，Wibisono H，Sedyaningsih ER，et al，2006. Three Indonesian clusters of H5N1 virus infection in 2005［J］. N Engl J Med，355：2186-2194.

Lam TT，Wang J，Shen Y，et al，2013. The genesis and source of the H7N9 influenza viruses causing human infections in China［J］. Nature，502：241-244.

Sorrell EM，Schrauwen EJ，Linster M，et al，2011. Predicting 'airborne' influenza viruses：transmission impossible［J］. Curr Opin Virol，1：635-642.

Wang H，Feng Z，Shu Y，et al，2008. Probable limited person-to-person transmission of highly pathogenic avian influenza A（H5N1）virus in China［J］. Lancet，371：1427-1434.

第六章

种鸡场新城疫
控制与净化

　　新城疫（Newcastle Disease，ND）是由新城疫病毒引起的一种急性、热性、败血性和高度接触性传染病，其特征是高热、呼吸困难、下痢和出现神经症状，主要侵害鸡和火鸡，其他禽类和人亦可受到病毒感染。该病最早于 1926 年发现于印度尼西亚的爪哇岛。次年，新城疫病原被确定为是一种可过滤的病毒，并与引起欧洲鸡瘟的禽流感病毒进行了区分。1898 年，新城疫在欧洲流行，当时几乎感染北爱尔兰的所有家禽。1935 年，为了与其他禽类传染病进行区分，该病毒被命名为新城疫病毒。家禽对新城疫易感性高，该病对家禽产业的危害严重。新城疫是世界公认的最重要的禽类传染病之一。由于该病发病急、致死率高，对养禽业的发展构成了严重威胁，OIE 将其列为必须报告动物疫病，我国将其列为一类动物疫病。

第一节　流行特征

一、病原

（一）病原特征

　　新城疫病毒属于副黏病毒科副黏病毒亚科腮腺炎病毒属。新城疫病毒又被称为禽副黏病毒-1 型（APMV-1）。副黏病毒科属于单分子链 RNA 目，为负链 RNA病毒，有多种形状，衣壳呈螺旋状对称，带有钉状突起囊膜。副黏病毒至少有 10 个血清型，即 APMV-1～APMV-10。新城疫病毒属于其中致病力最强的病原，其基因组有 6 个基因结构组成，负责编码 6 种病毒结构蛋白。新城疫病毒只有 1 个血清型，其抗原性一致，但不同毒株之间的毒力差异较大。

　　根据新城疫病毒毒株抗原变化、毒力强弱及分子遗传差异进行分类。首先，根据抗原特性分类，新城疫病毒只有 1 个血清型，具有一定的交叉保护。通常使用中和试验（VN）、交叉血凝抑制试验（HI）、单克隆抗体和免疫交叉保护试验。新城疫病毒不同毒株和分离株之间存在一定的抗原差异性。因此各毒株间虽然具有一定的免疫保护，但免疫失败时有发生。根据毒株毒力强弱分为 3 种类型，即速发型（强毒力，Velogenic）、中发型（中毒力型，Mesogenic）、缓发型

（弱毒株，Lentongenic）。采用核酸测序、酶切图谱、RNA 指纹图谱和分子遗传学特性等分子生物学方法，对新城疫病毒进行遗传学分类，能够快速了解病毒的分子遗传变异趋势。

（二）基因分型

20 世纪 80 年代，根据单抗反应谱将世界各地的新城疫病毒分离株分成 10 群，其中 5 群属于速发型毒株，每群毒株具有相同的抗原和流行病学特征。早期根据 *NDV F*、*HN* 或 *M* 基因全长序列分析绘制系统发育进化树，首先根据 *NDV F* 或 *HN* 全基因 2 种核苷酸序列分别对 60 年代前流行于世界各地的新城疫病毒分离毒株绘制了进化树，结果可将分离的 11 个毒株分为 A、B、C 3 组，其中 A 群全部为典型的弱毒株、C 群为典型的强毒株、而 B 群则兼而有之，结果显示，*F* 和 *HN* 基因的变异具有很强的正相关性。1996 年将新城疫病毒毒株分成 6 个基因型。第 I 型包括主要从水禽和一部分鸡分离的缓发型毒株。第 II 型包括 60 年代以前从北美分离的缓发型和中发型疫苗株。第 III 型包括两个早期从远东分离的速发型毒株。第 IV 型包括第一次新城疫大流行的毒株（Hert33 和 Italian）以及它们的后代变异株。第 V 型包括 70 年代早期从进口鹦鹉和感染鸡群中分离的速发型毒株。第 VI 型包括 60 年代后期从中东分离的毒株以及随后从亚洲和欧洲分离的速发型毒株。90 年代后期对基因分型进入了更深入的研究，建立了新城疫病毒分离株遗传学和生物学鉴别的简单方法。并进一步将新城疫病毒划为 7 个基因型，分别解释了其来源和流行病学特征，发现每一类型的毒株具有相同的流行病学特性，也可能具有共同的起源。第 VII 型病毒起源于远东，它们和 80 年代末期从印度尼西亚分离的新城疫病毒毒株基因同源性高达 97%。第 VII 型病毒已引起了东亚和西欧多次新城疫暴发。

国内在 2000 年首次报道了基因 VII 型新城疫病毒在中国大陆的存在，2001 年，对 1994 年以来选取的国内不同地区的代表株进行遗传分析证实，所分离的毒株在分裂位点的氨基酸顺序均相当于新城疫病毒的强毒株，通过遗传进化树分析表明 8 株分离株中有 7 株为基因 VII 型新城疫病毒。2001 年根据 *NDV F* 基因编码区 1~374 位核苷酸序列将 68 株新城疫病毒分为 9 个基因型（30 株为国内分离株），2002 年对从我国部分地区分离的 26 株新城疫病毒分别进行研究，确定了这些毒株的基因型分类地位。2002 年通过对国内新城疫病毒流行分离株的遗传变异分析，表明国内曾经流行和正在流行的新城疫病毒共有 5 个基因型，近几年来正在流行的新城疫病毒有 4 个基因型。其中有 30 株分离株为Ⅶ型，为主要的流行毒株；有 3 株分离株为Ⅵ型，有 7 株分离株为Ⅱ型，有 1 株分离株为Ⅲ型。至于 F48E9 株，与所有分离的新城疫病毒均有较大差异，暂列为Ⅸ型，似乎在国内已不复流行。2003 年从河北省某发病鸡群中分离到 1 株新城疫病毒（HBG -1），经对其 F 基因序列比较研究后，证明该流行株为新城疫强毒株，并且有基因Ⅶ型的结构特征。

综上所述，我国的新城疫病毒毒株既有老的基因Ⅵ型，又有新的基因Ⅶ流行，更存在我国特有的基因Ⅸ型，特别是基因Ⅶ型在目前的流行似乎已十分普遍。新城疫的多基因型流行由来已久，特别是在同一时期的鸡群中同时流行多种基因型新城疫病毒毒株的情况和欧美等发达国家往往在特定时期流行特定基因型毒株的情况不太一样。这主要取决于欧、美等发达国家主要以销毁强毒感染群的方法来扑灭新城疫，而我国则一直采用以疫苗接种为主、隔离消毒为辅的措施来控制新城疫。因免疫接种并不能消除鸡群中的新城疫病毒强毒，而持续存在的病原在适当的条件下仍会引起新城疫的发生。

二、宿主范围

新城疫病毒的宿主范围非常广泛。禽是新城疫病毒的自然宿主，除此之外，还可以感染哺乳动物，如猪、牛等。新城疫病毒也可以感染人。禽类对新城疫病毒有很强的感染性，据文献报道，除家禽外，50 个鸟目中，有 27 个目的 241 种鸟类能够自然或实验室感染新城疫病毒。不同禽类感染新城疫病毒后表现的症状有一定差异。鸡是新城疫病毒最常见、最易感的自然宿主。也可以感染其他禽类，如鹅、鸭等。鸭对新城疫病毒具有一定的抵抗力。

鸡对新城疫病毒的感染性最强，各日龄鸡均易感。根据新城疫病毒毒力强弱不同，分为速发型、中发型和缓发型。不同毒力的毒株感染鸡时，临床表现有一定的差异。鸡越小，新城疫病毒感染性越强，发病和死亡越快，临床症状越不明显。较大日龄的鸡感染新城疫病毒或新城疫病毒毒力较弱时，病程较长，临床症状不明显。小鸡感染新城疫病毒，无明显症状，但死亡快，死亡率高。新城疫主要通过口、鼻、眼睛进行传播，表现呼吸道症状和神经症状。火鸡、鸽子、鹅对新城疫病毒敏感。火鸡感染新城疫病毒症状和鸡相似。鸽子感染新城疫病毒会造成病毒大规模的传播和扩散。鸭子对新城疫病毒具有一定的抵抗力。野禽是新城疫病毒的携带者，是远距离传播的重要因素。野生水禽曾经引起新城疫病毒在欧洲的大规模扩散。

除了禽类，新城疫病毒还能感染哺乳动物。虽然哺乳动物对新城疫病毒有一定的抵抗力，但人和啮齿类动物还可以自然感染，通常呈隐性感染，症状较轻，出现如结膜炎，类似感冒症状等，可自然康复。其他哺乳动物，如牛和猪感染新城疫不表现症状，可以激发自身免疫反应。

三、传播方式

新城疫病毒具有多种传播方式。在自然条件下，禽类通过呼吸道、消化道和眼结膜感染。宿主之间的传播主要是直接接触感染，也可以通过空气飞沫、污染物传播。禽之间的传播取决于宿主状态与病毒致病性。

本病的传播速度较快，鸡群中一旦有感染存在，在 4～5d 内波及全群。鸡、野鸡、火鸡、珍珠鸡、鹌鹑易感。其中以鸡最易感，野鸡次之。鸡群中传播速度快，鸭对新城疫病毒有一定的抵抗力。

造成我国新城疫病毒流行的主要原因归结为：一是鸡场的生物安全措施不到位；二是疫苗保护力存在差异；三是传播途径多样。从生物安全角度考虑新城疫的传播，我们要重点关注以下几点。第一，引种检测十分重要，通过引种检测防止新城疫病毒传入场内。第二，做好防鼠、防鸟工作。野禽作为新城疫病毒的储存库，能够长距离携带新城疫病毒并造成大范围传播。啮齿类动物及飞鸟作为主要的新城疫病毒载体，在场群之间引起新城疫病毒传播。鸡场和饲料厂的防鼠、防鸟能够有效防止新城疫病毒的机械性传播。第三，作为新城疫病毒携带载体，人员、车辆、设备的流动助力病原扩散。经流行病学调查表明，大多新城疫暴发都是由一个或两个原点为中心，人为机械传播扩散的。第四，空气中的粉尘及气溶胶可以传播新城疫病毒。新城疫病毒能够通过气溶胶在鸡群中传播。新城疫病毒黏附于气溶胶或尘埃上，在种鸡场内空气中自由流动，健康鸡在这样的环境中，通过呼吸道吸入新城疫病毒，引发新城疫。第五，饲料、饮水被新城疫病毒污染。新城疫病毒还可以通过粪便进行传播。处于感染潜伏期和发病期的感染禽通过粪便持续向环境中排毒，健康鸡通过采食污染的饲料或饮水而直接感染。这是无毒力肠型新城疫病毒传播的直接方式，感染后不表现呼吸道症状。第六，上市销售的家禽严禁返场。活禽交易市场作为家禽疫病的汇聚中心，是新城疫病毒传播和扩散的焦点。各种家禽及产品经长距离、高频次的运输与接触，极易引发新城疫病毒的传播。

四、临床症状

禽类感染新城疫病毒的典型症状以呼吸困难、下痢、神经紊乱、黏膜和浆膜出血为主要特征。新城疫病毒感染的临床症状和病理变化表现多样性，取决于多种因素，如宿主种类、日龄、健康状态、病毒致病性、免疫效果、环境因素、感染途径、感染剂量等。

新城疫发生有明显的季节性。一年四季都可发病，主要集中在冬、春寒冷季节。新城疫的潜伏期为 2～21d，通常家禽感染后潜伏期为 2～6d。潜伏期的长短由宿主的种类、状态及新城疫病毒致病性强弱决定。

速发型新城疫病毒可分为 2 类。根据鸡感染新城疫病毒的临床表现、病毒毒力及对不同器官的亲嗜性分为嗜内脏速发型新城疫病毒和嗜神经速发型新城疫病毒。嗜内脏速发型新城疫病毒致病力极强，感染鸡群后，死亡率在短时间内迅速升高。症状表现为呼吸困难、精神沉郁、神经症状及消化道出血，通常伴有下痢，死亡速度快。敏感鸡群能达到极高的死亡率（100%）。嗜神经速发型新城疫病毒通常引发亚急性临床病例，鸡群感染后突发呼吸道症状，表现为咳嗽、呼吸困难，感染 1～2d 后表现神经症状，如歪头、转圈、阵发痉挛等。产蛋率急剧下降，发病率达到 100%，死亡率一般较低。

嗜神经速发型新城疫病毒是最早发现的速发型新城疫病毒，也是毒力最强，分布最广的速发型新城疫病毒。中发型新城疫病毒由中等毒力毒株和疫苗弱毒株组成。致病力稍微缓和，主要引起幼龄鸡的呼吸道症状和神经症状，主要症状为咳嗽、喘鸣音。成年鸡感染后产蛋率下降，症状持续几周，可能出现神经症状，死亡率较低。多种并发因素促进鸡群发病，如鸡群应激、免疫失败、免疫抑制等。缓发型新城疫由部分速发型新城疫病毒疫苗弱毒所致，一般不感染成年鸡。幼龄鸡感染后表现严重的呼吸道症状。幼龄鸡感染缓发型新城疫病毒后，容易激发感染速发型新城疫病毒强毒或其他疫病，引起死亡。

五、流行概况

在世界范围内，新城疫属于禽的高发疫病，其中亚洲共有 24 个国家，欧洲 28 个国家，非洲 39 个国家，美洲 1 个国家报告新城疫疫情。新城疫在全世界的传播和流行给全球经济带来很大打击，防控工作一直以来都是全世界的难题。新城疫仍是很多国家家禽养殖业的重要危害疫病，尤其是在发展中国家。因此，掌握新城疫的流行病学规律，对于全球，尤其是我国的新城疫防控十分重要。

新城疫一直是我国重点防控的禽类重要疫病，曾给我国养禽业带来沉重打击。近年来，一方面，随着我国养禽业水平的不断提高，规模化程度不断加大，生物安全管理水平不断提升，我国养禽业新城疫新增疫情逐年下降。另一方面，我国长期采取疫苗免疫及扑杀相结合的策略，同时新城疫被列为国家种禽场主要动物疫病净化的重点病种，通过历年监测、扑杀，我国家禽新城疫病毒强毒感染率逐年减少。

第二节　防控策略

一、国家防控策略

新城疫直接或间接引起的鸡呼吸道病、产蛋下降或偶尔的大批死亡，非典型新城疫感染仍然严重，通常呈隐性感染，使我国养禽业蒙受巨大的经济损失。《国家中长期动物疫病防治规划（2012—2020 年）》将新城疫定为优先防治的动物疫病之一。

开展严密的病原学监测与跟踪调查，为疫情预警、防疫决策及疫苗研制与应用提供科学依据。改进家禽养殖方式，净化养殖环境，提高家禽饲养、屠宰等场所防疫能力。完善检疫监管措施，提高活禽市场准入健康标准，提升检疫监管质量水平，降低活禽及其产品长距离调运传播疫情的风险。严格执行疫情报告制度，完善应急处置机制和强制扑杀政策，建立扑杀动物补贴评估制度。完善免疫政策和疫苗招标采购制度，明确免疫责任主体，逐步建立免疫退出机制。完善区域化管理制度，积极推动无疫区和生物安全隔离区建设。

二、净化策略

鸡新城疫是我国规定的 4 种重要家禽净化疫病之一。新城疫的防控要经过控制、净化和消灭 3 个阶段。而新城疫的净化工作则是从源头消灭新城疫的前提。净化新城疫的目的是从源头切断新城疫的流行，促进养禽业持续健康发展。根据鸡新城疫的疫病特征及发展规律实施预防控制措施，通过控制、净化最终达到消灭新城疫的目标。我国新城疫的净化一直采取免疫、扑杀为主的防控策略。但临床频频出现免疫失败的现象，因此，必须建立疫病净化的防疫理念，采取监测、隔离、淘汰、扑杀、提高生物安全水平为主的综合防控策略。

目前我国采取区域净化与场群净化相结合的净化策略。区域净化采取属地管理制度、分阶段实施等策略。场群净化以养殖场为责任主体。国家引导和支持种畜禽企业开展疫病净化。建立无疫企业认证制度，制定健康标准，强化定期监测和评估。建立市场准入和信息发布制度，分区域制定市场准入条件，定期发布无疫企业信息。引导种畜禽企业增加疫病防治经费投入。新城疫净化工作是一项长期艰巨的工程，需要多方配合，分阶段实施才能完成。第一阶段减少临床发病，第二阶段降低阳性率，第三阶段尝试根除病原。

(一) 本底调查

要结合实际家禽饲养情况展开疫病净化的本底调查工作，了解疫病状况、免疫水平、疫病风险点、生物安全措施及饲养管理情况，评估净化成本和人力物力投资。掌握新城疫传入和传出的关键风险点，制定适用于本场的生物安全规范化管理措施及净化方案。本底调查的内容包括基础设施条件、生产管理水平、防疫管理水平及兽医技术力量等，观察鸡群健康状况，了解本场新城疫的流行历史和现状、免疫程序、免疫效果等，针对实际情况提出改进措施。同时按照一定比例采样检测，掌握新城疫带毒和免疫抗体水平情况。

(二) 免疫净化

新城疫在免疫控制阶段，种鸡场应根据本场新城疫的防控情况制定科学免疫程序，结合监测、分群、淘汰等综合防控措施，使新城疫的临床发病得到有效控制，逐步实现免疫无疫，为下一步非免疫无疫净化奠定基础。通过强化新城疫免疫和免疫抗体监测，维持较高的免疫抗体水平，降低鸡群易感性，将临床发病控制在最低水平，实现免疫无疫。种鸡场应优先选用本场或区域优势毒株相对应的优质疫苗，制定新城疫免疫程序和抗体监测计划，在保障养殖管理科学有效、生物安全措施得力和环境可靠的同时，根据抗体监测效果及周边疫情动态适时调整免疫程序，在做好种鸡群免疫的基础上，重点做好雏鸡、育成鸡的免疫。

近年来，由于受鸡新城疫疫苗质量、免疫接种方式方法、免疫程序及饲养管理水平等因素的影响，免疫效果往往不尽人意。对引起新城疫免疫失败的原因通常有 2 种观点。一种观点认为虽然 NDV F 基因出现一定的变异，但对疫苗的保护力影响不大。免疫失败是由于疫苗使用不当，生产管理水平低，免疫抑制性疾病影响免疫效果。另一种观点是近年来由于鸡群大剂量、多频次使用弱毒疫苗。新城疫病毒在强大的免疫压力下，促使 F 基因发生变异，诱导出现新的毒株，使得传统疫苗不能有效控制新城疫的流行。免疫鸡群由于一定的疫苗保护作用，感染新城疫后通常不表现典型的临床症状。虽然死亡率不高，但严重影响鸡群的生产性能。产蛋率下降明显，产蛋高峰期的鸡产蛋量骤降，出现软壳蛋、沙皮蛋、畸形蛋等。

在新城疫免疫净化的基础上，我国开始试点新城疫免疫无疫区建设。新城疫免疫无疫区域除要达到国家无规定疫病区基本条件外，还应符合该区域在过去 3 年内未发生过新城疫，有定期的、快速的动物疫情报告记录。该区域和缓冲区实施强制免疫，免疫密度 100％，所用疫苗必须为符合国家兽医行政管理部门规定的弱毒疫苗（脑内接种致病指数 ICPI 测定≤0.4）或灭活疫苗。该区域和缓冲区须具有运行有效的监测体系，过去 3 年内实施监测，未检出 ICPI＞0.4 的病原，免疫效果确实。所有的报告及免疫、监测记录等有关材料准确、翔实、齐全。若新城疫免疫无疫区内发生新城疫时，所有病禽扑杀后 6 个月，经实施有效的疫情监测确认后，方可重新申请新城疫免疫无疫区。新城疫非免疫无疫区是指该区域除要达到国家无规定疫病区基本条件外，还应符合：在过去 3 年内没有暴发过新城疫，并且在过去 6 个月内，没有进行过免疫接种；另外，该地区在停止免疫接种后，没有引进免疫接种过的禽类。有定期的、快速的动物疫情报告记录。在该区具有有效的监测体系，过去 3 年内实施疫病监测，未检出 ICPI＞0.4

的病原或 HI 滴度≤2^3（1∶8）。所有报告及监测记录等有关材料准确、详实、齐全。若新城疫非免疫无疫区内发生新城疫时，在采取扑杀措施及血清学监测情况下，所有病禽扑杀后 6 个月；或采取扑杀措施、血清学监测及紧急免疫情况下，所有免疫禽屠宰后 6 个月，经实施有效的疫情监测和血清学检测确认后，方可重新申请新城疫非免疫无疫区。

三、种鸡场的防疫策略

种鸡场进行新城疫防控，其饲养管理水平及生物安全水平十分重要。采用严格的生物安全规范化管理，能够有效防止新城疫的传入，并减少区域流行的可能性。

（一）把好引种关

做好引种检测，防止通过引种引入新城疫病毒。种鸡场引入的种鸡应来源于有《种畜禽生产经营许可证》的种鸡场，国外引进种鸡和种蛋应符合相关规定，宜优先考虑从获得农业农村部净化评估的种鸡场引种。引进种鸡应具有"三证"（种畜禽合格证、动物检疫证明、种鸡系谱证）。鸡场所用种蛋、后备种鸡和引入种鸡应进行检测，确认开展净化的特定病种为阴性。对引入种鸡尤其应实行严格的隔离检测，一般在独立的隔离舍隔离 40d 以上，确保临床健康、新城疫感染阴性后，经彻底消毒方可进入场区。

（二）把好免疫关

目前，养殖户越来越认识到新城疫免疫的重要性，而且国内流通的正规渠道生产的新城疫疫苗毒株稳定，变异性不高。但部分养殖户仍然免疫不到位，新城疫免疫失败现象频发，其中散养户成为新城疫防控的关键风险点。新城疫疫苗质量、免疫程序以及免疫途径都影响新城疫的免疫效果。提高养殖场新城疫防控的生物安全水平，能够减少新城疫发病率，有效增加企业效益。种鸡场应根据本场制定的免疫制度，结合新城疫特点、疫苗情况及本场净化工作进程，制定合理的免疫程序，建立免疫档案。同时，根据周边及本场疫病流行情况、净化工作效果、实验室检测结果，适时调整免疫程序。

(三) 把好监测关

种鸡场应根据制定的新城疫监测计划，切实开展疫病监测工作，及时掌握疫病免疫保护水平、流行现状及相关风险因素，适时调整疫病控制策略。根据建立的特定疫病净化方案和发现阳性动物处置方案等，切实开展净化监测、隔离、淘汰和无害化处理等工作。根据监测结果建立种鸡淘汰、更新和后备鸡留用标准，在关注生产性能、育种指标的同时，重点关注垂直传播疫病情况。种鸡场应建立种鸡淘汰记录，因传染病淘汰的鸡群，应按照国家有关规定执行，必要时实行扑杀和无害化处理。

(四) 把好生物安全关

种鸡场须建立入场和进入生产区的人员登记制度，进出人员应严格消毒。场内应严格按照清扫、清洗、消毒的程序进行严格消毒，降低新城疫病毒通过环境传播的概率。生产区内环境，包括生产区道路及两侧、鸡舍间空地应定期消毒，常用的消毒剂有醛类消毒剂、氧化剂类消毒剂等。生产区内空栏消毒和带鸡消毒是预防和控制疾病的重要措施。鸡舍空栏后，应彻底清扫、冲洗、干燥和消毒，有条件的鸡场最好在进鸡之前进行火焰消毒。生活区周围环境应定期消毒，常用的消毒剂有季铵盐类、氧化剂类消毒剂等。除上述日常预防性消毒外，种鸡场应根据种鸡场周边或本地区新城疫流行情况，启动紧急消毒，增加消毒频率，严格控制人员和车辆出入，防止外来疫病传入。

第三节　监测技术

典型新城疫具有典型的病变，因此，根据其流行特点、临床症状及病理变化可以做出初步诊断。但由于近些年新城疫病毒变异增多和免疫压力加大，很多新城疫的临床病例不表现典型的临床症状和病理变化，通常容易与禽呼吸道疫病混淆。新城疫的进一步确诊需要进行实验室诊断。新城疫诊断技术通常包括临床诊断、病毒分离与鉴定、血凝试验、血凝抑制试验、反转录聚合酶链式反应（RT-PCR）以及综合判定。

（一）病毒分离与鉴定

进行新城疫病毒的分离培养，首先保证在无菌条件下采集发病鸡新鲜的组织病料，如鸡的呼吸道分泌物、肺组织、肠组织，充分剪碎并用灭菌的玻璃研磨器磨碎，按 1∶5 比例加入灭菌生理盐水稀释混匀，3 500r/min 离心 20min，取上层液体，加入青霉素、链霉素，使之终浓度为 1 000IU/mL，4℃处理 2h 备用。将样品经尿囊腔接种 9～11 日龄 SPF 鸡胚，置 37℃培养，每天照蛋，连续 5d。强毒和中等毒力毒株常使鸡胚在 36～96h 死亡。鸡胚全身充血，头和翅等部位出血，尿囊液澄清，内含有大量病毒，呈现较高血凝性。弱毒株可能不致鸡胚死亡，但鸡胚液能凝集红细胞，可疑病料如果不致鸡胚死亡，不要轻易作出结论，应取鸡胚组织在尿囊液中磨碎，制成悬液，继续接种鸡胚盲传 3 代。分离培养的新城疫病毒通常采用 HA 和 HI 进行鉴定。病毒分离鉴定是新城疫诊断的金标准，是最为准确的诊断方法之一，但该方法操作复杂，费事费力，不宜在临床诊断中应用。

（二）血清学诊断

新城疫血凝试验（HA）和血凝抑制试验（HI）检测方法，利用新城疫病毒囊膜上血凝素能够凝集鸡和多种动物红细胞的特性，和鸡血清抗体能抑制血凝素凝血的特性，对新城疫病毒进行定性检测。该方法操作简单，方便，易行，是目前新城疫检测的常用方法。新城疫血凝试验和血凝抑制试验检测方法可以鉴定出亚型，准确率高，是目前公认的检测方法。但是，不能检测新出现的亚型。检测过程比较烦琐，实验室多用这种试验方法进行抗体监测及新城疫病毒的诊断。

酶联免疫吸附试验是目前新城疫诊断中研究最深入、使用最广泛的方法。该方法具有敏感性强、特异性高、检测速度快、高通量检测等特点，适用于各类新城疫病毒的实验室诊断、疫病监测、免疫效果评估，也广泛应用于新城疫的免疫机理研究及流行病学调查等工作中。

新城疫血清学检测方法除了上述 2 种常用的方法外，还包括琼脂扩散试验（AGP）、血清中和试验（SNT）、协同凝集试验、神经氨酸酶抑制试验（NIT）、放射免疫试验（RIA）、免疫酶组化技术等。

目前的血清学检测方法不能区分新城疫疫苗毒株抗体和感染毒株抗体，再加上目前我国鸡群普遍免疫新城疫，因此，从诊断的角度讲，血清学检测方法意义不大。血清学检测方法通常用于免疫效果评价，判断免疫是否有效激发机体免疫反应。

（三）分子生物学诊断

新城疫病毒的分子生物学检测方法基于 PCR 检测方法，进行基因层面的分析研究，由于新城疫病毒是 RNA 病毒，因此，新城疫病毒 RNA 的反转录十分关键。反转录-聚合酶链式反应（RT-PCR）是现在应用较多的一种 NDV 的病原学检测方法。该检测方法具有高敏感性和高特异性的优点。扩增产物通过限制内切酶分析、探针杂交等方法进一步分析分子流行病学。目前 RT-PCR 广泛应用于新城疫病毒的诊断和检测中。RT-PCR 能够直接从病料和粪便中检测出新城疫病毒，操作简单。

实时荧光定量 PCR 检测方法是通过荧光染料或荧光标记的特异性探针，对 PCR 产物进行标记跟踪，实时在线监控反应过程，结合相应的软件可以对产物进行分析，计算待测样品模板的初始浓度。该方法广泛应用于新城疫的实验室检测。实时荧光定量 PCR 能够针对新城疫病毒的特异性片段设计探针和引物，能够区分新城疫病毒的强毒株和弱毒株。该方法极大地提高了新城疫防控的水平，目前作为新城疫暴发时的最重要检测方法，广泛应用于新城疫的流行病学调查中。

另外，还有 PCR-ELISA 技术，是一种将 PCR 与 ELISA 两种技术连接起来的新技术。具有高度的敏感性和特异性，但试验条件要求较高，不利于推广应用。分子生物学诊断的整体准确性比血清学诊断高，不存在血清学诊断中的各种干扰因素。分子生物学诊断能够直接从分子水平检测新城疫病毒核酸存在，是新城疫实验室确诊的重要方法。

第四节　风险点控制

为了达到良好的净化水平，应及时发现并严格控制新城疫的传播风险点。结合传染病流行要素，构建持续有效的生物安全防护体系，确保净化效果持续、有效。

一、控制流行环节

(一) 控制传染源

通过病原学诊断和血清学监测，及时发现新城疫疑似感染或病原学阳性鸡只，对疑似感染和阳性鸡只实施隔离、淘汰和无害化处理控制传染源。

(二) 切断传播途径

1. 水平传播　通过环境控制、人员管理、物流管控和实行全进全出生产模式，降低疫病水平传播风险；对场内实施消毒措施及时杀灭病原微生物，阻止其扩散传播。

2. 垂直传播　过去，许多鸡场忽视了阻断垂直传播性疫病在生物安全中的关键作用，即忽视了雏鸡来源的种鸡场对垂直传播性病原的感染状态的监控，而预防和阻断种鸡来源，这恰恰是生物安全的最基本措施。现代种鸡生产具有原祖代-曾祖代-祖代-父母代-商品代的繁育生产链。上一代携带的可经种蛋垂直传播的疫病很可能传给下一代的雏鸡。这些经种蛋垂直传播疫病的感染率往往会逐代放大。这是因为蛋传病毒不仅在雏鸡出壳后就可能排毒，而且在刚出壳的雏鸡间特别容易发生横向感染，这种横向感染在孵化室及运输箱中很容易发生。近些年，我国开始重视种鸡疫病的净化问题和鸡产品的可追溯管理，试图根据种鸡的销售路线，从源头净化种鸡场，追踪溯源，阻断疫病更广泛的传播。强化本场留种和引种的检测，避免外来病原传入风险。

(三) 保护易感动物

按照当地的新城疫流行情况制定免疫程序，建立完善的防疫和生产管理等制度，对鸡群采取全面免疫措施是我国当前控制鸡新城疫的关键环节。

二、设施设备建设环节

(一) 场区结构布局

合理的种鸡场选址和布局是控制疫病传入传播的重要风险点。种鸡场的选址、布局、设施设备应符合《动物防疫条件审查办法》中相关要求。场址应远离居民区、生活饮用水源地、畜禽生产场所和相关设施，如动物诊所、活禽交易市场和屠宰场等，远离集贸市场、交通要道、大型湖泊和候鸟迁徙路线，选择利于鸡舍保温和通风的较高地势，选择上风向位置，鸡舍周围保持良好的卫生状况。生活区、生产区、污水处理区、病死鸡无害化处理区分开，各区要相隔离有效距离；鸡舍布局合理，育雏舍、育成舍、种鸡舍、孵化室和隔离舍等分别设在不同区域并有效隔离。

（二）防疫设施建设

开展动物疫病净化的种鸡场应配备必要的防疫设施设备。种鸡场生产区门口应设置人员消毒设施，采取喷淋、雾化、负离子臭氧消毒或其他更有效的方式。开展疫病净化的种鸡场宜采用较为严格的沐浴、更衣、换鞋以及配合喷淋、雾化或负离子臭氧消毒的综合消毒方式，或其他更有效的方式，确保进入生产区人员的消毒效果。生产区应配套日常物品消毒设备和水源消毒设备，每一栋鸡舍门口应设置消毒池，鸡舍入口应配有消毒盆，供出入鸡舍人员洗手消毒，必要时，种鸡场宜配备火焰消毒设备。种鸡场应设置自然或人工屏障与外界有效隔离，防止外来人员、车辆、动物随意进入鸡场。种鸡场鸡舍应有防鸟、防鼠措施和设施，种鸡场应设置明显的防疫标志。对关键的设施设备应建立档案，按计划开展维护和保养，确保设施设备的齐全完好。

（三）无害化处理设施

种鸡场应建有无害化处理设施，对病鸡、死鸡及其污染的禽产品应按《病死及病害动物无害化处理技术规范》要求采用焚烧法、化制法、掩埋法进行无害化处理。种鸡场应配备处理粪污的环保设施设备，有固定的鸡粪储存、堆放设施和场所，并有防雨、防渗漏、防溢流措施，对粪污按照规范要求采取有效的无害化处理方式处理，或及时转运处理。

（四）生产设施要求

种鸡场内鸡舍的设计应充分考虑减少用水、便于清粪、利于防疫。种鸡场应尽可能提高喂料、喂水和给药过程的自动化和定量控制水平。种鸡场应配备必要的降温保暖设施，确保各阶段鸡群在较适宜的温度环境下生长。种鸡场应配备相适宜的通风设备，保持鸡舍空气清新，维持舍内温度湿度。鸡场的各类投入品，如饲料、添加剂、药物、疫苗等应分开储存且符合相关规定，应配有专门用于疫苗、兽药保存的冰箱或冰柜。

三、管理制度建设环节

将疫病传入传播的人为因素关进制度的笼子里是疫病净化工作中防疫环节的必要风险点控制措施。

（一）引种管理

引种是导致疫病传入鸡场的首要风险点，加强引种管理的制度建设至关重要。做好引种检疫，杜绝病原传入，是种鸡场疫病防控工作的重点。种鸡场引种应来源于有《种畜禽生产经营许可证》的种鸡场，宜优先考虑从农业农村部通过净化评估的种鸡场引种。引进种鸡应具有"三证"（种畜禽合格证、动物检疫证明、种鸡系谱证）。国外引进种鸡和种蛋应符合相关规定。鸡场所用种蛋、后备种鸡和引入种鸡应进行检测，确认开展净化的特定病种为阴性。对引入种鸡尤其应实行严格的隔离检测，确保临床健康、新城疫感染阴性后，经彻底消毒方可投入生产。实行人工授精的种鸡场，应每只鸡使用一套输精设备，避免输精过程中交叉感染。采集精液应在洁净区域内进行。一个饲养区的种鸡应为同一来源、同一批次。种鸡的孵化也应按孵化室或孵化器实行"全进全出"制度。不同批次之间应设空舍期，以便对鸡舍进行全面彻底的清洁消毒。

（二）防疫管理

种鸡场应按照当地畜牧兽医管理部门制定的免疫计划，根据本场制定的免疫制度，结合鸡新城疫特点、疫苗情况及本场净化工作进程，制定合理的免疫程序，建立免疫档案。根据制定的疫病监测计划，切实开展疫病监测工作，及时掌握疫病免疫保护水平、流行现状及相关风险因素。同时，根据周边及本场疫病流行情况、净化工作效果、实验室检测结果，适时调整疫病控制策略和免疫程序。鼓励通过鸡新城疫免疫净化评估的种鸡场，结合自身实际，评估疫病防控成本，分种群、分阶段、有步骤地由免疫净化向非免疫净化推进。

（三）生产管理

种鸡场应实行分区饲养和全进全出生产模式，鼓励有条件的种鸡场实行分点饲养及"全进全出"的饲养工艺。根据生产需要对人流、物流、车流实行严格的控制。种鸡、蛋鸡、后备鸡、育成鸡、育雏鸡要分群饲养，分别制定饲养标准和防疫程序。建立投入品（含饲料、兽药、生物制品）使用制度，免疫、引种、隔离、兽医诊疗与用药、疫情报告、病死鸡无害化处理、消毒等防疫制度，销售检疫申报制度、产品质量安全管理制度、日常生产管理制度、车辆及人员出入管理制度、疫病净化方案和阳性动物处置方案等。做好各种人员培训、生产记录、育种记录和饲料、兽药使用记录；建立完整的防疫档案，并将档案和记录保存3年（含）以上，建场不足3年的以建场时间算。

（四）人员管理

制定严格的外来人员和车辆进出管理制度。尽可能减少外来人员的进入，外来人员、返场人员进入前应清洁消毒，并按规定的时间隔离净化。尽可能减少不同功能区内工作人员的交叉走动，一旦交叉要有可行的清洗和消毒处理措施。生产一线人员上班期间不得去家禽批发市场、农贸市场，不得进入员工食堂工作区。严禁外来车辆进入生产区，运输饲料、动物、废弃物的车辆需经过严格清洗消毒方可进入指定区域。舍内可移动车辆如饲料车、运蛋车、除粪车等，用具如手推车、铁锹、蛋筐等定期消毒，妥善管理。严禁从场外购进家禽在场区内饲养，严禁将禽类及其制品带入场区食用。

（五）环境控制

鸡舍的温度、湿度、光照、通风、粉尘及微生物的含量等都会影响鸡的生长发育和产蛋。特别是鸡舍的氨气超过限量，对鸡的生长发育甚至免疫都会产生不利，还容易诱发传染性鼻炎等呼吸道疫病。因此，应定期对鸡舍内环境进行监测，确保鸡舍内通风换气良好。鸡舍应采用密闭饲养，纵向通风，可以将舍内有害气体（氨气）和尘埃及时排出舍外，又可将舍外新鲜空气进入舍内，减少病原微生物附着尘埃颗粒，达到控制传染病传播的作用。带鸡消毒在很多鸡场已成为必须坚持的防疫措施，定期对鸡舍进行带鸡消毒，杀灭鸡舍内病原微生物，在防病灭病方面起到很好作用。

（六）淘汰鸡管理

淘汰鸡包括生产周期结束时的鸡群正常淘汰及感染鸡和免疫抑制鸡的强制淘

汰。种鸡场应建立种鸡淘汰、更新和后备鸡留用标准，在关注生产性能、育种指标的同时，重点关注垂直传播性疫病情况。在新城疫感染比率较高时，可在免疫、监测、分群、淘汰的基础上，加大种鸡群淘汰更新比率，严控后备鸡并群。在新城疫感染比例较低时，在免疫、监测、清群、淘汰的基础上，种鸡场结合生产性能，缩短更新周期甚至一次性淘汰所有带毒鸡。在疫病净化过程中，应及时清除检测出的感染鸡，逐步建立阴性群，最终实现种鸡场净化状态。同时，要严格按照鸡场制定的淘汰计划淘汰加强免疫后仍不合格的种鸡群。因传染病淘汰的鸡群，应按照国家有关规定执行，必要时实行扑杀和无害化处理。应建立严格的种鸡淘汰记录并建档保存。

第五节　净化程序

新城疫的净化工作需在开展本底调查的基础上，按照制定的一场一册净化方案，以严格的生物安全控制措施为前提，以科学的免疫监测技术为支撑，以淘汰带毒鸡或鸡群为抓手，加强鸡群生物安全综合防控措施，逐步提高净化成效，最终建立净化场群。

一、净化工作准备

开展新城疫净化工作之前需要做好以下准备工作：

（一）净化区域和范围的确定

净化区域和范围确定的原则：一是要根据本地家禽养殖情况；二是要根据新城疫对当地养禽业生产影响情况；三是要根据当地财力支付能力。净化区域和范围的选择可以是一个行政区域，也可以是一个或几个养殖场。

（二）检测方法的筛选

实施新城疫净化应根据新城疫特点筛选检测方法，并按国家规定选择诊断试剂。建议：新城疫血清学检测采用血凝抑制试验，执行 GB/T 16550—2020《新城疫诊断技术》标准；病原学检测采用病毒分离或新城疫病毒荧光 RT-PCR 检测，通过基因测序区分野毒和疫苗毒，执行 GB/T 16550—2020《新城疫诊断技术》。不同地区或养殖场由于新城疫感染状况不一，需进行检测的次数有所不同，检测时间应根据不同地区或养殖场生产情况确定，一般每年安排 1 次，也可每季度安排 1 次。

（三）完善档案管理

在建立养殖档案的基础上，种鸡场应建立新城疫净化档案，档案应包括以下内容：主要动物疫病净化计划或方案。种鸡场的各项管理制度，包括各项免疫、疫病监测、检疫、隔离、生物安全、卫生消毒、药物使用等制度。种鸡场的各项记录，包括：种禽的来源、隔离检疫情况；免疫记录；监测记录；淘汰记录；种鸡发病诊疗记录；卫生消毒情况；兽药来源及使用情况；病死和阳性动物无害化处理情况；其他需要保存的资料等。疫病净化档案均应造册保存，以方便查询和检查。

二、净化程序

疫病净化工作需要经历本底调查阶段、免疫控制阶段、监测净化阶段和净化维持四个阶段。有条件的种鸡场可根据本场本底调查情况，自主选择进入免疫控制阶段或监测净化阶段。

（一）本底调查阶段

开展净化工作之前需要进行本底调查，目的是掌握本场新城疫的感染情况，了解鸡群健康状态、免疫水平，评估净化成本和人力物力投入，制定适合于本场实际情况的净化方案。调查内容需要全面考察鸡场实际情况，包括基础设施条件、生产管理水平、防疫管理水平及兽医技术力量等，观察鸡群健康状况，了解本场新城疫的流行历史和现状、免疫程序、免疫效果等，针对实际情况提出改进措施。同时通过对种鸡场的鸡群按照一定比例采样检测，掌握新城疫带毒和免疫抗体水平情况。

（二）免疫控制阶段

本阶段，种鸡场应根据疫病本底调查结果和净化病种特点，采取以免疫、监测、分群、淘汰、强化管理相结合的综合防控措施，使新城疫的临床发病得到有效控制，逐步实现免疫无疫状态，为下一步非免疫无疫净化奠定基础。

1. 控制目标　对有新城疫临床疑似病例的鸡群和死亡鸡进行病原学监测，淘汰感染鸡，及时清除病原。通过强化免疫和免疫抗体监测，维持较高的免疫抗体水平，降低鸡群易感性，将临床发病控制在最低水平，逐步实现免疫无疫。

2. 控制措施

（1）免疫控制　种鸡场应优先选用本场或区域优势毒株相对应的优质疫苗，制定新城疫免疫程序和抗体监测计划，在保障养殖管理科学有效、生物安全措施得力和环境可靠的同时，根据抗体监测效果及周边疫情动态适时调整免疫程序，在做好种鸡群免疫的基础上，重点做好雏鸡、育成鸡的免疫。

（2）引种控制　引种场建立有种禽引种隔离检疫舍和病禽隔离舍，建有发病动物诊疗间、病死动物解剖间。在引种（包括引进精液、种蛋）时，要做好引种地的流行病学调查，严禁从疫区引种。引进的种禽要进行严格的检疫，隔离观察期要大于动物疫病的潜伏周期。隔离观察期间，要至少对所有引进种禽进行一次动物疫病检测，确保引进的种鸡（包括精液、种蛋）为无疫，方可进入生产区。

（3）生物安全控制

①坚持全进全出制度　自繁自养种鸡场实行全进全出制度。一个饲养区的种鸡应为同一来源、同一批次。种鸡的孵化也应按孵化室或孵化器实行全进全出制度。不同批次之间应设空舍期，以便对鸡舍进行全面彻底的清洁消毒。

②人员和车辆物品要严格消毒　一是控制人员出入，场门口和各鸡舍（栋）门口应设立消毒池，定期更换消毒药液。二是进入禽场的车辆除过消毒池消毒外，还应对车身进行喷洒消毒。三是管理人员和饲养人员应采取淋浴、消毒液洗手、紫外线照射衣物等方式消毒。四是衣、帽、鞋等可能被污染的物品，可采取浸泡、高压灭菌等方式消毒。五是一线饲养人员严禁串舍，生产工具不得混用。

③舍外环境的消毒　对舍外环境及道路要定期进行清扫、冲洗和消毒；定期清理排污沟内的粪污，保持排污系统通畅；定期清理舍外杂草，填平低洼地，定期开展灭鼠、灭蚊蝇、杀虫防鸟等工作，及时排出积水。

④舍内环境的消毒　一是空舍消毒。全面清扫舍内所有污染物；用水枪冲洗舍内环境和设备设施表面污物；用火焰喷灯对耐火区域和设备进行灼烧消毒；根据舍内环境情况，选择适宜的消毒药，对环境和设备用具进行喷洒消毒。二是带禽消毒。彻底清扫鸡舍内的污物，清洗地面、料槽、水槽和各种用具；关闭舍门

窗，关闭风机；使用喷雾器喷雾消毒，消毒时，喷雾器应在鸡群的上方均匀喷洒，使消毒液均匀落在笼具、鸡体体表和地面上。带鸡消毒应选择无刺激或刺激性小的消毒药。

（三）监测净化阶段

1. 监测内容及比例　本阶段的监测重点是后备鸡转群和开产前（或留种前）的免疫抗体监测和病死鸡的病原监测，确保种鸡群及个体良好的免疫保护屏障、跟踪鸡群病原感染情况，具体监测情况见表 6-1。

表 6-1　种鸡场新城疫净化的监测内容及比例

种群	最低监测比例	监测频率	监测内容	监测样品
曾祖代及以上母鸡	10%（总样本量不少于200只）	后备鸡转群前检测1次，开产或留种前检测1次，40～45周龄检测1次	免疫抗体	血清
祖代母鸡	5%（总样本量不少于200只）	后备鸡转群前检测1次，开产或留种前检测1次，40～45周龄检测1次	免疫抗体	血清
父母代母鸡	2%～3%（总样本量不少于200只）	后备鸡转群前检测1次，开产或留种前检测1次，40～45周龄检测1次	免疫抗体	血清
种公鸡	100%	后备鸡转群前检测1次，正式采精前检测1次，40～45周龄检测1次	免疫抗体	血清
病死鸡	100%	后备鸡以后	病原	组织病料

2. 检测方法　①新城疫病毒核酸检测：活鸡采集咽喉和泄殖腔棉拭子，雏鸡也可采集新鲜粪便，病死鸡采集脑、肺脏、脾脏等组织。依据 GB/T 16550—2020《新城疫诊断技术》或 SN/T 0764—2011《新城疫检疫技术规范》，利用反转录聚合酶链反应或实时荧光反转录聚合酶链反应，检测新城疫病毒核酸。也可选用商品化试剂盒。②新城疫抗体检测：采集禽血清，依据 GB/T 16550—2020《新城疫诊断技术》，利用血凝抑制试验，检测血清中新城疫抗体，评估免疫抗体水平。也可选用商品化试剂盒。合格免疫抗体判定标准：新城疫个体 HI 抗体效价≥7log2，且群体免疫合格率≥80%。

3. 监测结果处理　对免疫抗体不合格的种鸡群，若新城疫抗体检测免疫合格率低于80%的，加强免疫1次，3～4周后重新采血检测，按照鸡场制定的淘汰计划，淘汰加强免疫后抗体不合格的种鸡群。对病死鸡进行病原学监测，对病原学监测阳性和发现的新城疫临床疑似病例，报告当地动物疫病预防控制机构，及时采集病料送省级疫控机构诊断，如确诊发生新城疫，养殖场应配合兽医部门按照国家有关规定处理。新城疫病毒核酸检测阳性者，扑杀所有的病鸡和同群鸡，并对所有病死鸡、被扑杀鸡及其鸡产品按照《病死及病害动物无害处理技术规范》（农医发〔2017〕25号）规定进行无害化处理。

4. 净化效果评价　当种鸡群历经2次及2次以上普检和隔离淘汰，种鸡群抽检群体免疫抗体合格率达到90%以上（其中HI平均滴度≥7log2，群体HI免疫抗体合格率达到80%以上）；连续2年未发现新城疫病原学阳性且未出现新城疫临床病例，即认为达到新城疫的免疫净化标准，可按照程序申请净化评估，抽样检测见表6-2。有条件的种鸡场，可探索哨兵动物监测预警机制，鸡舍可设置非免疫育成鸡，跟踪观察，定期监测。

表6-2　鸡新城疫免疫净化评估实验室检测方法

检测项目	检测方法	抽样种群	抽样数量	样本类型
病原学检测	PCR及序列分析	种鸡群	按照证明无疫公式计算：置信度95%，预期流行率1%（随机抽样，覆盖不同栋舍鸡群）	咽喉和泄殖腔拭子
鸡新城疫免疫抗体	HI	种鸡群	按照预估期望值公式计算：置信度95%，期望90%，误差10%（随机抽样，覆盖不同栋设鸡群）	血清

（四）净化场的维持

种鸡场达到新城疫净化状态或通过评估后，应继续采取净化效果维持措施。

1. 持续监测　净化鸡群建立后，定期开展监测，以维持净化鸡群的健康状态。

2. 规范免疫　根据本地区和本场新城疫流行情况，依据《动物防疫法》及有关法律法规的要求，制定免疫程序，并按程序执行。通过净化评估的企业，根据自身情况可逐步退出免疫，实施非免疫净化管理。如净化维持期间监测发现隐性感染或临床发病，应及时调整免疫程序，必要时全群免疫，加大监测和淘汰力度，实行全进全出，严格生物安全操作，维持净化效果。

3. 加强管理　健全生物安全防护设施设备、加强饲养管理，严格执行卫生防疫制度，全面做好清洁和消毒；严格执行生物安全管理措施，实行人员进出控制隔离制度；规范饲养管理行为。

4. 强化保障 种鸡场是疫病净化的实施主体和实际受益者，应遵守净化管理的相关规定，保障疫病净化的人力、物力、财力的投入，保证净化期间采样、检测、阳性鸡群淘汰清群、无害化处理等措施顺利实施。

第六节 净化标准

一、净化种鸡场群的基本要求

参加新城疫净化效果评估活动的种鸡场必须具备：一是应建立科学的免疫程序，使用合格的新城疫疫苗进行免疫接种；二是应建立和健全完善的生物安全管理体系，并保证管理体系有效运行；三是应配备与饲养规模相适应的兽医专业技术人员；四是企业生产管理状况良好；五是种鸡场应采用全进全出饲养方式，确保满足开展疫病净化工作的生物安全控制条件。

二、净化场的认定标准

符合下列所有条件的种鸡场，可认定为达到新城疫净化标准。一是有详细、完整的新城疫免疫记录；二是生物安全管理体系运行良好；三是按比例抽样，新城疫病毒抗体检测 HI 抗体水平符合合格免疫抗体判定标准；四是新城疫病毒核酸检测结果均为阴性；五是有监测证据表明在过去 2 年内未出现新城疫临床病例。

净化评估标准：同时满足以下要求，视为达到免疫净化标准（控制标准）。一是种鸡群抽检，新城疫免疫抗体合格率 90% 以上；二是种鸡群抽检，新城疫病原学检测为阴性；三是连续 2 年以上无临床病例；四是现场综合审查通过。

抽检方法：免疫抗体检测方法为 HI，检测样品为血清，抽样数量按照预估期望值公式计算（置信度 95%，期望 90%，误差 10%），随机抽样，覆盖不同栋舍鸡群；病原学检测方法为 PCR 及序列分析，检测样品为咽喉和泄殖腔拭子，抽样数量按照证明无疫公式计算（置信度 95%，预期流行率 1%），随机抽样，覆盖不同栋舍鸡群。

（编者：刘建文、刘莹、葛慎锋）

参考文献

B D 卡尔尼卡，1991. 禽病学［M］. 第 9 版. 高福，刘义军，主译. 北京：北京农业大学出版社，427-454.

蔡宝祥，2008. 近年来我国新城疫免疫研究进展［J］. 畜牧与兽医，(5)：1-4.

曹殿军，郭鑫，梁荣，等，2001. 我国部分地区 NDV 的分子流行病学研究［J］. 中国预防兽医学报，23 (1)：29-32.

崔治中，2010. 种鸡场的疫病净化［J］. 中国家禽，32 (17)：5-6.

韩雪，张倩，刘玉良，等，2016. 祖代种鸡场主要疫病监测与净化对策［J］. 畜牧与兽医，8：113-116.

权亚玮，2012. 动物疫病净化技术探讨与分析［J］. 畜牧兽医杂志，1 (3)：77-79.

王长江，2013. 动物疫病净化的基本要求和方法探讨［J］. 中国动物检疫，30 (8)：40-43.

王联想，2001. 种鸡场的疾病监测及净化［J］. 养禽与禽病防治 (12)：34-35.

王树双，孙书华，吴时友，1995. 用抗新城疫病毒膜蛋白特异多肽抗体鉴别强毒株和弱毒株［J］. 中国兽医学报，15：239-242.

吴艳涛，倪雪霞，万洪全，等，2002. 我国部分地区不同动物来源新城疫病毒的分子流行病学研究［J］. 病毒学报，(3)：264-269.

严维巍，王永坤，周继宏，等，2000. 一株鸡副黏病毒的分子特性研究［J］. 扬州大学学报（自然科学版）(1)：27-31.

杨林，张森洁，付雯，等，2016. 种鸡场疫病净化综合防控措施［J］. 中国畜牧业，2：43-44.

尹燕博，龚振华，孙承英，等，2003. 35 株不同来源的新城疫病毒（NDV）分离株 F-糖蛋白基因序列测定和基因型［J］. 中国兽医学报 (2)：124-127.

Ballagi-Pordany A，Wehmann EH，Herezeg J，et al，1996. Identification and grouping of Newcastle disease virus strains by restriction site analysis of a region from the F gene［J］. Arch Virol，141 (2)：243-261.

Herezeg J，Wehmann E，Bragg R R，1999. Two novel genetic groups（Ⅶb and Ⅷ）responsible for recent Newcastle disease outbreaks in Southern Africa，one（Ⅶb）of which reached Southern Europe［J］. Archives of Virology，144：2087-2099.

Lomniczim B，Whmann E，Herezeg J，et al，1998. Newcastle disease outbreaks in recent years in western Europe were caused by an old（Ⅵ）and a novel genotype（Ⅶ）［J］. Arch Virol，143 (1)：49-64.

Seal BS，King DJ，Loeke DP，et al，1998. Phylogenetic relationships among highly virulent Newcastle disease virus isolates obtained from exotic birds and poultry from 1989 to 1996

〔J〕. J Clin Microbiol，36（4）：1141-1145.

Tyolda T，Sakaguchi T，Hirota H，et al，1989. Newcastle disease virus evolution. Ⅱ. Lack of gene recombination in generating virulent and avirulent strains〔J〕. Virology，169（2）：273-282.

第七章

种鸡场支原体病
控制与净化

禽类体内可以分离出多种支原体，而对鸡致病最常见的有鸡毒支原体（*Mycoplasma gallisepticum*，MG）、滑液囊支原体（*Mycoplasma synoviae*，MS）、火鸡支原体（*Mycoplasma meleagridis*，MM）和艾奥瓦支原体（*Mycoplasma iowae*，MI）4 种。鸡毒支原体、滑液囊支原体对鸡和火鸡致病，火鸡支原体和艾奥瓦支原体对火鸡致病。滑液囊支原体通常引起鸡滑液囊炎和气囊病变，使鸡出现跛行和呼吸道症状；鸡毒支原体致病性最强，危害最大，能引起禽慢性呼吸道病（也称为鸡毒支原体感染），其特征为咳嗽、流鼻涕、呼吸道啰音和张口呼吸，产蛋下降。该病在世界范围内广泛流行，感染此病后，幼鸡生长不良，产蛋下降，可造成巨大的经济损失，是世界动物卫生组织规定的必须报告动物疫病，我国将其列为二类动物疫病。

第一节　流行特征

一、病原

支原体是一种介于细菌和病毒之间的原核微生物，在具有自体繁殖和合成自身大分子能力的微生物中，体积最小，结构也最简单。直径为 $0.3\sim0.8\mu m$，细胞形态受环境影响变化很大，光学显微镜下呈多形性，有球形、球杆状或其他形状不等。

支原体没有细胞壁，也不含有任何细胞壁成分，因此，以主要破坏细胞壁或抑制细胞壁成分合成的抗生素或抗菌药物，如青霉素等，对支原体没有作用。支原体膜成分含有蛋白质和脂多糖抗原，其相应的抗体能抑制支原体的生长、代谢，并能够在补体的参与下裂解支原体。

按照《伯杰氏系统细菌学手册》第 2 版第 3 册划分，支原体属共有 19 个血清型（A～S）；鸡毒支原体属支原体科，只有 1 个血清型（A 型）。鸡毒支原体具有一般支原体形态特征，缺乏细胞壁，用姬姆萨染色效果良好，呈淡紫色，多形性，大小为 $0.25\sim0.5\mu m$。

鸡毒支原体的营养需求比一般细菌高，菌株易在鸡胚卵黄囊内繁殖。鸡毒支原体对环境抵抗力不强，一般消毒剂都能将其杀死，在消毒液中立即死亡，在鸡粪内可存活 1～3d，在卵黄中 37℃生存 18 周，在 45℃经 12～14h 死亡，50℃仅 20min 即被杀死，冻干后 4℃保存可以存活 7 年。据研究，在羽毛上支原体存活时间较长。其中鸡败血支原体的存活时间为 2～4d，滑液囊支原体的存活时间为 2～3d，艾奥瓦支原体标准菌株在羽毛上可存活 5d。

二、宿主范围

支原体的宿主范围较广，鸡、火鸡、鹌鹑、珍鸡、孔雀、鸽、鹧鸪、鸭、鹅、麻雀均能感染。4～8 周龄鸡最易感，纯种鸡比杂种鸡易感。

三、传播方式

病鸡和隐性感染鸡是支原体病的传染源。支原体传播方式主要有垂直传播和水平传播 2 种方式。

(一) 垂直传播

垂直传播（经卵内或卵巢传播）是一个很重要的传播途径，主要是通过自然感染的母鸡产蛋传播，在感染的公鸡精液中也发现有致病支原体的存在，因此，配种也能发生传染。垂直传播使支原体病代代相传，在鸡群中连续不断地发生。

(二) 水平传播

主要通过病鸡咳嗽、喷嚏的飞沫和尘埃经呼吸道传入，污染的气溶胶微滴和尘埃颗粒会造成更大范围的传播，能够增加感染的条件。被支原体污染的饮水、饲料、用具也能使支原体病由一个鸡群传至另一个鸡群。

1. 鸡群内传播　鸡支原体病发病无明显的季节性，常见于气候多变、潮湿多雨的季节，尤其是每年 2～5 月。支原体在鸡群内个体间的传播率取决于饲养密度和感染储库的大小。环境因素对鸡毒支原体的感染流行具有重要作用，潮湿环境、大量氨气存在可增加支原体感染的可能性，也能加重感染程度。在卫生差、粪便堆积的环境中，空气中氨的浓度升高，能刺激家禽呼吸道黏膜，加重支原体感染。

饲养密度过大，饲料的突然更换，卫生状况不良和通风换气不良等都可使鸡抵抗力降低而容易感染支原体。饲养密度过大，会增加病原传播机会，同时会造成部分鸡群营养不良。

寒冷潮湿季节，鸡群易发生慢性呼吸道病，调查发现，在感染鸡群，当气温在30℃时气囊炎的发生率较低，而当温度降至7～10℃时，气囊炎发生率则明显上升，在相同温度条件下，湿度越大，发病率越高。

营养不良会导致鸡毒支原体感染的发生。

2. 种蛋孵化的传播　无支原体感染鸡群所产的蛋孵化的鸡苗，在孵化的时候，可以被感染鸡群所产的种蛋孵化的鸡苗所感染，1日龄的性别鉴定、疫苗接种均有造成感染传播的风险。

3. 不同鸡场的传播

（1）引种　引种不检疫不隔离，引入被支原体感染的鸡，机械性携带作用将禽支原体带进了其他鸡群，极易造成不同鸡场之间的传播。

（2）野生动物　鸡毒支原体的宿主除鸡和火鸡以外，还有雉鸡、鹧鸪、鹌鹑、珍珠鸡、孔雀、鸭、鹅、鸽和鹦鹉。滑液囊支原体可使受感染鸡场中的野生鸟类受到感染。尽管艾奥瓦支原体一直被认为只危害火鸡，现发现在鸡、多种野生和外来鸟类均有感染。通过与野生鸟类的接触，存在流行和传播的风险。

（3）污染的饲料、用具、饮水、设备　由于鸡毒支原体在环境中存活时间较长，在消毒不严格的情况下，被污染的饲料、用具、饮水和设备等，可通过运输车辆的流动，造成病原在不同场间进行传播。

（4）人员和衣物的机械性携带而造成传播　有些鸡毒支原体菌株可在羽毛和棉花等材料上存活数天，研究发现，1株鸡毒支原体竟在人的鼻腔中存活了24h，可见携带鸡毒支原体的人员及其附属物具有造成传播的风险。

（三）疫苗等生物制品的传播

由于支原体结构简单、个体微小，呈高度多形性，能通过滤菌器，采用常规细菌过滤的方法无法去除支原体，易造成疫苗污染。在生物制品的生产过程中，含有支原体的动物血清、胰酶、被污染和感染的鸡胚等是造成疫苗等生物制品感染支原体的主要来源。

自Robinson等（1950）首次报道细胞培养中存在支原体污染以来，国内外关于支原体污染细胞和疫苗等生物制品的报道屡见不鲜。Robert C O等（1964）

发现气溶胶在疫苗污染中起着重要作用。蔡会全（1999）报道，对全国各厂家生产的 100 多批疫苗进行检测，发现有 60％以上污染了支原体；宁宜宝等（1988，1989）从鸡胚及鸡胚生产的疫苗中分离出鸡毒支原体和滑液囊支原体。林祥全（2003）报道，对用鸡胚制备的疫苗进行抽样检查，发现鸡败血支原体污染率高达 70％。经过疫苗接种传染给被接种鸡，这种污染的疫苗在支原体传播的作用不可忽视。

四、临床症状

支原体病一年四季均可发生，尤以寒冷季节严重。鸡支原体人工感染潜伏期是 4～21d，自然感染可能更长。发病主要呈慢性，病程可达 1～4 个月。各种日龄鸡只均易感，雏鸡易发生流行，成年鸡散发。鸡毒支原体感染病程持续时间长，初期呈现精神不振，食欲减退或不食，腹泻，后期感染鸡鼻液增多，流浆液性鼻液，部分病鸡鼻孔周围和颈部羽毛沾污明显，鼻孔堵塞，妨碍呼吸，频频摇头，打喷嚏、咳嗽，严重时发出啰音，还见有窦炎、结膜炎和气囊炎。当炎症蔓延至下呼吸道时，喘气和咳嗽更为显著，并有呼吸道啰音。病鸡生长停滞，到后期可见眼睑肿胀。全身症状表现为体温升高，生长发育迟缓，消瘦。产蛋鸡感染后，表现为产蛋量下降和孵化率减低，孵出的雏鸡活力降低。

鸡毒支原体引起鸡的滑膜炎和上呼吸道疫病，导致关节肿大、跛行，病鸡鸡冠苍白、缩小，胸部常出现水疱，龙骨滑液囊有花生粒大小或更大的囊肿，触之有波动感，生长迟缓，食欲下降，发病后期，肿胀部位变硬，关节屈曲不利。自然条件下如无继发感染，饲养管理条件佳，感染鸡死亡率较低。

五、流行概况

（一）禽慢性呼吸道病（鸡毒支原体感染）的流行情况

1. 全球分布情况　鸡毒支原体感染所致的禽慢性呼吸道病分布在世界各地，它的流行可以追溯到 1905 年，英国 Dodd 在英国首次描述了火鸡的鸡毒支原体感染，并命名为"流行性肺肠炎"。1980 年，在美国科罗多州、佐治亚州和加利福尼亚州从野火鸡体内分离到鸡毒支原体；1994 年，在美国的大西洋和东部，从患有眶窦肿大和结膜炎的自由生活的家雀体内分离到鸡毒支原体，并证明是禽慢性呼吸道病的病原。禽慢性呼吸道病迅速蔓延，很快波及美国东部的家雀。除美国以外，加拿大、荷兰、英国、德国、瑞士、法国、意大利、芬兰、捷克、日本、澳大利亚、南非、印度、菲律宾、埃及、孟加拉国等国都有发生禽慢性呼吸道病的报道。

2. 国内流行情况　我国鸡场中以鸡毒支原体感染为主。我国自 1976 年首次分离到鸡毒支原体后，鸡毒支原体在我国广泛流行。据冀锡霖 1986 年对我国 21 个省（自治区）的调查，鸡群鸡毒支原体感染率平均达 78.5%，除了新疆以外，几乎所有的省（直辖市、自治区）都存在鸡毒支原体感染。王克恭 1984 年和 1991 年对内蒙古临河等地区禽慢性呼吸道病进行血清学调查，结果表明鸡毒支原体感染率为 36.17%～86.4%。张道永 1996 年对四川地区鸡群的禽慢性呼吸道病进行血清学调查，结果表明鸡毒支原体的阳性率达 66.19%。广西兽医研究所报道 1990 年广西地区鸡毒支原体的感染率为 56.9%，种鸡群中阳性率最高的达到 89.5%。王明明等 1996 年对西安某大型鸡场进行了血清学调查，结果鸡毒支原体感染的阳性率在 80% 以上，有的鸡群为 100%。徐建义 2005 年在山东地区不同的肉种鸡父母代场抽样 1356 份血液，经血清平板凝集试验，鸡群鸡毒支原体感染率平均达 51.47%，有的鸡群最高达 85.42%。齐新永等 2014 年对上海地区鸡场进行调查，肉鸡上市前鸡毒支原体感染抗体阳性率高达 94%。

国内的火鸡饲养业处于起步阶段，但也从火鸡体内分离到鸡毒支原体。

（二）滑液囊支原体感染的流行情况

滑液囊支原体的感染报道不多，但从北京、广西、呼和浩特和上海等地也分离到病原。应用血清学反应调查证明国内许多地区肉鸡群中存在着滑液囊支原体感染，有的地区相当严重。

第二节　防控策略

一、国外防控策略

净化是消灭或根除动物疫病的一种重要方式。狭义的动物疫病净化是指在一个养殖场，对动物进行系列疫病检测，发现带病或可疑带病动物，通过淘汰这些动物，根除某种动物疫病的过程。广义的动物疫病净化，则是采取检疫、淘汰阳性动物、培育健康动物等系列措施，在一个养殖场或区域根除某种动物疫病的过程。

到目前为止，有关国家和国际组织制定、实施的与动物疫病净化相关的策略主要包括"根除计划"和"健康促进计划"2种。"根除计划"通常由国家行政部门主导，以区域为单位，采用水平净化的方式，通过对某种疫病进行区域化管理，从而达到在一定区域或整个国家内根除疫病和病原微生物的目的。动物疫病区域化管理是国际认可的重要动物卫生措施，主要解决动物及动物产品贸易中可接受的风险水平问题，科学合理的动物疫病防控措施对于我国重大动物疫病的防控工作至关重要。WTO及OIE等国际组织自20世纪90年代以来，不断推动动物疫病的区域化管理，制定了无规定动物疫病区的国际标准、认可规则等指导性文件，区域化措施在全世界范围内得到广泛应用。据OIE统计，目前国际上有74%国家实施动物疫病区域化管理。

"健康促进计划"通常由行业协会主导，以养殖场为单位，由上自下、垂直系统地净化某些常发的动物疫病，达到促进动物健康的目的。全世界家禽支原体净化以美国开展支原体净化时间最早，取得效果最显著。美国自1935年开始执行鸡白痢为主的国家家禽改良计划（National Poultry Improvement Plan，NPIP）以来，已经取得了很大的成就，1965年，鸡毒支原体检验计划加入NPIP中，1974年滑液支原体检验纳入NPIP中，并首次宣布，在火鸡的种鸡群中无鸡毒支原体阳性反应，1983年火鸡支原体净化纳入NPIP中。1966年，NPIP项目下又开展了种鸡群鸡毒支原体的血液检验和净化工作，约35%的种鸡场参加"美国鸡毒支原体净化项目"，从1970—1980年间阳性率从5.1%降至0.23%，阳性鸡群从55群降至3群，采取统一监测扑杀，彻底净化此病原。

二、我国的防控策略

我国在1978年就开始进行净化清群工作，首先是进行鸡白痢和支原体病净化清群，通过检疫和药物方法等进行有效控制蛋传递过程与水平传染，取得了一定成效。借鉴国外先进经验，结合我国实际，制定了全国蛋鸡遗传改良计划

（2012—2020 年）、全国肉鸡遗传改良计划（2014—2025 年），将禽白血病和鸡白痢等垂直传播性疫病纳入蛋鸡和肉鸡遗传改良计划，要求核心育种场应达到净化标准。

对我国支原体病的防控主要采取以"预防为主，防治结合"的方针进行。疫苗接种是一种减少支原体感染的有效方法。现用疫苗主要有 2 种类型：弱毒活疫苗和灭活疫苗。

（一）弱毒活疫苗

目前，主要有 F 株、G-50 株、CP 株、TS -11 株及 6/85 株制成的弱毒疫苗，其中 F 株对呼吸道和气囊的致病性较为轻微，不影响增重和产蛋率，可降低商品蛋鸡的产蛋损失，减少病原经蛋传递，国际和国内使用得最广。目前常用的免疫程序为 3～7 日龄初次免疫，60～80 日龄二免。50 株、CP 株由于毒力极度减弱，需频繁使用，效果不佳。中国兽药监察所用弱毒株 F-36 制成的活疫苗免疫接种鸡，不影响鸡体增重，不引起气囊损伤，接种鸡不表现任何临床症状，免疫保护率达 80%，免疫期可达 9 个月。鸡毒支原体 TS-11 和 6/85在降低疫苗反应方面具有很大的优势。新近的研究结果表明，TS-11 和 6/85弱毒制作的疫苗比 F 株毒力更弱，对鸡和火鸡均无毒力，疫苗对未受支原体感染的鸡有较好的免疫效果，也可用于火鸡的免疫接种，但免疫鸡体内检测不到抗体，不易判断免疫效果，对已感染鸡毒支原体的鸡群接种效果不如 F 株。

（二）灭活苗

与弱毒活疫苗相比，灭活苗能产生更强的免疫应答，安全、不散毒，可在一定程度上保护鸡群免受强毒攻击，在一定程度上防止败血支原体经蛋传播，保护产蛋鸡不造成产蛋率下降。目前国内灭活疫苗选用菌株为 MG -R 或 MG -S6 株。灭活疫苗常用的免疫程序为 14～18 日龄初免，68～80 日龄二免。也可选择活疫苗初免，灭活疫苗二免。我国鸡场中鸡毒支原体感染普遍，预防控制难度很大，因此，必须根据每个场群的实际情况，结合监测结果，合理制定免疫程序。

第三节　监测技术

一、病原学检测技术

(一) 病原分离鉴定

分离培养法是检测支原体污染中最为可靠准确的方法，也是最经典的方法。但该方法存在操作繁杂、工作量大，耗时长（3～5d），且易受许多因素的影响而分离困难，如样品中病原含量极少，某些新分离株在体外培养不适宜或抗生素大量使用等。

支原体对培养基的营养要求高且生长缓慢，比一般细菌难培养，培养基中除基础营养物质外，还需要酵母浸出物和动物血清。通常采用培养基分离和鸡胚接种两种形式进行。

1. 分离培养　支原体的分离培养基分为液体培养和固体培养2种，液体培养主要根据液体培养基中指示剂颜色变化来判定支原体的生长；固体培养是诊断支原体感染或污染的"黄金标准"，主要通过观察培养基中支原体生长的菌落形态进行鉴别。

Frey等研制出的培养基已被美国和其他一些国家广泛采用，其配方如下：

A液：不含结晶紫的类胸膜肺炎病原的肉汤培养基（Difco）14.7g；蒸馏水或去离子水700mL。

B液：猪血清（56℃灭活1h）150mL；25%（W/V）新鲜酵母提取物100mL；10%葡萄糖溶液10mL；5%（W/V）醋酸铊10mL；200 000IU/mL青霉素5mL；0.1%（W/V）酚红溶液20mL，调节pH至7.8。猪血清可用马血清替代。

将A液经121℃、101.33kPa（1个大气压）高压灭菌15min，冷却后加入经过滤除菌的B液。相应的固体培养基：取不含支原体生长抑制物的琼脂10g，加入上述A液中，混合后如前述高压灭菌，随后56℃水浴。B液的配制：不加酚红溶液，将其他成分逐一混合后，置于56℃水浴，小心地将A液和B液混合，避免产生气泡，然后分装到50mm平皿中，每个平皿7～9mL，37℃短暂保温，除去表面的水汽，平皿置于封闭的容器中，4℃可保存 2 周。

样品新鲜度和用药情况对分离结果有直接影响。样品主要采集活鸡、新鲜死亡鸡或速冻死亡鸡、死胚。活鸡采集口咽、食管、气管、泄殖腔拭子；对于死亡鸡采集鼻腔、气管和眶下窦，鸡胚采集卵黄膜的内表面、口咽及气囊等。

2. 鸡胚接种 鸡胚接种是一种简便快捷的方法，但对接种鸡胚质量的要求高，应为无支原体感染的鸡胚。

鸡胚分离，主要采取无菌渗出液或液体培养物接种 7 日龄鸡胚卵黄囊进行培养。有时初次分离支原体的生长不够理想，可每隔 3～5d 再盲传 1 次，连传 2 代或 3 代，可增加分离的数量。如要进一步确定分离物是否为支原体，可将其制成抗原，然后用已知的抗血清进行凝集试验。

3. 病原鉴定 支原体分离获得的菌株，需要经过生化试验、圆片生长抑制试验（DGIT）、荧光抗体试验（FAT）、间接免疫过氧化物酶试验等进行确认。免疫荧光以及免疫过氧化物酶试验通常适用于检测实验室的可疑分离物，而不直接用于检测感染过的渗出物及组织。

（1）间接免疫荧光抗体试验 主要用于分离培养物的鉴定，待检样品为菌落。注意该试验不能用单克隆抗体，这是因为鸡毒支原体和滑液囊支原体的抗原表位是多变的，而单克隆抗体有可能不能识别已变化的表位，从而使试验达不到预期的结果。

（2）间接免疫过氧化物酶试验 该方法的原理和步骤均与间接免疫荧光抗体试验相同，唯一不同在于与抗鸡毒支原体或滑液囊支原体多克隆抗血清结合的抗体是用过氧化物酶标记的抗兔抗体，加入适宜的底物，就会发生氧化反应，然后置于普通显微镜下就可判定结果。虽然敏感性较间接免疫荧光抗体试验低，但与之结合，可以用于分离鉴定支原体不同的血清型。

（3）生长抑制试验（DGIT） 生长抑制试验是根据支原体的生长能被特异性血清所抑制，从而鉴定支原体的试验。该方法灵敏度不高，必须有高滴度、用哺乳动物制备的单因子特异性血清，而且操作复杂，鉴定时间也较长。

4. 使用的标准

（1）国际标准 OIE《陆生动物诊断试验和疫苗手册》2012 年第 7 版第 2.3.5 章"禽支原体病（鸡败血支原体与滑液囊支原体）"。

（2）我国标准 NY/T 553—2015《禽支原体 PCR 检测方法》。

（二）分子学检测方法

1. 聚合酶链式反应　PCR 作为一种快速、灵敏、特异且简便的基因诊断技术已广泛应用于科学研究和疫病的诊断。该方法具有检测周期短、灵敏度高、特异性好、操作简单等优点，可检测大批量样品，是快速检测支原体的方法之一。

目前，常用 PCR 引物是针对支原体的核糖体 16S rRNA、PvpA、GapA 和 CRM 基因进行快速诊断。

Lauerman 建立的鸡毒支原体和其他禽类支原体 PCR 方法，经过证实。美国农业部批准了该 PCR 试剂盒作为一种诊断方法，被允许用在国家改良计划中，该方法被收录在 OIE《陆生动物诊断试验和疫苗手册》，公布的引物见表 7-1。

表 7-1　MG 和 MS 的引物

	引物序列（5'→3'）	产物长度（bp）
MG	F：GAGCTAATCTGTAAAGTTGGTC R：GCTTCCTTGCGGTTAGCAAC	185
MS	F：GAGAAGCAAAATAGTGATATCA R：CAGTCGTCTCCGAAGTTAACAA	214

巢式 PCR 与多重 PCR 技术因一次能同时检测两种以上病原而被广泛应用。Wang H 等（1997）建立了多重 PCR 方法，可以鉴别 MG 不同的菌株；邓显文等设计的多重 PCR 对禽类支原体进行扩增，可以检测出鸡毒支原体、鸡滑液囊支原体、艾奥瓦支原体和火鸡支原体 4 种最常见污染鸡胚的禽类支原体，而不与其他 6 种禽病病原发生特异性反应。B Ben 等针对 vIhA 和 pMGA 基因设计了双重 PCR，可以对临床样品同时进行鸡毒支原体、鸡滑液囊支原体鉴别诊断。Kempf 等建立了检测滑液囊支原体的 PCR 方法，其较核酸探针方法更敏感，需要时间更短。

2. 实时荧光 PCR　实时荧光 PCR 是在 PCR 基础上发展起来的检测技术，由于省去了电泳观察结果步骤，比 PCR 方法更省时和快捷，结果的敏感性比 PCR 高。常用的实时荧光 PCR 引物如下：上游引物为 mglpU26（5'-CTA-GAGGGTTGGACAGTTATG -3'），下游引物为 mglp164（5'-GCTGCACTA-AATGATACGTCAAA-3'），都来源于 MG 的 R 链，并且他们还设计了 1 个由 Taqman 双标的探针——mglpprobe（59-FAM-CAGTCATTAACA ACTTAC-CACCAGAATCTG-BHQ1-39）用于该方法。

Levisohn 等克隆到 1 个 60 kb 片段，并用 ^{32}P 标记制成探针，检测人工感染鸡，1 周后在气管拭子中可检测出鸡毒支原体，并证明该方法比血清学方法更可靠，比分离培养法要快得多，可用于鸡毒支原体早期感染的检测。该探针对鸡毒支原体各菌株具有广谱识别作用，而与滑液囊支原体等其他支原体无交叉反应。

3. 其他分子学检测方法

（1）DNA 指纹法　DNA 指纹法是一种利用随机引物扩增多态性 DNA（RAPD）快捷而准确的方法。该方法采用短的随机性 PCR 引物，在凝胶电泳上产生可再现的模式，主用于不同菌株的分型。

（2）基因靶向测序　Ferguson 等利用鸡毒支原体的 $mgc2$、$gapA$、$pvpA$ 和 MGA_0309 基因可以准确地进行鸡毒支原体分型，该方法可以不用分离培养，直接对样品进行检测。在 PCR 方法的基础上，Hong 等建立了随机引物 PCR（AP-PCR）法，可用于检测种内株的差异。

4. 检测标准

（1）国际标准　OIE《陆生动物诊断试验和疫苗手册》2012 年第 7 版第 2.3.5 章"禽支原体病（鸡败血支原体与滑液囊支原体）"。

（2）我国标准　NY/T 553—2015《禽支原体 PCR 检测方法》。

二、血清学诊断

血清学方法用于抗体检测，适用于群体普查，不适于个体检测。未免疫支原体疫苗的鸡群中检测出较高的阳性率（＞10%），即可表明鸡群感染了鸡毒支原体或滑液囊支原体；免疫群体，用于评价免疫效果，病原确诊须与病原鉴定和分子学检测结合才能确诊。目前常见的血清学检测方法包括平板凝集试验、血凝抑制试验、酶联免疫吸附试验等。

（一）平板凝集试验

1. 原理　平板凝集试验利用抗原抗体反应，呈现肉眼可见的颗粒凝集反应。该方法的优点是简便、快捷、成本低，适合大面积推广，缺点是对抗原的要求较高，滑液囊支原体和鸡毒支原体之间存在交叉反应，会出现假阳性情况。平板凝集试验主要检测 IgM 抗体，主要用于鸡毒支原体的早期感染诊断。

2. 检测标准

(1) 国际标准　OIE《陆生动物诊断试验和疫苗手册》2012 年第 7 版第 2.3.5 章"禽支原体病（鸡败血支原体与滑液囊支原体）"。

(2) 我国标准　NY/Y 553—2015《禽支原体 PCR 检测方法》和 SN/T 1224—2012《鸡败血支原体感染抗体检验方法　快速血清凝集试验》。

(二) 血凝抑制试验

1. 原理　鸡毒支原体和滑液囊支原体的表面含有血凝素蛋白，能够凝聚家禽的红细胞，而血清中的特异性抗体能抑制这种凝集作用。该方法简便、成本低廉，但存在非特异性凝集反应，样品在试验前须去除非特异性凝集因子。在国际贸易中对于阴性和阳性结果并没有明确的正式规定，但在美国国家家禽改良计划中规定滴度在 1/80 以上认为是阳性，滴度在 1/40 则为高度可疑。

2. 检测标准　国际标准：OIE《陆生动物诊断试验和疫苗手册》2012 年第 7 版第 2.3.5 章"禽支原体病（鸡败血支原体与滑液囊支原体）"。

(三) 酶联免疫吸附试验

1. 概述　酶联免疫吸附试验（ELISA）是通过包被的鸡毒支原体全细胞抗原与待检血清反应，用于检测血清中的鸡毒支原体抗体；以鸡毒支原体 56ku 多肽单克隆抗体为基础的 ELISA，用于检测血清中鸡毒支原体抗原的方法。Talkington 等建立了检测鸡毒支原体抗体的 ELISA，该法较 HI 敏感，较 SPA 敏感性稍低，但特异性强。而后 Opitz 等在 ELISA 中应用经 Triton X-100 处理的鸡毒支原体和滑液囊支原体抗原，结果表明此抗原比使用其他类型的抗原具有更高的特异性和敏感性。Ewing 等应用 ELISA 检测血清、蛋黄中的鸡毒支原体抗体。PPA-ELISA 是一种用于多种病原血清抗体的检测技术，应用 PPA-ELISA 检测鸡毒支原体血清抗体，其结果与 HI 和 ELISA 符合率为 100％。郭建华等应用 PPA-ELISA 和 HI 进行比较，检测出的抗体效价是血凝抑制试验的 10 倍以上，适合大规模血清抗体的检测，但存在试剂成本高的问题。

2. 检测标准　国际标准：OIE《陆生动物诊断试验和疫苗手册》2012 年第 7 版第 2.3.5 章"禽支原体病（鸡败血支原体与滑液囊支原体）"。

(四) 斑点酶联免疫吸附试验

1. 原理及特点　Dot-ELISA 是用硝酸纤维膜为载体来进行 ELISA，与传统的 ELISA 和 HI 方法相比，具有特异性强，敏感性高，试剂量少、操作简便等优点。

王乐元等应用 Dot-ELISA 检测鸡毒支原体抗原，适用于鸡毒支原体感染的早期诊断和流行病学调查。郭建华等分别应用 PPA-ELISA 和 Dot-ELISA 检测鸡毒支原体血清抗体，结果表明，PPA-ELISA 检测出的抗体效价是血凝抑制试验的 10 倍以上，而 Dot-ELISA 与 HI 符合率很高，且敏感性是 HI 的 40 倍以上，适合大规模血清抗体的检测，但存在试剂成本高的问题。

2. 标准　暂无相关检测标准。

三、组织学检查

通常采集肺脏、气管、气囊等病变组织，用 10％福尔马林固定后，用于病理组织学检查。组织学检查对检验人员病理知识水平要求高，耗时长。

第四节　风险点控制

支原体传播方式主要有垂直传播和水平传播 2 种方式，应对 2 种传播方式进行风险分析，并对关键环节进行控制，以切断支原体的传播。

一、垂直传播控制

主要是种蛋的控制。种蛋的控制主要做好种蛋的外源感染控制和内源感染控制。

(一) 种蛋的外源感染控制

1. 种蛋应及时收集，每 2～4h 收集 1 次种蛋。这是避免种蛋被病原污染的有效做法。表面比较脏的蛋应收集在 1 个单独的容器内，不能用作种蛋孵化。

2. 用作孵化的种蛋应存放在指定的房间，在环境条件都可控的条件下，尽量减少鸡蛋回潮，种蛋贮存温度应保持在 16～18℃，相对湿度 75％，保持干燥。

3. 所有用于运输鸡蛋、鸡苗、雏鸡的车辆在使用前后必须严格的清洗和消毒。

4. 种蛋入孵前，采用甲醛熏蒸，去除种蛋表面存在的病原微生物。通常使用每立方米甲醛 14mL 加高锰酸钾 7g，熏蒸种蛋 30 min。

（二）清除种蛋内源支原体

清除种蛋内源支原体是培育无支原体鸡群的基础，主要使用加热法和抗生素处理法，或者 2 种方法组合进行。

1. 加热法   该方法较为简便有效，但该方法会使种蛋孵化率下降。对孵化器中的种蛋，压入热空气，使温度在 12～14h 内均匀上升到 46.1℃，而后移入正常孵化器中孵化，可以收到较为满意的消灭支原体的效果，但种蛋孵化率会下降 8%～12%。中国兽药监察所研究出的以 45℃ 14h 连续处理种蛋，可杀灭人工感染和经卵传播的支原体，培养出无支原体感染的健康鸡群。Yoder 用一个加压空气的孵化器，通过自动均匀加热，使鸡蛋的温度在 12～24h 内从 25.6℃ 上升到 46.1℃，也可杀灭鸡蛋中的鸡毒支原体和滑液囊支原体。45℃ 14h 处理对鸡蛋的孵化率基本上没有影响，而 46.1℃ 12～14h 通常使孵化率下降 8%～10%。

2. 抗生素法   主要为药物浸泡法、药物注射法等。

（1）药物浸泡法   相关资料报道有使用红霉素、酒石酸泰乐菌素等药物浸泡处理去除支原体，具体做法如下：种蛋入孵前加温至 37℃，然后在 2～4℃ 下放入抗生素溶液中浸泡 15～20 min。

（2）药物注射法   种蛋孵化至 5～9 d 或 7～11 d，将抗生素溶液用注射的方法注入卵黄囊或气室内，孵化率会受到一定影响。此法虽然有效，但由于成本大且麻烦，并不适宜大面积推广。

二、水平传播的控制

（一）鸡场选址、建设因素的控制

1. 选址因素   因气溶胶的传播方式，鸡场的选址因素不仅是支原体传播风险的重要考虑因素，也是其他多种疫病传入的重要风险因素。鸡场其附近鸡场的数目和密度，附近鸡场疫情状况及流行毒株类型，鸡场附近活禽交易市场、屠宰场、禽产品加工厂，频繁运输活禽的主干道、附近居民区均可以成为该鸡场潜在的外来传染源，可通过气溶胶传播方式侵入鸡场内部。此外，鸡场周边的地形和林木情况以及风向，是否有野鸟存在等情况也是支原体传入可能性高低的关联因素。

2. 鸡舍类型　全封闭式的鸡舍类型将比开放式的鸡舍类型更具有抵御支原体侵入的能力。国外为了降低气溶胶传播风险，在全密封的圈舍中应用基于MERV 16 滤膜的空气过滤系统，同时配置双门系统，评估结果显示该系统在多种气候条件下都成功预防了气溶胶传入。

另外，鸡舍进门的限制程度也与抵御支原体传播风险的能力有关，设有门禁和进入限制的鸡舍将一定程度的限制人员自由出入，因而风险较低。严格设置净道和污道，不存在交叉。鸡舍建设对通风、温湿度控制、粪便处理、消毒、老鼠、苍蝇蚊子及野生动物方面控制起着重要作用，能确保环境安全，是保护动物健康，预防免疫机能和屏障因环境刺激受到损伤，可以最大程度上减少感染。

（二）繁殖鸡群控制

1. 繁殖鸡群　必须由无支原体感染的种鸡群中选择而来，置于全进全出的鸡舍。鸡舍在饲养 1 日龄雏鸡之前，必须经严格彻底的消毒、清洁，所有的设备都放置到位，运转正常。以最高的卫生标准维持连续不断的生物安全系统，以维护鸡群正常的微生物学状态。

控制措施包括以下几个方面：

（1）加强饲养管理　使用无霉变经高温加工过的颗粒饲料，饮用水应符合要求。适当的饲养密度，确保鸡舍合适的温度和湿度。及时清除粪便和垃圾，检测出鸡感染了支原体的鸡舍应空舍 7d，清理和消毒。日常饲养中，及时清理进料系统和进料盘的残余饲料。饲料和水的容器应经常清洗消毒，防止被粪便污染。

（2）实验室检测　鸡群在转入产蛋舍前 15～20d，需通过血液学检测，每栋鸡舍采样 75 只，最少保证 50 只；种鸡开产前初期检测净化，4 月龄后，每个鸡群至少采样 150 只进行鸡毒支原体检验：（A）间隔不超过 90d，抽检群体中75 个样本，若群体数量少于 75 个，每 90d 内可任意时间范围内检测所有个体；（B）间隔不超过 30d，群体中有 25 只个体通过指定实验室检测鸡毒支原体感染情况或间隔不超过 30d，需通过蛋黄检测；监测病原阳性的感染鸡和所在群全部屠宰、淘汰。

（3）正确处理死鸡　死鸡是鸡场内部重要的传染源，妥善地处理好死鸡将会降低病原散播的风险。死鸡最好是现场进行土埋或焚烧，若不能现场处理，则死鸡的运输过程可能会致疫病散播至禽场其他区域的风险，因此，要有处理死鸡的专用车辆和设施以及运输死鸡的专用路径。当鸡群发生疫病时，养殖业主自行送样到实验室进行确诊。凡是分离出的支原体，均需鉴定到血清型，需要保存完整的实验记录，以记录在这个区域各养殖场的血清型。

（4）认真落实生物安全管理　工作人员使用防护服，消毒的足浴池、洗手盆等；鸡舍、设备、车辆等在每次使用后都应进行彻底的清洁和消毒。

（5）严格控制媒介动物　严格控制媒介害虫、寄生虫、害鸟、害兽和鼠类；控制野鸟，保持场区周围的卫生，不堆积粪便、垃圾、设备等，场区不饲养犬、猫、羊、牛、马和猪等。

（6）无害化处理鸡粪　鸡粪是支原体重要污染源，用于处理鸡粪的工具是机械性运输和传播重要载体。鸡粪若不经物理、化学、生物等处理到处堆放易造成一些禽病反复发作，对鸡场的生物安全构成威胁。目前，鸡粪的处理方式主要有以下几种：第一，直接晾晒模式。即把鸡粪用人工直接摊开晾晒，晒干后再包装出售。第二，烘干鸡粪模式。把鸡粪直接通过高温烘干，最后生产出含水量为13％左右的鸡粪。第三，堆肥处理。具体做法是把鸡粪堆成正方体、长方体或锥形体的粪堆，其表面敷上泥土或用塑料薄膜封严，2～4个月后开封即可将这些发酵腐熟的鸡粪用作农田肥料。第四，微生物发酵处理。利用鸡粪、纤维素或木质素以及 EM 菌等混合后在发酵池或发酵塔内进行发酵，每 10d 左右翻堆 1 次，经 45～60d 腐熟成为高效有机肥。第五，鸡粪可用作生产沼气。此外，粪便清理人员的靴子、衣服、手、工具等容易接触污染物的地方均会携带病原造成传播，需要进行严格消毒。

2. 精液的控制

（1）种公鸡的筛选　应选择支原体病原和抗体双阴性的动物，一旦检测到阳性公鸡，立即淘汰，停止供精；也可采用精液添加 0.06％ 壮观霉素进行处理。

（2）严格执行精液采集、保存、授精的卫生、消毒制度　采精前首先将公鸡肛门四周 3cm 内的羽毛剪去，并拔去绒毛，以便于采精，免得污染精液；同时准备好经过严格消毒的采精和输精用具。采精和输精用具也需要严格消毒，用毛刷洗刷，清水冲洗后，用蒸馏水洗干净，放入干燥箱消毒待用。同时输精用的胶头特别要彻底消毒，每次使用前，先用消毒液浸泡，然后清水冲洗，甩干水，再放入烘箱内待用；其次玻璃器械每月 1 次在沸水中煮沸消毒以去除水垢，脱脂棉等其他输精物品注意保管干净、卫生。

（3）以人工授精的方式可以减少动物之间疫病传播。

（三）孵化场支原体控制

孵化场是支原体感染最危险的场所，1日龄鸡最易感支原体。应严格落实各项生物安全措施，重点从码蛋、入孵、孵化、出雏4个孵化关键环节进行控制。

1. 孵化场设计　孵化场应设计有多个独立的房间，每个独立的房间码蛋、入孵、孵化、出雏。孵化室的空气流向应该从清洁区到污染区，应避免从污染地区进入洁净区。

2. 码蛋　为了尽量减少不同家系之间的传染，种蛋应按家系码放。种蛋贮存环境条件可控制，温度应保持在 16～18℃，相对湿度 75%，保持干燥。

3. 入孵　采用纸袋孵化技术。对孵化技术进行创新，也是实践中的一种行之有效的方法，北京市华都峪口禽业有限责任公司 2011 年发明的专利（专利号CN201110447172.X），将种蛋放置在纸袋中孵化至出雏，同一纸袋中放置的种蛋为来源相同的单家系种蛋，纸袋顶盖为可开合的，纸袋采用透气材料制成或者所述纸袋至少一面设有透气孔，透气孔的数量为 1 个或若干个。该孵化技术既有利于不同品系、不同家系之间雏禽的区分，又能够防止不同品系、不同家系的雏禽间互啄，还能够避免不同品系、不同家系间的雏禽通过粪便、绒毛的间接接触而感染支原体。

4. 孵化　专用的孵化器。每次孵化前后，孵化室，孵化车间的孵化器、孵化盘、包装箱、车辆和其他的设备应彻底清洗和消毒。孵化室彻底清洗和消毒：通过扫、刮、吸尘、刷，或洗涤去除松散的有机碎屑，或用高压水冲洗表面。拆下孵化盘和风扇等单独清洗。用热水清洗孵化盘和小鸡分离器等设备。完全用流水打湿天花板、墙壁、地板，然后用硬毛刷刷洗。再使用清洁剂/消毒剂作用至少 10min 后冲洗，直至所有污物清除干净。最后用橡胶扫把清除多余的水分。

5. 出雏　按家系出雏。在解开纸袋、性别鉴别、免疫和装新袋、胎粪监测过程中，均应按单家系操作，每个家系结束后，洗手、消毒、更换用具。

注意：①孵化室的工作人员因为接触种鸡，应采取预防措施，进、出孵化室时，鞋子、衣服等应彻底消毒，手也应严格消毒。②应销毁或无害化处理所有孵化场废物和垃圾。

（四）引种控制

引种是进行血缘更新、生产性能改良与提高种群健康程度的重要措施。现国内外引种日益频繁，在引种的同时也引入很多疫病。引种时，必须将引入疫病的风险降为最低。如果确实需要引种，必须对场内和引进鸡群的健康状况进行评估。对直接引进鸡苗、引进鸡胚、引进精液等进行支原体的检测和评估。

（五）疫苗控制

选用合格疫苗是预防传染病的关键。由于生产工艺的不同，弱毒疫苗/活疫苗更易被支原体污染。必要时，可以将疫苗送往有资质的兽医实验室进行检验，支原体检测无污染方可使用。可采用 PCR 等快捷方法进行疫苗污染监测。英聪建立了对污染生物制品中 14 种常见支原体基因组的分析，为今后兽用疫苗的支原体污染检测工作提供了参考。

（六）管理因素控制

1. 人流控制　员工和访客将极易成为支原体机械性传入鸡场的载体。修理服务人员（电工、焊工等）、兽医师、顾问、生产技术指导人员、饲料/燃料供货人员等由于生产需要会不定期进入鸡场，此类人员进入鸡场的频率越高，携带病原传入的风险就越高。必须给所有人员提供干净的衣服和鞋子，每个出入口应放置有消毒液或肥皂，用肥皂洗手，对鞋进行消毒是必须的。所有人员应与其他家禽或家禽产品无直接接触。人员进入鸡场要严格遵守洗手卫生程序，在淋浴、更换靴子和工作服、消毒后才可进入。若是到访人员之前去过其他鸡场或驻场员工参观考察其他鸡场返回鸡场时则应隔离一定时间，再经过卫生消毒程序后方能进入鸡场。

2. 物流控制

（1）用品和工具控制　用品和工具的进入也有可能将支原体机械性地带入鸡场。任何时候新鲜或冷冻鸡肉和鸡蛋是不允许带入鸡场或鸡舍。新购用品和工具从外部直接进入鸡场使用引入支原体的风险较高。采取清洗、隔离、消毒干燥的程序处理新购用品和工具将很大程度降低其机械性携带支原体进入鸡场的风险。另外，手机、电脑、相机等设备进入鸡场也存在带入病原的风险，应禁止携带此类物品进入或经过卫生程序后方可进入。

（2）车辆控制 饲料运输、鸡苗运输、鸡群运输、粪便运输、病死鸡运输等均需要车辆，车辆运输也会机械性的将病原运输和传播至鸡场的不同区域或其他养殖场。运输不同类型物品的车辆最好是专用，而且有专门预设的运输路径和停放地点。若不是专用，运输完一个鸡场或鸡舍的饲料后要进行严格的冲洗、消毒和干燥程序方可用于别的鸡场或鸡舍的饲料运输。运输车辆的司机最好限制在驾驶室内，或采取更换靴子和工作服等生物安全措施等。

3. 其他生物安全措施控制 严格处置好病死鸡、粪便和做好鼠、鸟、蚊蝇等生物传播媒介的控制，认真落实卫生、消毒的每个细节，进出人员、车辆、设备、防护服、足浴池、鸡舍等在每次使用后都应进行彻底地清洁和消毒。

第五节 净化程序

由于我国对净化工作研究相对滞后，需学习国外的先进经验。美国主要的措施是：全国有一个统一的总体规划，有组织的经费落实，统一认识，鸡支原体生物制品及其检疫规程的规范化，参与鸡场有严格的检疫和防疫隔离措施，国家承认和鼓励无支原体鸡群的雏鸡和种蛋的价格从优；从净化开始，国家新审批的鸡新品种必须是无支原体鸡群。

一、统一检测方法

鸡毒支原体和滑液囊支原体的病原学和血清学检测技术应按照 OIE《陆生动物诊断试验和疫苗手册》规定进行，家禽支原体净化标志分类以支原体检测或细菌学检测为基础，在进行此类试验前 3 周，禁止使用任何对支原体有杀灭或抑制的药物。

血清学方法有平板凝集试验、试管凝集试验、血凝抑制试验、微量血细胞凝集抑制试验、酶联免疫吸附试验，通常采用 2 个或多个上述试验进行联合检测。血凝抑制试验、微量血细胞凝集试验、酶联免疫吸附试验用于验证其他血清学试验的结果。血凝抑制试验滴度≤1∶40 时，需根据进一步的采样和培养结果进行最终的判定。

二、监测净化

NPIP 主要采取监测加扑杀的净化措施，重点对后备种禽和开产前鸡群进行监测净化。

(一) 繁殖群鸡毒支原体的监测净化

1. 孵化室雏鸡检测　重点对死胚或弱雏的病原分离监测，每个月监测 1 次。

2. 后备种鸡筛选　鸡群在转入产蛋舍前 15～20d，每栋鸡舍采样 75 只鸡血清（最少保证 50 只）进行血清学检测；无鸡毒支原体感染鸡群的青年鸡在转群时，应确保运输和笼具不携带病原菌。

3. 种鸡开产前初期检测净化　4 月龄后，每个鸡群至少采样 150 只进行鸡毒支原体检验，如果要保持这一标准，种鸡群必须符合以下条件之一：（A）间隔不超过 90d，抽检群体中 75 个样本，若群体数量少于 75 个，每 90d 内可任意时间范围内检测所有个体；（B）间隔不超过 30d，群体中有 25 只个体通过指定实验室检测鸡毒支原体感染情况或间隔不超过 30d，需对蛋黄进行检测。

4. 留种前种禽检测　后备种群也需要来自无鸡毒支原体感染鸡群；保证运输和笼具不携带病原菌。种群符合净化规定，并按检验要求，证明无鸡毒支原体群体感染。父母代种鸡群应来源鸡毒支原体净化的原种群，4 月龄后，每个鸡群至少采样 150 只进行鸡毒支原体检验，如果要保持这一标准，种鸡群必须符合以下条件之一：（A）间隔不超过 90d，抽检群体中 75 个样本，若群体数量少于 75 个，每 90d 内可任意时间范围内检测所有个体；（B）间隔不超过 30d，群体中有 25 只个体通过指定实验室检测鸡毒支原体感染情况或间隔不超过 30d，需对蛋黄进行 HI 和 ELISA 检测。

(二) 种公鸡鸡毒支原体的监测净化

在种公鸡引入种群前，应至少对 30 只，每个鸡舍至少 10 只的公鸡，在引入前的 14d 内，严格遵守官方规定进行鸡毒支原体检测，采用 PCR 方法进行检测；若引入种公鸡少于 30 只，则所有的鸡只都应该按照上述方法进行检测，血清学和病原学检测阳性，则不能引入，必须重新检测或销毁。

（三）滑液囊支原体的净化

根据官方规定，包括从无滑液囊支原体种群引进的鸡群，群体数量少于150只的鸡群在4月龄后需要进行无滑液囊支原体种群抽样检测，符合以下条件之一：（A）间隔不超过90d，抽检群体中75个样本，若群体数量少于75个，每90d内可任意时间范围内检测所有个体；（B）间隔不超过30d，群体中有25只个体通过指定实验室检测鸡毒支原体感染情况或间隔不超过30d，需对蛋黄进行检测。

无滑液囊支原体产品应符合官方机构要求，与其他产品保持隔离。

无滑液囊支原体感染雏鸡在运输时符合官方规定，保证运输车辆和运输器具清洁不携带病原菌。

三、净化效果的维持

（一）持续性监测

一般来说，作为正常的无MG鸡群的子代鸡群，4月龄时必须在全群中至少采样10％的鸡（不少于300只）进行血液检测，若血清学检查MG阴性，证明无MG感染。随后，在不超过90d的时间间隔内，对鸡群中至少抽样150只进行血清学检查，或取蛋黄配成溶液，通过HI和ELISA进行检验。

（二）加强管理

对支原体阴性鸡群要采取严格的隔离和生物安全措施，以防止疫病的传入，使种鸡群建立和维持在洁净的状态。

第六节　净化标准

我国现未制定出鸡支原体病的净化标准，参照美国的非免疫净化标准如下：种鸡场以场为单位，连续2年以上无临床病例且病原学检测阴性；其他区域连续12个月，该区域内所有禽无临床病例，鸡群血清学和病原学检测没有鸡毒支原体、滑液囊支原体、火鸡支原体，其他相关运输车、孵化场、禽产品病原学检测均为阴性。

净化工作是一项严格的系统工程，需要坚持不懈才能取得良好的成效。我国鸡支原体感染极为普遍，采取淘汰阳性鸡群培育阴性群体是一种有效的净化措施。但在阳性率居高不下的情况下，淘汰阳性鸡需要付出很大经济代价，这使鸡支原体病的非免疫净化工作显得尤其复杂和困难。鉴于我国鸡场中鸡毒支原体感染普遍比较严重，采取免疫净化方式进行或许是一种较好的方式。采取建立全密封空气过滤的鸡舍，执行严格的生物安全措施、免疫预防措施、病原学检测、免疫抗体监测、野毒感染与疫苗免疫鉴别诊断监测，采用灭活疫苗接种和药物治疗控制，监测淘汰阳性群体，建立支原体阴性鸡群的措施是可行的。对假定阴性群加强综合防控措施，逐步扩大净化效果，最终建立净化场。建议先在原种鸡群进行鸡毒支原体的净化，其他代次鸡群应接种疫苗结合使用药物控制。

（编者：杨泽林、凌洪权、董春霞）

参考文献

邓显文，谢芝勋，谢志勤，等，2003. 应用多重聚合酶链反应检测四种霉形体的研究 ［J］. 中国兽医科技（6）：15-18.

冯元璋，2008. 鸡毒支原体感染及危害 ［J］. 中国家禽，30（1）：45-47.

甘孟侯，1999. 中国禽病学 ［M］. 北京：中国农业出版社.

郭建华，陈明勇，陈德威，1998. 应用 PPA-ELISA 检测鸡毒支原体血清抗体 ［J］. 畜牧兽医杂志，1（1）：3-6.

郝永清，齐冬梅，王秀清，2003. 鸡毒支原体分子生物学的研究进展及应用展望 ［J］. 中国兽医科技，33（10）：38-41.

李有业，2004. 鸡支原体病及其预防高效制剂 ［J］. 中国家禽，26（22）：48-49.

李有业，2007. 消除鸡支原体病垂直传播的方法 ［J］. 中国家禽，29（5）：33.

宁宜宝，1999. 动物支原体病预防与控制的研究进展 ［J］. 中国兽医杂志，33（1）：45-48.

宁宜宝，2003. 鸡群健康的潜在杀手——鸡毒支原体病的防制 ［J］. 中国兽医杂志，39（10）：44-46.

宁宜宝，2007. 鸡毒支原体病的预防控制 ［J］. 中国家禽，29（11）：6-8.

宁宜宝，冀锡霖，1992. 鸡胚源疫苗中污染霉形体的对策——Ⅱ. 热力处理制苗用鸡蛋消除活疫苗中霉形体的污染 ［J］. 中国兽医杂志（8）：7-9.

齐新永，张维谊，徐锋，等，2014. 上海地区鸡毒支原体感染抗体的血清学调查 ［J］. 上海畜牧兽医通讯（3）：52-53.

乔卫平，刘建国，2004. 禽支原体感染的流行病学 ［J］. 国外畜牧学——猪与禽，24（2）：

45-48.

宋勤叶，张中直，张冰，等，2002. 鸡毒支原体油乳剂灭活苗对降低鸡毒支原体垂直传播作用的研究 [J]. 畜牧兽医学报，33（3）：285-290.

孙向东，刘拥军，蔡丽娟，等，2009. 美国家禽改良计划特点和管理结构 [J]. 中国动物检疫，26（7）：64-66.

田克恭，2013. 动物疫病诊断技术-理论与应用 [M]. 北京：中国农业出版社.

王长江，王琴，沙依兰古丽，等，2013. 动物疫病净化的基本要求和方法探讨 [J]. 中国动物检疫，30（8）：40-42.

徐建义，2005. 山东地区肉鸡鸡败血支原体感染流行病学调查及综合防治措施的非军事化 [D]. 南京：南京农业大学.

徐仕忠，王俊平，芦德永，2008. 鸡毒支原体病控制值得注意的一些方面 [J]. 中国家禽，30（5）：38-40.

英聪，王海光，刘灿，等，2014. 检测污染兽用疫苗 14 种支原体 PCR 方法的建立及应用 [J]. 中国预防兽医学报，36（1）：42-45.

张淼洁，付雯，刘祥，等，2015. 动物疫病净化概述 [J]. 中国畜牧业（19）：24-25.

B Ben，Abdelmoumen Mardassi，et al，2005. Duplex PCR to differentiate between *Mycoplasma synoviae* and *Mycoplasma gallisepticum* on the basis of their hemagglutinin genes [J]. Journal of Clinical Mocorobiology，2：948-958.

Callison S A，Riblet S M，Sun S，et al，2006. Development and validation of a real-time Taqman® polymerase chain reaction assay for the detection of *Mycoplasma gallisepticum* in naturally infected birds [J]. Avian diseases，50（4）：537-544.

Cookson K C，H L Shivaprasad，1994. *Mycoplasma gallisepticum* infection in chukar partridges，pheasants，and peafowl [J]. Avian Dis，38：914-921.

Czifra G，Sundquist B，Tuboly T，et al，1993. Evaluation of a monoclonal blocking enzyme-linked immunosorbent assay for the detection of *Mycoplasma gallisepticum*-specific antibodies [J]. Avian Diseases：680-688.

Dee S，Otake S，Deen J，2010. Use of a production region model to assess the efficacy of various air filtration systems for preventing airborne transmission of porcine reproductive and respiratory syndrome virus and *Mycoplasma hyopneumoniae*：results from a 2-year study [J]. Virus Res，154（12）：177-184.

Dee S，Pitkin A，Deen J，2009. Evaluation of alternative strategies to MERV 16-based air filtration systems for reduction of the risk of airborne spread of porcine reproductive and respiratory syndrome virus [J]. Vet Microbiol，138（12）：106-113.

Ferguson N M，D Hepp，S Sun，N Ikuta S，et al，2005. The use of molecular diversityof *Mycoplasma gallisepticum* by gene-targeted sequencing（GTS）and random amplified polymorphic DNA（RAPD）analysis for epidemiological studies [J]. Microbiology，151：1883-1893.

Frey M，1968. A medium for the isolation of avian mycoplasmas [J]. Am J Vet Res，29：2163-2171.

Hong Y，M Garcia，S Levisohn，P Savelkoul，et al，2005. Differentiation of *Mycoplasma gallisepticum* strains usingamplified fragment length polymorphism and other DNA based typing methods [J]. Avian Dis，49：43-49.

Kempf I, 1998. DNA amplification methods for diagnosis and epidemiological investigations of avian mycoplasmosis [J]. Avian Pathol, 27: 7-14.

Lauerman L H, 1998. Lucleic acid amplification assay for diagnosis of animal disease [J]. American Association of Veterinary Diagnosticans: 39-66.

Razin S, 1994. DNA probes and PCR in diagnosis of mycoplasma infections [J]. Mol Cell Probes, 8: 497-511.

Robert C, O'Connell, Ruth G Wittler, et al, 1964. Aerosols as a source of widespread *Mycoplasma* contamination of tissue cultures [J]. Appl Envir Microbiol, 12: 337-342.

Talkington F D, Kleven S H, 1983. A classification of laboratory strains of avian *Mycoplasma* serotypes by direct immunofluorescence [J]. Avian Dis, 27: 422-429.

Wang H, Fadl A A& Kleven MI, 1997. Multiplex PCR for avain pathogenic mycoplasma [J]. Mol Cell Probes, 11: 211-216.

Wcalnek, H John Barnes, 1997. Disease of poultry [M]. 10th edition. Iowa: Iowa state university press: 235-296.

Yoder H W J, 1970. Preincubation heat treatment of chicken hatching eggs to inactivate *Mycoplasma* [J]. Avian Dis, 14: 75-86.

第八章

种鸡场疫病净化
案例分析

本章旨在通过介绍我国白羽肉鸡、黄羽肉鸡和蛋鸡 3 种类型种鸡场的典型代表公司，在禽白血病和鸡白痢 2 种疫病的净化中取得的成功经验，为其他鸡场开展疫病净化工作提供有益借鉴。

我们精选了净化成果显著，具有不同禽种、地域特点的 5 家公司为范例，就禽场概述、净化总体思路、本底背景调查、净化方案、净化关键技术、维持净化及持续改进方案、净化的成果等方面进行介绍，供读者参考。在蛋种鸡方面，自行育种模式的有北京市华都峪口家禽育种有限公司；引进祖代鸡维持净化模式的有宁夏晓鸣农牧股份有限公司黄羊滩（闽宁）；白羽肉种鸡的代表山东益生种畜禽股份有限公司（祖代肉种鸡十八场），目前为引进模式；以地方品种选育为特征的黄羽肉鸡方面，涉及地方品种，纯系背景值高，净化难度较大，广东佛山新广农牧有限公司（育种场）、江苏兴牧农业科技有限公司（花山育种场）是典型代表。

当前，禽白血病的净化技术日臻成熟，净化程序也日趋科学，许多方法和技术得到了改进和优化，为本病的净化积累先进的技术与宝贵经验，只要家禽育种公司有疫病净化意愿，下决心投入，完全可以在较短的时间内实现净化目标。5 个范例公司的经验证实，按现有的标准程序，3～4 个世代即可达到净化水平。禽白血病的净化是一个持续投入的过程，关键是下定决心组织好人力、物力，净化进程取决于公司的决心与净化目标的高低。

硬件设施的改造，生产程序的优化是保证净化效果的重要手段。采用全封闭的现代化禽舍不但有利于疫病净化和净化后的维持，也有利于减少人工成本，提高劳动效率，提高家禽的生产性能，创造的综合收益可观。

禽白血病净化的进展速度和成效，取决于各项措施的落实情况，并没有一成不变的固定模式，更不能生搬硬套。各场需结合本企业的人员素质、环境条件、硬件设施、育种操作、生产管理等实际情况，深入分析本企业的影响因素，找到关键控制点，参考净化标准程序，做出相应调整。并在净化实践过程中持续改进。

在 5 个范例中，北京市华都峪口家禽育种有限公司作为首家自行选育的净化场，结合本场的经验与关键因素进行阐述。禽白血病净化的技术方法具有一定的普遍性，为避免赘述，另 4 个范例，突出个性特点，着重介绍具体的做法与经验。鸡白痢净化较禽白血病相对简单，在"禽白血病净化"之后进行简述。

第一节　北京市华都峪口家禽育种有限公司(范例1)

一、禽场概述

北京市华都峪口禽业有限责任公司（以下简称峪口禽业），是集蛋鸡品种选育、种鸡生产、饲料加工、中式食品加工为一体的跨行业、跨地区经营的农业产业化国家重点龙头企业；是首批国家蛋鸡核心育种场、首批国家蛋鸡良种扩繁推广基地和全国优秀标准化示范区；是世界三大蛋鸡育种公司之一。峪口禽业隶属于北京首都农业集团，占地200hm²，总资产10亿元，员工3 800人。公司目前建立起了涵盖原种、祖代、父母代3级良种繁育体系，并配套建有年孵化能力为2.8亿只的孵化基地。现有原种6万只，祖代38万套，父母代350万套；除北京总部，还在辽宁、河南、山东、湖北、江苏、云南、天津、吉林等省设有16家分公司，138个标准化单元，产品销售覆盖全国除港澳台外的31个省、直辖市、自治区。

北京市华都峪口家禽育种有限公司成立于2009年，隶属于峪口禽业，坐落于北京市平谷区峪口镇东凡各庄村。公司现有原种（纯系）16个、规模6万只，拥有健全的育种研发体系、配备先进的设备设施。纯系场平面图见图8-1。

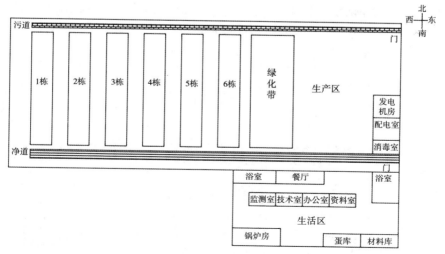

图 8-1　北京市华都峪口家禽育种有限公司纯系场平面图

公司下属的蛋鸡育种研发中心，承担蛋鸡育种相关的科研任务，并与国家蛋鸡产业技术体系岗位科学家对接。蛋鸡育种研发中心，拥有独立的育种实验室，包括数据处理、性能追踪、分子育种、蛋品检测4个科室。

通过多年的精心培育，公司陆续培育出了具有自主知识产权的"京红1号""京粉1号""京粉2号"和"京白1号"4个优秀的国产蛋鸡品种，成为目前最适合集约化、规模化饲养的高产蛋鸡品种，市场占有率达50%。

二、禽白血病净化

自2003年新品种选育开始，峪口禽业一直对禽白血病的净化工作进行不断地探索。峪口禽业实验室已掌握病毒分离、PCR、斑点杂交、ELISA等检测禽白血病所必备的核心技术。通过优化，利用其检测纯系、祖代、父母代不同品系/品种的抗原和抗体调查，掌握鸡群禽白血病病毒（ALV）的感染情况及ALV的排毒规律。在此基础上，将实验室检测技术与规模化生产相结合，制定控制垂直传播和水平传播的科学有效的净化方案。

首先，将禽白血病病毒分离技术、PCR技术与生产实际相结合，形成适合公司大规模检测的禽白血病检测流程，更好地控制垂直传播；其次，确定生产过程中关键防控环节，采取生物安全措施，阻断水平传播途径；再次，建立活苗外源病毒检测技术，对公司引入活疫苗进行检测，防止由于外源污染造成的医源性禽白血病的感染；最后，对净化效果进行评估，并进一步优化净化程序。具体技术路线见图8-2。

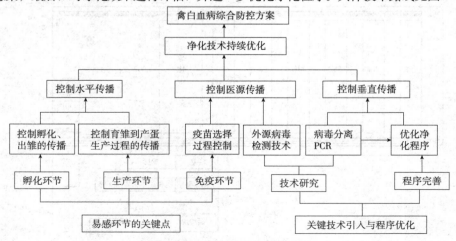

图 8-2 禽白血病净化技术路线

峪口禽业经历了 14 个代次的净化工作，净化效果显著，并在国内率先实现阳性率为零的重大突破，成为"规模化养殖场主要动物疫病净化和无害化排放技术集成与示范"项目中的全国首批净化示范场，并且是家禽领域 2 个净化示范场中唯——个自主育种公司。

（一）本底背景调查

通过对不同代次、不同品系、品种的鸡群进行 p27 抗原及不同亚群的抗体调查，发现从曾祖代、祖代到父母代不同品系、品种的鸡群均存在不同程度的感染，蛋清 p27 抗原阳性率在曾祖代最高可以达到 5％～10％，在祖代和父母代可以达到 6％～11％。鸡群长期带毒和感染的状态给鸡群造成威胁，尤其是育种企业，这种持续的感染一旦暴发将对鸡群带来不可估量的损失，甚至毁灭性的灾难。

禽白血病的净化工作首要基础便是检测技术。由于在实际生产中，不同人员、不同时间采样检测结果差异较大，不同检测方法、检测过程中不同处理方式、不同介质对检测结果均有影响，因此该公司对这些不同方面进行了对比评估，从而优化检测技术。结果发现，不同混合方式会使检测结果产生差异，可能会出现假阴性，要综合考虑鸡群实际情况、成本等因素确定样本是否混合；不同冻融方式对检测结果影响不同，冰箱与液氮冷冻均能提高阳性检出率，2 种冷冻方式和冻融次数对结果影响不大；采样部位不同（泄殖腔、阴道和蛋清），检测结果差异较大，在不同时间，要采取不同部位检测；对比了 ELISA 试剂盒检测和病毒分离检测，确定在开产和继代对公鸡蛋清样本进行病毒分离检测。通过对比评估，选择了更稳定、更可靠的 ELISA 试剂盒，并确定了不同阶段的最适检测方法，更好地将检测技术应用于生产实践。

（二）净化方案

1. 方案制定

（1）垂直传播的控制方案　控制垂直传播是指防止上一代次阳性鸡通过种蛋将病原传播给下一代，其最有效的控制措施是经过多次检测，剔除阳性鸡，确保用于继代的鸡群为阴性鸡群。峪口禽业经过多年的摸索，总结出一套适合于大规模蛋种鸡的行之有效的净化检测程序，即 1 日龄胎粪检测、6～10 周龄肛拭检测、开产前 3 枚鸡蛋及继代前 3 枚鸡蛋蛋清检测，同时配合病毒分离检测。

①1 日龄胎粪检测　母鸡感染病毒后，病毒在输卵管的膨大部进行大量复制，感染胚胎的胰腺积聚大量病毒，并从刚出壳雏鸡的粪便中排出，有很强的感染性、传播性。通过 1 日龄胎粪检测，可以及时淘汰阳性鸡，避免雏鸡之间的水平传播。

为了确保净化工作的有效性，峪口禽业执行严格的净化制度，即每个家系每一雏鸡都要进行检测。在出壳前，将每一种鸡的种蛋置于同一出壳纸袋中，用棉拭子逐一采集 1 日龄雏鸡胎粪，置于小试管中，用 ALV p27 抗原 ELISA 试剂盒检测 p27 抗原。检测结果按家系统计，只要家系中检测出 1 只阳性鸡，即将整个家系雏鸡全部淘汰，同时淘汰相应种母鸡。

②6～10 周龄肛拭检测　ALV 具有间歇排毒的特性，鸡群在 6～10 周龄为排毒高峰期，在这个阶段检测可以检测出较多的阳性鸡。

1 日龄出雏经过胎粪检测后，雏鸡按照家系上笼，对笼具、饲槽进行改造，并在饲养过程中严格控制水平传播，10 周龄对各品系进行泄殖腔拭子检测。在同一母鸡的同一饲养笼中，只要有 1 只阳性检出就淘汰同笼中的其他后备鸡。

③蛋清检测　开产前 3 枚蛋清检测：初产期属于鸡群禽白血病排毒高峰期，因此逐只取初生蛋 3 枚——编号，对蛋清用 ALV p27 抗原 ELISA 试剂盒做 p27 抗原检测，淘汰阳性鸡。

继代前 3 枚蛋清检测：由于禽白血病可以通过种蛋传播，因此，在继代之前必须进行检测并及时淘汰阳性鸡，避免阳性鸡种蛋进入孵化环节导致病毒扩散到下一代。

④病毒分离检测　经研究表明，ALV 不在公鸡的生殖细胞中增殖。公鸡仅是病毒携带者，通过接触或交配传染给其他的鸡。因此，公鸡在 1 日龄执行胎粪检测，10 周龄执行泄殖腔拭子检测，在开产和继代阶段均采取血浆病毒分离方式进行检测，病毒分离是国际上禽白血病病毒净化检测的金标准。

（2）水平传播的控制方案　禽白血病的水平传播相较于禽流感、新城疫等疫病较弱，水平传播主要发生在孵化期间和出雏后的前 2 周内，控制禽白血病水平传播的关键分孵化、生产、免疫 3 个环节。

①孵化环节　所有种蛋来源于病原检测阴性鸡群，专人、专车运输、专用蛋库保存，按照品系、家系单独挑选、码放种蛋，并记录。设计专用入孵纸袋，按

照单系单家进行装袋落盘、孵化。种蛋车、种蛋库、孵化室、孵化器等所有场地、器具均要进行严格地消毒。

②生产环节　育雏育成阶段对育雏笼具进行改造，每个笼饲养同一个家系的雏鸡，同时通过笼与笼之间设置间隙，并添加防护板，做到相邻笼之间互不"见面"。对雏鸡开食料槽进行改造，改变以往雏鸡开食使用垫纸或料盘，避免造成采食时将粪便排在垫纸或料盘上，与饲料混合，引起水平传播。

转群前进行 ALV 检测，及时淘汰阳性鸡。每笼鸡在转群的过程中都经过独立操作，每转完一笼鸡，操作人员需进行洗手消毒，转群设备进行严格消毒。转群时，采用隔离良好的转群车，每运完一车都要进行彻底消毒。

③免疫环节　为避免疫苗外源污染造成的 ALV 传播，对每个批次的弱毒苗进行外源病毒检测，免疫过程中严格注意消毒，避免交叉污染。采用无针头注射器，避免体液传播。

2. 方案的优化、调整过程　通过对禽白血病 ELISA 检测试剂进行筛选，比较不同处理方式（不同混合方式、不同冷冻方式、不同冻融次数、取不同部位蛋清、开产后前 3 枚鸡蛋蛋清混合前后）和不同介质对样本检测结果的影响，并对禽白血病排毒规律进行研究，对禽白血病检测流程进行了优化和调整。同时对生物安全控制措施进行改进和创新，最终形成了禽白血病净化程序。

禽白血病抗原 ELISA 方法是禽白血病净化的核心技术，对于不同日龄的净化鸡群，所检测的样本类型有所差异，因此，在规模化生产中为确保检测结果的准确性及一致性，必须选择稳定、可靠的检测试剂盒。对同一批待检样本进行检测，通过对检测结果的对比，以及对成本的综合分析，选择性价比最高的 ELISA 试剂盒。

样本通过不同的处理方式处理后，用禽 ALV p27 抗原 ELISA 试剂盒检测，胎粪样本混合检测后会影响阳性样品检出率，用液氮冷冻待检胎粪样本，可以大大缩短冻融时间，减少出壳雏鸡上架之前的存放时间，冷冻次数对检测结果无明显影响；人员采样操作必须规范化；蛋清混合检测对检测结果有一定影响，安排蛋清检测的过程中，可根据鸡群健康状态决定每枚鸡蛋单独检测还是 3 枚混合检测；通过比对相同鸡只相同时间采集的蛋清、阴道拭子和泄殖腔拭子的检测结果发现，蛋清检测结果准确性和稳定性相对更强，同时蛋清检测与病毒分离的符合度较高，在对产蛋期鸡群进行禽白血病的净化时，应选用蛋清作为检测对象。

通过对同一只鸡的泄殖腔拭子与阴道拭子及蛋清与阴道拭子的 p27 抗原检测结果对比发现，由于采样部位不同，其 p27 抗原检测结果不能完全吻合，分析导致此结果的原因，可能由于检测样本来源不同及其所含 ALV 抗原的含量有所差异造成的，蛋清与棉拭子的 p27 抗原检测过程中均存在内源病毒干扰问题，但是由于棉拭子在样本采集过程中不可避免地附带有鸡只体内的其他组织细胞，造成内源性干扰的可能性更大，相比之下，蛋清中 ALV 抗原主要来源于外源性的 ALV，检测结果准确性和稳定性相对更强。鸡场进行净化时，为加速净化进程，可以结合采用 2 种方法进行检测净化。

在引入欧美知名育种公司检测流程的基础上，根据摸索的本公司鸡群的排毒高峰，结合禽白血病排毒不规律性和间歇性的特点，确定检测净化时间点，从而制定适合规模化生产的禽白血病检测流程。根据鸡群排毒规律的摸索发现，鸡群在 6 周龄和开产阶段为排毒的高峰期，阳性率相对较高，可以在 6 周龄和开产阶段进行检测，淘汰阳性鸡只。另外，结合 ALV 的特点，孵化阶段感染胚胎的胰腺积聚大量病毒，随粪便排出，具有强传染性。而出壳雏鸡易感性强，易发生水平传播，同时 1 日龄也是建立阴性鸡群的"第一步"，因此，在 1 日龄对鸡群采集胎粪进行检测。在继代前，为建立阴性鸡群避免垂直传播及对孵化环境的污染，可以采集 3 枚鸡蛋进行检测。

结合对生物安全控制措施的改进和创新，最终形成了禽白血病净化程序。①种蛋入孵阶段，采用纸袋孵化技术实施小群孵化，在整个孵化和出雏阶段，严格控制水平传播；并在 1 日龄逐一进行 1 日龄胎粪检测，检测到阳性即整个家系淘汰，建立阴性鸡群；②育雏育成阶段，雏鸡按照家系上笼和饲养，并对传统的笼具和饲槽进行改变，尽可能减少雏鸡间的接触，避免水平传播；③在开产阶段对母鸡前 3 枚鸡蛋进行普测，淘汰阳性鸡，对公鸡进行病毒分离，淘汰阳性公鸡；④在继代留种前，对母鸡 3 枚鸡蛋进行普测，淘汰阳性鸡，对公鸡进行病毒分离，淘汰阳性鸡，选择阴性鸡群留取后代进行孵化。

3. 达到净化水平后的维护方案　达到净化水平后，就进入净化维持阶段，即维持其无感染的状态。主要措施一是选择净化的种源，二是监测并维持鸡群的净化状态。

（1）选择净化的种源　根据提供种鸡的育种公司的信誉度、历年引进的种鸡的实际净化状态、其他用户的反映来做出综合判断。

对新的供应商育种公司，可要求对其曾祖代鸡群或祖代鸡群采集一定数量血清样品（100~200 份）检测抗体，或要求其提供初产种蛋检测蛋清中的 p27 抗原（100~200 枚）及出壳雏鸡胎粪中的 p27 抗原。

（2）定期监测及维持净化状态　对于祖代和父母代鸡场的母鸡和种公鸡，定期抽检，检测血清抗体状态及种蛋蛋清 p27 抗原（表 8-1）。

表 8-1　维持净化定期监测情况

种群	最低监测比例	监测频率	监测内容	监测样品
祖代母鸡	5%（总样本量不少于 200 只）	开产后 25~30 周龄检测种蛋或血清	A/B、J 亚群抗体、p27 抗原	2 枚种蛋
父母代母鸡	2%~3%（总样本量不少于 200 只）	开产后 25~30 周龄检测种蛋或血清	A/B、J 亚群抗体、p27 抗原	2 枚种蛋
种公鸡	100%	正式采精前检测 1 次	p27 抗原	血清或精液

防止引入其他来源的鸡。防止使用被外源性 ALV 污染的疫苗。

4. 执行过程中注意事项及经验介绍

（1）注意事项

①禽白血病净化技术是一项包括检测技术、孵化和生产管理方面生物安全控制办法在内的综合技术，技术要求高。

②禽白血病的净化过程是漫长的、循序渐进的。净化技术形成后要先在部分鸡群实施，检验净化效果，确保净化效果显著再逐步大范围推广应用。

③禽白血病的主要传播方式为垂直传播，种鸡一旦感染，会通过种蛋逐代传播放大，从纯系到商品代具有 24 万倍的放大效应，因此从原种核心鸡群开始净化对禽白血病防控具有非常重要的意义。

④禽白血病的净化程序和方案需不断优化。在净化过程中，要根据净化效果调整净化方案。

（2）主要经验

①成熟的技术支撑　峪口禽业实验室掌握病毒分离、PCR、斑点杂交、ELISA 等检测白血病所必备的核心技术。通过运用检测技术实施抗原和抗体调查，掌握鸡群 ALV 的感染情况及 ALV 的排毒规律。进而将实验室检测技术与规模化生产相结合，形成控制垂直传播和水平传播的科学有效的净化方案。

②充足的资金支援　2008—2013 年峪口禽业在禽白血病的净化方面年投入500 万元。其中，检测成本年投入 350 万~400 万元，大大提高了禽白血病监测

的及时性和准确性，为防治工作的开展争取了时间；人工成本年投入 100 万～150 万元，为培养高素质、专业化的操作人员提供了保障。

③广泛的人员支持　本项目的成功完成离不开领导的高度重视、国内外权威专家的鼎力相助以及所有公司技术人员的共同努力。

为打造"4A 级雏鸡质量"，峪口禽业多次召开会议研讨方案，决心投入大量资金提高峪口禽业设备、技术、人员等综合实力，从根源上抑制 AL 的传播和扩散，以实现峪口禽业禽白血病的彻底净化。

如果说资金、技术等方面的投入是硬实力的体现，那么峪口禽业在禽白血病技术方面的探索和创新也同样离不开企业技术人员软实力的提高。本着学习交流、为我所用的原则，逐渐形成了与各类院校和研究机构紧密联系，与同行企业和疫苗兽药企业双赢合作的良性人才培养机制。

④先进的设备保障　峪口禽业拥有先进的检测设备和设施，其中包括 ELISA 检测室、细胞培养室、抗体监测室等一流的实验室硬件。同时峪口禽业的鸡舍设计先进、布局合理，采用机械化管理，为鸡提供舒适的环境，保证鸡群生产性能发挥。

5. 生物安全控制措施　做好禽白血病的防控工作除了要做好检测与净化外，生物安全措施也同样重要。生物安全可排除或至少可减少感染的机会，是确保获得良好净化效果的保障。根据禽白血病病毒特点，其在孵化和育雏早期是水平传播的关键点，需要做好生物安全控制措施，因此在研究过程中重点研究孵化和育雏育成节点水平传播控制方法，结合检测流程，最终形成禽白血病综合净化程序。

孵化和生产环节是控制禽白血病的关键环节。孵化期间会涉及码蛋、落盘、出雏、鉴别、挑选、免疫等各相应环节的操作，会有人为因素而造成水平感染的可能，在每个环节上都要有消毒措施。而且对孵化技术进行创新，采取单家系孵化。

在生产环节，通过免疫、饲养管理和转群管理 3 个方面对禽白血病的生物安全进行控制。免疫方面，除了引进无针头注射器外，还建立了活疫苗的外源病毒检测技术，在避免外源性病毒污染导致的禽白血病传播的同时，也提高了免疫效率；饲养方面，通过改进饲养设备，阻断水平传播的可能。笼与笼之间设置间隙，并添加防护板，雏鸡开食专用料槽上面带有防护隔网，减少鸡群的接触性传播，降低禽白血病水平传播的概率；转群时也要做好各项消毒措施，并且筐与筐之间做好隔离处理，避免交叉感染。

（三）净化关键技术

1. 蛋清、胎粪、血浆采样

（1）蛋清样本的采集与处理　将鸡蛋大头朝上放置于蛋托中，用蘸有75％酒精棉球对鸡蛋表面进行逐一消毒，在顶部气室的位置，用镊子轻敲，打开直径为0.5cm左右的小洞，用移液器吸取蛋清，根据检测用量，一般蛋清要吸取200～250μL，放入冰箱冷冻6h，解冻备用。

（2）胎粪样本的采集与处理　轻柔地挤压雏鸡的腹部，使之将胎粪排出来，装入准备好的放有0.5mL PBS缓冲液的1.5mL离心管中，放入冰箱冷冻6h或液氮中冷冻5min，解冻后将样本充分摇匀或使用旋涡混合器充分混匀后，静止10min备用。

（3）血浆样本的采集与处理　使用真空无菌采血管，一人负责固定鸡，暴露翅静脉，针头在距静脉血管0.3～0.5cm一旁倾斜刺入皮肤，再与血管平行进针0.2～0.4cm后刺入血管，待针管中有回血，另一人将采血针的另一针头直接扎入真空管中，待血流出1.5mL左右后，即可将真空管上针头拔出，迅速将血浆放入装有冰袋的泡沫箱中，送至实验室，4℃ 3 000r/min离心，无菌状态下吸出血浆备用。

2. 病毒分离
将DF-1细胞传代于24孔细胞板，待DF-1细胞生长成70％～80％单层时，吸弃生长液，试验组细胞接种血浆样品，对照组细胞接种PBS作为空白对照，37℃培养2h，然后换成2％小牛血清的细胞维持液。继续培养9d，观察细胞的生长状况。第9天时，将DF-1细胞反复冻融3次后，5 000r/min离心10min，收集细胞上清液，按照ELISA试剂盒说明书检测DF-1细胞上清中的ALV p27抗原。

3. ELISA检测
对胎粪样本、泄殖腔样本、蛋清样本，采用ELISA方法进行ALV p27抗原检测，具体操作步骤按照试剂盒操作说明书进行。

4. 单家系孵化
孵化是控制禽白血病的关键环节，上一代阳性鸡会通过种蛋传播给下一世代雏鸡。我们采用单家系孵化，使用特制的孵化袋隔离家系间的水平传播。从入孵开始到出雏结束与其他雏鸡完全隔开，直到检测结束后，才使阴性鸡只与环境接触。通过3个"专用"（专用孵化室、专用孵化器、专用出雏器）和3个"单一"（单品系、单家系入孵、单家系出雏），实现了家系与家系不交叉，品系与品系不交叉，避免了禽白血病在孵化环节的水平传播。

5. 人工授精、疫苗免疫横向传播的阻断

（1）人工授精　采精完毕后输精人员和翻肛人员都要用消毒液洗手，输完一管液翻肛人员要将擦手布先用清水洗净然后再泡入消毒液中，这样既能减小消毒液的污染程度又能延长消毒液的使用时间。每管精液完成后用75%酒精擦拭输精器械。

（2）疫苗免疫

①疫苗选择　为确保疫苗质量，弱毒疫苗全部使用进口品牌，并且为避免由于疫苗外源污染造成的 ALV 传播，使用 PCR、病毒分离等方法对每个批次的弱毒苗进行外源病毒检测，检测的病毒包括禽白血病病毒（包括 A/B、J 亚群）、禽网状内皮增殖症病毒、禽呼肠孤病毒、马立克氏病病毒、鸡传染性贫血病毒、鸡毒支原体和鸡滑液囊支原体。其中一种或一种以上病毒检测阳性的疫苗均判为不合格。对于不合格疫苗采取坚决不使用的原则，并进行销毁。以此来避免外源病毒的污染。免疫过程中严格注意消毒，避免交叉污染。采用无针头注射器，避免体液传播。

②免疫用具　免疫过程中使用无针头注射器，免疫器具在使用前彻底消毒。

无针头注射器的引进和使用完全阻断了鸡群之间因免疫而传播的可能，同时降低了鸡群和人员受伤的可能，经无针头注射器免疫后，疫苗分散均匀，无不良的免疫反应，鸡群应激小。

③免疫操作　后备鸡免疫时禁止倒笼，对免疫用筐，每免完一个笼进行一次垫纸的更换；抓鸡人员每抓完一筐后进行手部的消毒，以减少病毒的水平传播。

6. 弱毒疫苗、饲料等其他投入品的检测　其他弱毒疫苗通过使用 PCR、病毒分离等方法进行包括禽白血病病毒（ALV，包括 A/B、J 亚群）在内的外源病毒检测，对于不合格疫苗采取坚决不使用的原则，并进行销毁。

饲料采样由饲料化验室负责，分样、粉碎之后由微生物化验室进行检测，玉米粒先粉碎后再检测。鸡舍内料塔和料槽中的饲料采用灭菌试管进行采样。每个料塔采 3 个样品，料槽可分点采取，按料槽前部的上、中、下层，中部的上、中、下层，后部的上、中、下层；每栋采样 2 单面，共 18 份样品。保证饲料的微生物水平符合标准。

7. 防鼠、鸟、昆虫　严格执行部门内环境卫生标准，确保鸡舍内外环境的卫生。舍内卫生责任到人，定期检查考核；加强舍外环境治理，每天清扫，随时除草。定期进行卫生防疫大检查，确保舍内外环境无卫生死角、无病原传播隐患。

控制野鸟、昆虫、鼠等一切外来生物。窗户、粪沟等出口加上防护网或插上挡风板，防止野鸟、昆虫的进入。苍蝇、蚊虫由专业公司定期杀灭，夏季每周灭1次，平时每月灭1次，生活区与生产区同时进行。老鼠统一由专业灭鼠公司人员定期灭鼠，每2～3个月1次或发现鼠迹时马上灭鼠。

8. 消毒

（1）**环境消毒**　加强舍内外卫生消毒：按标准轮换使用消毒液；每天由消毒车按规定路线进行外环境消毒，主路每天1次，鸡舍空挡每周1次，按标准轮换使用消毒液。对粪道、解剖室等重点部位和人员交叉的位置实行重点消毒，每天消毒2次以上。

为防止病原经空气传播，遇大风天气，舍内外对通风口喷洒消毒药物，同时减少通风口数量，冬季在通风口加挂太空棉过滤网。

生产办公室、后勤办公室、休息室和化验室等人员交叉多、流动频繁、接触危险物品较多的场所实行每周1～2次消毒，使用消毒药擦桌子、拖地等。

（2）**车辆消毒**　所有入场车辆必须喷洒消毒，车辆消毒标准：上下前后左右都均匀地喷到消毒液（饲料原料、车上物品除外），尤其是轮胎要全部浸湿，时间为大车不少于40s、小车不少于30s。用消毒枪喷到车身有丰富白沫为宜。对淘汰鸡车辆进行消毒时，要求车辆周身无鸡毛、料渣、粪便等杂物，消毒完毕后，将门口清扫干净，彻底消毒。

（3）**人员、物品消毒**　人员入场时将手机放在专用柜内消毒。人员在消毒通道消毒3min。必备品经过严格消毒后再进入一级防疫区。对进入生产区的物品必须使用强力熏蒸粉（$5g/m^3$）进行熏蒸消毒，时间不少于20min。

严格按照雏场防疫卫生标准执行，进场门口需双脚踏消毒垫，使鞋底充分浸湿消毒垫上的消毒液、更换防疫鞋。每天后勤值班人员对消毒垫及大门口进行喷洒消毒。

（四）投入成本分析及成效

1. 投入成本　人工成本年投入100万～150万元，检测成本年投入350万～

400万元。

峪口禽业针对禽白血病净化技术和程序的研究优化、鸡舍笼具和相关设备改进等项目，累计投入自筹配套经费共计2 050万元。

2. 净化进程　从着手净化工作到通过考核验收，阶段性工作进程（表8-2）。

表8-2　净化工作进度表

时间节点 （年份）	所处阶段	净化措施	进展状况
2003	本底调查	p27抗原及不同亚群的抗体检测	蛋清p27抗原阳性率在曾祖代最高可以达到30%～50%，在祖代和父母代可以达到10%～20%，J亚群抗体阳性率为0，A/B亚群阳性率为2%～20%
2004—2009	净化	初始净化方案	阳性率降到1%～20%
2010—2014	优化	改进方案，采用最佳检测方法和样本种类	阳性率为零
2015—2016	维持及持续改进	普测改为抽测	阳性率保持在零的水平

3. 净化效果

（1）鸡群阳性率显著降低　严格实施各项净化技术措施，阳性率会持续降低。实施净化初期，阳性率较高的品系或者阳性率较高的阶段，净化效果明显，阳性率很快降低，在阳性率降低到一定程度，净化进程减缓。峪谷禽业当年阳性率为零还要持续实施净化，因为ALV存在间歇性不规律排毒的特点，一次的阴性不能代表已经实现净化，必须经过多次检测，多种方法检测，确定是否存在假阴性的情况。

（2）鸡群产蛋率大幅提升　2009年各纯系的平均日产蛋率仅为72.79%，至2015年，平均日产蛋率提高到85.30%，较2009年提高了12.51%，禽白血病的净化大大提高了鸡群的生产性能。

（3）达到禽白血病净化标准　国家每年都要抽样3 500余份血清和鸡蛋，检测禽白血病的阳性率。如表8-3所示，2012—2015年所有抽检的样品检测结果均为阴性，在国内率先实现阳性率为0的重大突破，成为种禽领域2个净化示范场中唯一一个自主育种公司（图8-3）。

（4）获得客户广泛认可　2009—2015年，自新品种推出以来，峪口禽业累计推广商品代雏鸡数量25亿只，无因垂直感染导致的禽白血病发生，得到了客户的一致认可。

表 8-3　国家抽检结果

检测单位	代次	时间	品系	血清		蛋清	
				抽样量（份）	阳性率（%）	抽样量（份）	阳性率（%）
中国动物疫病预防控制中心	曾祖代	2012/11	京红 1 号	263	0	263	0
			京粉 1 号	100	0	100	0
		2013/11	京红 1 号	263	0	263	0
			京粉 1 号	100	0	100	0
		2014/8	京红 1 号	263	0	263	0
			京粉 1 号	100	0	100	0
		2015/8	京红 1 号	263	0	263	0
			京粉 1 号	100	0	100	0
山东农业大学	祖代	2012/111	京红 1 号	2 234	0	2 234	0
			京粉 1 号	772	0	772	0
		2013/11	京红 1 号	2 234	0	2 234	0
			京粉 1 号	772	0	772	0
		2014/8	京红 1 号	2 234	0	2 234	0
			京粉 1 号	772	0	772	0
		2015/8	京红 1 号	2 234	0	2 234	0
			京粉 1 号	772	0	772	0

图 8-3　禽白血病净化示范场证书

三、鸡白痢的净化

（一）总体净化思路

鸡白痢是由鸡白痢沙门氏菌引起的一种极常见的各种年龄鸡均可发生的一种

传染病。以 2～3 周龄以内雏鸡的发病率和死亡率最高，呈流行性。成年鸡感染呈慢性或隐性经过。近年来，育成阶段的鸡发病也日趋普遍。本病的传播途径为垂直传播和水平传播，净化鸡白痢的根本方法是有计划地培育无白痢的种鸡群，检疫和淘汰阳性鸡，从而净化鸡群。严格执行检测淘汰，控制垂直传播，执行严格的生物安全措施，控制水平传播。

（二）净化方案

1. 鸡白痢的检测方法　鸡白痢的检测采取平板凝集的方法，不同代次检测的样品不同，祖代和父母代采用快速全血平板凝集试验检测，纯系鸡用血清检测。

2. 鸡白痢净化程序　需定期进行鸡白痢检疫，从而净化鸡群。不同代次执行不同的净化程序，并制定不同的净化标准。

（1）纯系鸡群的检疫净化标准　纯系鸡群的阳性率为 0。

在产蛋率达 10%、继代前进行 2 次检疫。采用血清平板凝集的方法，在鸡群产蛋率达 10% 时进行首次普检。如果检出阳性鸡，则在 1 个月后进行第 2 次普检，直至无阳性鸡检出；如果无阳性鸡检出，则以后每月公鸡普测，母鸡每季度抽测 1 次，每次抽测 5%～10%，超标时普检。继代前进行第 2 次普检。每次检出的阳性鸡必须立即淘汰，并对环境、笼具等彻底消毒。

（2）祖代鸡群检疫净化标准　祖代鸡群的阳性率低于 0.1%。

鸡群产蛋率达 10% 时普检。如果鸡群阳性率超标，每月普检 1 次，直至阳性率下降至达标后停止普检；如果首次检测时阳性率≥0.1%，以后每月公鸡普测，母鸡每季度抽测 1 次，每次抽测 5%～10%，超标时普检。每次检出的阳性鸡必须立即淘汰，并对环境、笼具等彻底消毒。

（3）父母代鸡群检疫净化标准　父母代鸡群的阳性率低于 0.2%。

鸡群产蛋率达 10% 时普检。如果鸡群阳性率超标时，35 周龄第 2 次普检。如果首次检测时阳性率低于以上标准，以后每月公鸡普测，母鸡每季度抽测 1 次，每次抽测 5%～10%，超标时普检。每次检出的阳性鸡必须立即淘汰，并对环境、笼具等彻底消毒。

（三）净化关键点

1. 鸡摄食、饮水、人工授精的关键点控制

（1）保证饲料的卫生、安全。峪口禽业有自己的饲料公司，采购的饲料原料必须符合微生物检测指标，玉米、豆粕等不发霉变质，不将动物性蛋白饲料，如鱼粉、肉骨粉、羽毛粉、血球粉等作为饲料原料，避免饲料受潮变质，避免病原微生物污染饲料。

（2）保证饮水安全、各项微生物指标均合格。定期对饮水管进行清洗、消毒，一般每15～30d消毒1次，消毒液要严格按照合理的浓度消毒，并定期更换消毒药，防止耐药性的发生，定期检测消毒液的消毒效果。

（3）做好人工授精环节控制，输精器械包括输精管、集精管、纱布等高温灭菌处理，保证输精器械的无菌状态。在人工授精过程中，保证无菌操作，严格执行1只鸡使用1支输精管制度。

2. 鸡场环境控制的关键点　种鸡场要加强环境控制，保持舍内外清洁卫生，做好空舍管理与日常带鸡消毒工作。每天做好清粪、带鸡消毒工作，保证舍内空气清新。每周对舍内饮水管、灯管等进行清洁，消毒，保证舍内的卫生环境。外环境定期进行消毒，祖代场每天进行消毒，父母代场每隔1d进行消毒，并定期更换消毒药，保证消毒效果及环境的清洁。

3. 人、车、物控制的关键点　为保证鸡群健康，必须做好生物安全措施。凡是进入生产区人员必须洗澡、消毒后，方可进入。生产区内道路净道与污道严格分开，严禁人员、车辆串道通行。车辆必须经过严格消毒后方可进入生产区，所带物品必须经过紫外线或熏蒸消毒30min后，方可带进生产区内。

4. 媒介动物控制的关键点　鼠、猫、犬及各种家畜可携带沙门氏菌，因此，场区内禁止饲养各种宠物及家畜，要定期灭鼠。苍蝇、鸡螨与小粉虫可为环境中的沙门氏菌提供生存条件，应定期清除。野鸟可携带沙门氏菌，应采取各种措施防止野鸟进入鸡舍。公司聘请专业灭鼠灭蝇公司，定期对公司各场区进行灭鼠、灭蝇等，同时场区内禁止种植高大绿植，防止野鸟栖息。

5. 影响雏鸡的关键点控制

（1）种蛋　种蛋必须来自鸡白痢凝集试验阴性的母鸡和公鸡。做好蛋托、蛋箱、运输车、蛋库的熏蒸消毒工作，种蛋收集时应及时挑出粪蛋、血蛋、破壳蛋等，污蛋要及时处理干净；种蛋在装箱前要做好甲醛或熏蒸粉熏蒸工作，种蛋消毒后应立即入孵或放入无菌的房间及容器中，以防重复污染。放置的种蛋在入孵前应再次做好种蛋消毒工作（可用甲醛熏蒸消毒法），同时保证孵化器具和环境的安全、卫生。

（2）鸡舍　本病的发生与饲养管理有密切的关系。鸡群饲养密度大、育雏温度低、育雏舍潮湿、环境卫生差、通风不良和饲料营养不全等因素，均可促进鸡白痢的发生与流行。因此，在育雏期间，必须对雏鸡群实行科学的饲养管理，保证鸡舍温度、湿度、通风和光照的科学、合理，给雏鸡饲喂优质的全价饲料，适当添加多种维生素和微量元素，以满足雏鸡生长发育的营养需求；要根据雏鸡的日龄及时调整育雏的温度、湿度和密度；每天做好清粪和带鸡消毒工作，保持育雏舍的卫生、干燥和通风良好；雏鸡饲养的前几天，料盘、饮水器要每天清洗消毒；夏秋季做好灭蚊蝇工作，每天清扫、带鸡消毒；采取有效措施，减少或消除各种应激因素对雏鸡群的影响。此外，提高雏鸡群的抗病力，有助于控制发病，减少死亡。切实做好各项细节工作，可最大限度地减少鸡白痢的发生，提高育雏成活率。

（3）孵化　保证种蛋孵化各个环节的清洁、卫生与消毒：蛋库→孵化室→孵化器→孵化盘→出雏室→出雏器→出雏、免疫人员→注射器械→运雏车。对蛋库、孵化室的所有仪器、器具做好清洗、消毒工作；严格做好种蛋的熏蒸工作。

鸡白痢的净化工作是一项严格的系统工程，需要种鸡场执行严格的检测、淘汰阳性鸡的净化程序，同时贯彻落实各项生物安全防控措施，坚持不懈才能取得良好的成效。

（本节相关资料由北京市华都峪口家禽育种有限公司提供）

第二节　宁夏晓鸣农牧股份有限公司黄羊滩种鸡场（范例2）

一、禽场概述

宁夏晓鸣农牧股份有限公司是国家首批蛋鸡良种扩繁推广基地，是"规模化养殖场主要动物疫病净化和无害化排放技术集成与示范"项目禽白血病净化示范场，蛋鸡标准化示范场。

宁夏晓鸣农牧股份有限公司始创于1992年，是集海兰褐祖代和父母代蛋种鸡饲养、种蛋孵化、雏鸡销售、技术服务于一体的引、繁、推一体化种禽企业。在宁夏建有2个大型现代标准化生态养殖基地，包括3个祖代养殖场、10个父母代养殖场、还在全国建有 3 个孵化基地（宁夏银川、河南兰考、新疆昌吉）。公司 2011 年进行股份制改造，2013 年 10 月上市。公司现有员工 700 余人，其中负责疫病防控的兽医及相关技术人员共有 45 人。

养殖场选址优越：北有贺兰山天然屏障，周边为荒凉、无水、无电、无路、无耕种价值地区。远离人口密集区域，附近无居民区等公共场所，同时养殖基地远离生活饮用水水源地。

采用全封闭高床一阶段平养方式。鸡舍内部设施完善，采用自动化的饮水、喂料、光照、通风、清粪设施，能完全满足从育雏到产蛋期全程需要，一阶段饲养避免转舍带来的生物安全风险；孵化厂与养殖基地相隔 20m 以上；鸡舍间距 15m 以上；生产区、生活区、污水处理区、无害化处理区严格分开，各区间距 50m 以上；实行养殖场区全进全出饲养模式，每个养殖场种鸡周龄最大相差 2 周左右。布局见图 8-4。

图 8-4　种鸡场布局

祖代鸡每批都由国外引进，引种周期为 1 年半。为 4 系配套，年存栏 6.5 万套，4 系存栏比例为 1∶10∶1∶100。父母代蛋种鸡存栏近 105 万套，具备年向市场提供父母代蛋种鸡 300 万套，商品健母雏 6 000 万只的生产能力。采用地面平养、自然交配方式生产，通过羽色鉴别公母。

二、禽白血病净化

（一）总体净化思路

1. 把严源头关　引入祖代净化鸡群，并对净化鸡群进行复检，确保种源无禽白血病。

2. 做好生物安全措施　通过日常生产管理，构建生物安全防线，维护无疫状态。

(二) 净化方案

对祖代、父母代、商品代等不同代次的鸡进行检测。其中细胞培养、p27 抗原检测和 J 亚群抗体检测 3 项中出现有任何一项阳性，均视为鸡群阳性。

1. 引进祖代雏鸡　按 1%～2% 的比例抽检血清，检测禽白血病病毒抗体；抗凝血检测抗原。出现阳性全群淘汰。

2. 祖代种鸡

68 日龄采集抗凝血接种 DF-1 细胞，全场抽检 184～276 份。

16～18 周龄采集初生蛋，检测 p27 抗原；同时采集血清检测 A/B、J 亚群抗体（抽检比例 1%～2%）。

24 周龄采集抗凝血接种 DF-1 细胞（抽检比例 1%～2%）。

20～50 周龄采集蛋，进行 p27 抗原检测；同时采集血清检测 A/B、J 亚群抗体（抽检比例 1%～2%）。

60～65 周龄采集蛋，进行 p27 抗原检测；同时采集血清检测 A/B、J 亚群抗体（抽检比例 1%～2%）。

3. 父母代种鸡

1 日龄采集 2 批次鸡苗胎粪进行 p27 抗原检测，采集 2 批次鸡苗抗凝血接种 DF-1 细胞检测，采集 2 批次鸡苗血清检测 A/B、J 亚群抗体（50 万只鸡分为 7 个批次，抽 2 个批次进行检测，每批次抽检 184 份）。

68 日龄采集抗凝血接种 DF-1 细胞（每个批次约 10 万只鸡，抽检 184 份，下同）。

16～18 周龄采集初生蛋，检测 p27 抗原；同时采集血清检测 A/B、J 亚群抗体（抽检方法和比例同上）。

24 周龄采集抗凝血接种 DF-1 细胞（抽检方法和比例同上）。

20～50 周龄采集蛋，进行 p27 抗原检测；同时采集血清检测 A/B、J 亚群抗体（抽检方法和比例同上）。

60～65 周龄采集蛋，进行 p27 抗原检测；同时采集血清检测 A/B、J 亚群抗体（抽检方法和比例同上）。

4. 商品代蛋鸡　定期抽检胎粪、血清，分别进行 p27 抗原和 A/B、J 亚群抗体检测。每月 1 次，每次 92 份。

（三）净化进展

2011—2012 年开始进行禽白血病检测，检测 p27 抗原和 A/B、J 亚群抗体；2013—2014 年增加疫苗外源性病毒的检测（检测方法：ELISA、PCR）；2015 年增加接种 DF-1 细胞检测。检测数量见表 8-4 和表 8-5。

表 8-4　2011—2014 年禽白血病净化检测量

	2011 年		2012 年		2013 年		2014 年	
	抗体	抗原	抗体	抗原	抗体	抗原	抗体	抗原
黄羊滩一分场	92	276	184	460	184	552	276	736
黄羊滩二分场	92	276	276	644	184	552	276	828
黄羊滩三分场	184	460	184	460	268	920	184	552
黄羊滩四分场	368	920	92	276	276	920	184	552
黄羊滩五分场			184	460	184	460	276	828
黄羊滩六分场			92	228	184	732	276	872
祖代一分场			736	1104	552	828	552	1104
祖代二分场	368	552	552	1104	552	736	368	736
合计	1 104	2 484	2 300	4 736	2 384	5 700	2 392	6 208

表 8-5　疫苗外源性 ALV 检测结果（2014 年）

疫苗种类	ELISA 检测		PCR 辅助检测	
	数量	结果	数量	结果
AE+POX	4	2 份阳性	13	1 份阳性
IB	2		9	
MAS+clone30	1		2	
MD	7		23	
ND	4	2 份阳性	18	
ND+IB	14		39	
POX	4		11	
威力克	7		10	
合计	43		125	

（四）净化经验与关键技术

1. 把好种源关　作为一个直接引种生产企业，确保引入净化的种源，是维持净化状态的关键，需对引进的净化种雏进行抽检复查。

2. 现代化设施是保障　以现代化、全封闭、自动化的设施设备，是维持净化状态的基础。

3. 严格生物安全管理　做到人员 2 次洗澡、物品消毒，3 次隔离（48h 以上），4 次更换工作服。

4. 强化疫苗外源性污染的检测　对每批疫苗进行检测。

5. 抽检与异常情况复核相结合　因引进的种鸡群是净化的状态，日常监测以抽检为主，发现生产不稳定时，加大监测力度。

（五）投入成本分析与成效

1. 投入成本　当前禽白血病投入维护费用每年 200 万～300 万元。

2. 净化进度　由于祖代蛋鸡均从国外引进，主要是维持净化水平的过程（表 8-6）。

表 8-6　净化工作进度表

年份	所处阶段	净化措施	进展状况
2012	将禽白血病列入常规监测	净化方案	阴性
2013—2014	维持	净化方案（增加疫苗外源性病毒检测）	阴性
2015	维持	净化方案（增加病毒分离项目）	阴性
2015	维持	净化方案	成为第一批净化示范场

3. 净化效果　于 2015 年成为第一批全国禽白血病净化示范场。通过禽白血病的净化状态的维护，保持了优良生产性能（表 8-7）。

表 8-7　生产性能的维持与提升（2014 年）

主要生产指标	2014 年海兰标准	黄羊滩养殖基地鸡群指标
母鸡累积死淘率（1～17 周龄）	5.0%	4.0%
母鸡累积死淘率（18～65 周龄）	8.6%	8.8%
母鸡体重（17 周龄）	1.36～1.45kg	1.38kg
母鸡体重（40 周龄）	1.82～1.94kg	1.90kg
公鸡体重（17 周龄）	2.03～2.15kg	2.14kg
公鸡体重（40 周龄）	2.60～2.76kg	2.68kg
全部公母鸡日平均耗料（18～65 周龄）	109～113g	115g
母鸡饲养日最高产蛋率（25 周龄）	92.0%～97.0%	96.4%

（续）

主要生产指标	2014 年海兰标准	黄羊滩养殖基地鸡群指标
入舍母鸡产蛋数（18～65 周龄）	257.5～270.6	277.4
入舍母鸡产合格蛋数（18～65 周龄）	238.0	252.3
入舍母鸡产商品代健母雏数（22～65 周龄）	96.0	101.1
平均孵化率（22～65 周龄）	80.6%	80.1%
蛋重（26 周龄）	57.2g	56.7g
蛋重（38 周龄）	61.5g	59.5g
蛋重（65 周龄）	63.8g	61.9g

三、鸡白痢净化

（一）总体维持净化思路

环境控制、原料检测、现场检验净化效果。

（二）净化方案

净化流程和方案见图 8-5、图 8-6、图 8-7。

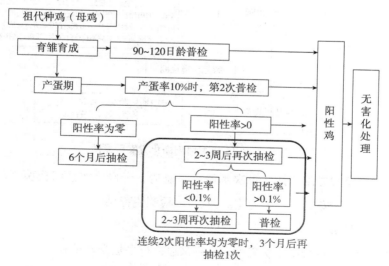

图 8-5　祖代母鸡净化流程示意图

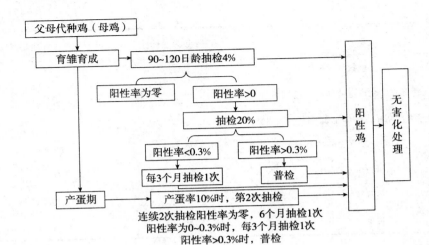

图 8-6 父母代母鸡净化流程示意图

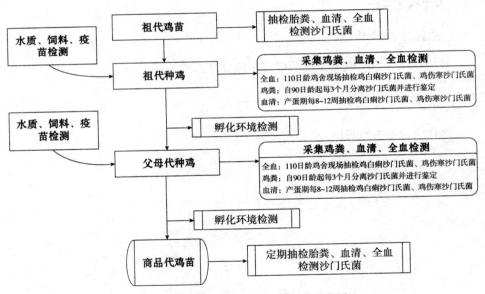

图 8-7 2015 年鸡白痢净化方案示意图

1. 引进祖代雏鸡 抽 2 批次鸡胎粪、血清、全血检测沙门氏菌（与禽白血病净化相结合，按 1%～2% 的比例抽检），检测流程见图 8-8。

2. 祖代种鸡

90 日龄全群进行第 1 次普检，现场采血进行平板凝集试验。

90 日龄起每 3 个月采集每栋鸡舍粪便，进行沙门氏菌分离鉴定。产蛋率达到 10% 时进行第 2 次普检，产蛋期每 8～12 周抽检，进行平板凝集试验。

以后每隔2~3周抽检1次，抽检比例不少于10%。连续2次检出阳性率为零后，改为每3个月抽检1次，阳性率＞0.1%时，进行普检。公鸡每个月普检1次（连续2次阳性率为零时，改为每2个月普检1次）。淘汰所有抗体阳性鸡。此外，针对鸡舍群体每3个月采集1次架板上新鲜鸡粪，采用增菌分离培养的方法检测是否含有沙门氏菌（若粪便出现阳性，抽检泄殖腔拭子进行细菌分离鉴定；泄殖腔拭子出现阳性，每栋抽检200只进行平板凝集试验，平板凝集试验出现阳性，再抽检1000只，阳性率＞0.1%，全群进行普检）。

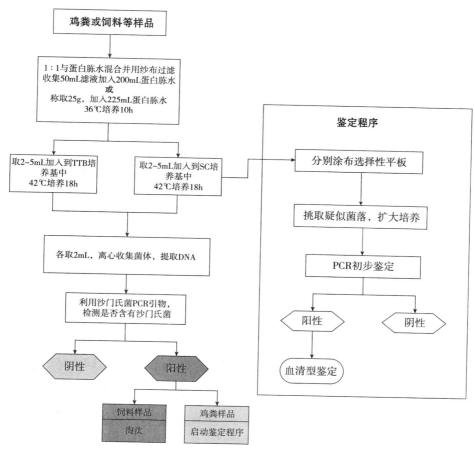

图8-8　鸡粪、饲料等样品检测流程示意图

3. 父母代种鸡　90~120日龄进行第1次抽检，抽检率不低于4%，若阳性率为零则检测合格，若大于零，则加大抽检数量到20%再次抽检，若阳性率＞0.3%，则全群普检；产蛋率达到10%时进行第2次抽检。

以后每3个月抽检1次（连续2次抽检阳性率为零，可6个月抽检1次，阳性率＞0.3％，进行全群普检）。

公鸡每个月普检 1 次（连续 2 次阳性率为零时，改为每 3 个月普检 1 次）。

淘汰所有抗体阳性鸡。

此外，针对鸡舍群体每 3 个月采集 1 次架板上新鲜鸡粪，采用增菌分离培养的方法检测是否含有沙门氏菌。

4. 商品代蛋鸡 定期抽检鸡粪、全血、血清进行检测。对可疑鸡取卵黄、肝、肺进行培养。全血进行平板凝集试验。

（三）净化经验与关键技术

1. 做好投入品检验 饲料原料品质检验，每个月进行 2～3 次沙门氏菌的培养检验。饮水宜采用地下 300m 深井水。

2. 对血清学阳性鸡进行细菌分离 当阳性率很低时，对阳性淘汰鸡进行沙门氏菌培养检验，并剖检可疑鸡，取肝、胆囊、肠道 3 种组织进行沙门氏菌培养。

3. 血清学检测方法的改进 为了克服平板凝集非特异性阳性问题，通常用血清进行 1：8 稀释后进行平板凝集复检，该结果与细菌分离结果较一致。

（四）净化效果

维持全部阴性状态。

（本节相关资料内容由宁夏晓鸣农牧股份有限公司提供）

第三节   山东益生种畜禽股份有限公司-祖代
肉种鸡十八场（范例3）

一、禽场概述

山东益生种畜禽股份有限公司是我国饲养祖代肉种鸡规模最大、品种最全的企业，2015 年，进口祖代肉种鸡 30 万套，市场占有率达 41.2％；进口伊莎祖代蛋种鸡 5 万套，引进数量占全国的 78％；祖代肉种鸡、蛋种鸡引种量已连续 9 年位居全国前列。父母代肉种鸡饲养量达 250 万套，年销售商品鸡 2 亿只。现拥有 52 个直属场，其中包括祖代肉种鸡场 21 个、祖代蛋种鸡场 7 个、父母代肉种鸡场 16 个、孵化场 4 个、饲料厂 3 个、有机肥厂 1 个等。山东益生种畜禽股份有限公司的祖代肉种鸡十八场，是国家肉鸡良种推广扩繁基地。2018 年成为"规模化养殖场主要动物疫病净化和无害化排放技术集成与示范"项目禽白血病净化示范场。

养殖场位于栖霞市官道镇南 4km 处，远离公路干道周边环境较好具有良好的饲养条件。周边 3km 以内无其他养殖场、交易市场或屠宰场，详见图 8-9。该场饲养源自美国的祖代 ROSS 肉种鸡，承载量为 32 000 套。年生产父母代种鸡 150 万套，年产鉴别商品雏 160 万只。采用多场饲养方式，产区内只限饲养开产种鸡，育雏与育成设在另一场区，孵化设在集团孵化中心。

图 8-9 公司祖代鸡舍分布图

疫病净化团队 20 人，以隶属于集团的山东益生畜禽疾病研究院（以下简称研究院）为依托，负责相关样品的检测、数据分析，提供分析评估报告，以及根据检测数据提出具体净化措施。

设备设施：鸡场的舍间距在 20m 以上，布局见图 8-10。实行封闭式管理，除假期外，其余时间严禁工作人员进出，在疫病感染压力大季节，实行封场制度。全封闭鸡舍，自动化的饮水、喂料、光照、通风、清粪设施。进场人员必须强制淋浴消毒，进场车辆也要在入口消毒池经浸泡轮胎和对车体消毒。

饲养模式：公司单个场区实行全进全出的饲养制度。饲养模式包括笼养和平养，祖代鸡群平养育雏、育成，产蛋期笼养。每批 60 周龄淘汰，鸡舍空舍消毒期每年约为 2 个月。

投入品控制：饲料厂加工饲料全部经过高温短时处理。为了种鸡群的饮水干净、清洁、卫生，一直在饮水中加入二氧化氯进行消毒，并定期监测余氯含量和对水线进行清洗消毒。

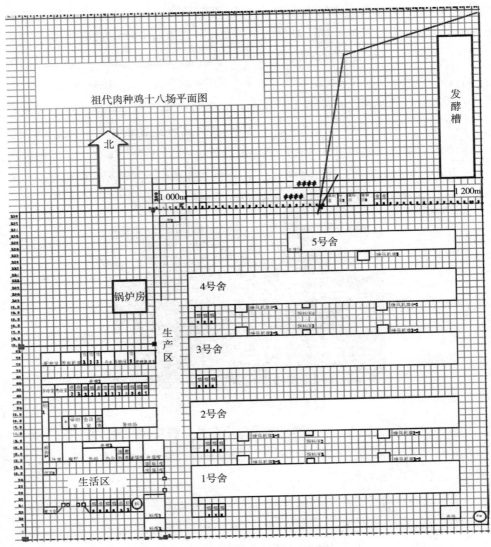

图 8-10 种鸡场布局示意图

二、禽白血病净化

（一）总体净化思路

1. 严把源头关 引入祖代净化鸡群，并对净化鸡群进行复检，确保源头无禽白血病。

2. 构建有效生物安全体系 做好生物安全，构建日常监控体系。

（二）净化方案

1. 引进祖代雏鸡　按 0.5％～1％的比例抽检，以颈静脉采血方式采集样品，以抗体检测为主，重点检测 A/B、J 亚群抗体。ELISA 检测结果为阳性的，用 IFA 方法进行进一步确认。先在隔离场进行饲养，阴性方能进场。每年抽 1～2 批送山东农业大学隔离器进行隔离饲养 1 个月，并在饲养过程中进行 2～3 次监测。

2. 祖代种鸡

13 周龄按 1％的比例抽血，检测 A/B、J 亚群抗体。阳性结果用 IFA 方法进行确认。

16 周龄同 13 周龄。

20～26 周龄按 1％的比例抽检，对所有被检测的鸡进行脚标编号，采集鸡血清、初产种蛋 2 枚（公鸡采集泄殖腔棉拭子），血清、种蛋（公鸡采集泄殖腔棉拭子）和鸡编号一一对应，蛋清和拭子进行 p27 检测；血清检测 A/B、J 亚群抗体。p27 阳性样品用 DF-1 细胞进行病毒的分离复核检测，血清阳性样品用 IFA 方法进行复核检测，检测为阴性或经复核检测为阴性的群，后期按照监测程序进行监测。确认有阳性鸡的鸡群，启动全群净化处理，每只鸡标号检测，采集 2 枚种蛋检测 p27 抗原，阳性个体淘汰处理。同时检测母鸡最初产出所有雏鸡的胎粪，淘汰阳性母鸡及其后代雏鸡。

40～43 周龄抽 0.5％～1％进行抗体监测。若 26 周龄 IFA 或病毒分离确认存在白血病阳性个体的鸡群，40 周龄时用白血病 p27 抗原检测试剂盒检测全群每只母鸡种蛋 2 枚，淘汰阳性母鸡。

52 周龄进行抽检，抽检比例 0.5％～1％。

父母代、商品代未纳入程序化监测。

（三）净化经验与关键技术

1. 分工明确　由分管生产负责人直接进行管理，将工作进行分工，其中研究院完成疫病净化的方案及检测工作，并对检测的结果出具检测分析报告，对疫病净化的整体进度进行汇报；种禽生产部负责执行，完成各采样工作，在启动大样本检测时提供人员，协助研究院完成部分检测工作；技术服务部负责完成市场信息的收集，在每月多部门联合召开的质量分析会中汇报公司产品质量的反馈情况，特别是在垂直传播性疾病方面，进行重点收集；孵化部负责雏鸡的送检工作，在研究院人员的协助下完成雏鸡泄殖腔的采样，并根据技术服务部提供的反馈情况，查找种鸡批次，对于疑似有问题批次，及时通报研究院，启动种源的全面检测工作。

2. 把好种源关　作为一个直接引种的生产企业，引入净化种源是维持净化水平的关键，需对引进的净化种雏进行抽检复查。

3. 强化疫苗外源性污染的检测　每批次疫苗用前通过斑点杂交等方法进行自检或委托山东农业大学等单位进行检验。

4. 重视有关商品鸡养殖场意见的收集　根据客户反映，有情况及时追溯检测有关种源。

（四）投入成本分析与成效

1. 投入成本　当前禽白血病投入维护费用每只鸡约为 30 元。

2. 净化进度　由于白羽肉鸡种源均从国外引进，主要是维持净化水平的过程（表 8-8）。

表 8-8　净化工作进度表

年份	所处阶段	净化措施	进展状况
2012	全面监测	选择 1 批鸡全群检测，其他批次抽检	阴性
2012—2016	维持	净化方案，抽检	阴性
2016	维持	净化方案，新引进的曾祖代全群检测	阴性
2016	维持	净化方案	通过净化验收

3. 净化效果　通过多年的监测控制，公司禽白血病保持阴性状态，同时保持了优良生产性能（图 8-11、图 8-12）。

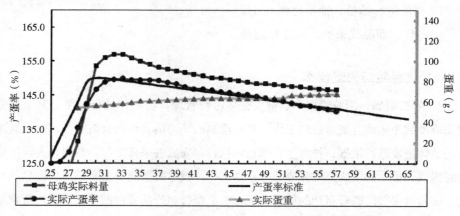

图 8-11　AA＋母系产蛋期产蛋率和蛋重曲线（A 群）

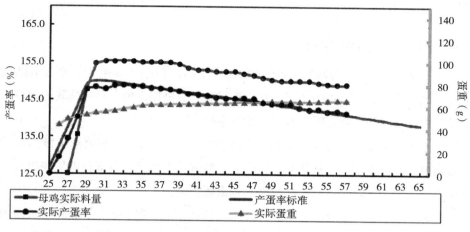

图 8-12　AA＋母系产蛋期产蛋率和蛋重曲线（B群）

三、鸡白痢净化方案

（一）总体维持净化思路

严把环境控制、投入品检测关、现场检验净化效果。

（二）净化方案

1. 引进祖代雏鸡　按 0.5%～1% 的比例抽检血清，进行平板凝集试验（采样与禽白血病合并）。

2. 祖代种鸡　定期采集病死鸡卵巢和肝组织进行细菌分离。①开产检测：公鸡 100% 检测，母鸡抽检（抽检比例 1%，采血清进行平板凝集试验）。②开产后检测：开产后，每月 4 次采集雏鸡和死胚蛋的卵黄囊进行沙门氏菌检测，每次 30 份。方法参照标准 SN/T 1222—2012《禽伤寒和鸡白痢检疫技术规范》。③白痢平板凝集阳性鸡，采其拭子进行细菌分离，强阳性解剖取肝和卵巢进行细菌分离，同时从该批鸡的种蛋、死胚、雏鸡进行细菌分离。实验室确认为阳性的鸡群，启动全群检测，淘汰阳性鸡。④经细菌分离确认为阳性的鸡群，完成第 1 次检测后，以后每隔 1 个月进行 1 次全群检测，连续 2 次检测均为阴性为止，最后 2 次检测间隔不少于 21d。⑤阴性鸡群的检测：按 1% 的比例，2～3 周进行一次采血，平板凝集试验检测抗体。⑥在 26 周龄、34 周龄、50 周龄、64 周龄，对日常死亡鸡进行细菌分离检测。⑦每月对雏鸡、死胚蛋进行 6 次沙门氏菌分离，每次 30 只（枚）。

（三）净化经验与关键技术

1. 使用微生态制剂保健　雏鸡开口期，使用以乳酸链球菌为主要成分的微生态制剂，减少开口药物的使用，有利于有益菌的早期定殖，促进鸡肠道健康以及肠道免疫系统的发育，阻断沙门氏菌的定殖。

2. 使用酸化剂抑制饮水、饲料中细菌生长　有机酸可以有效减少沙门氏菌的感染率。饲料中可添加酸化剂，主要是丁酸钠、吉可杀（由多种有机酸组成），经 4 年的实践，发现对沙门氏菌控制起到重要作用。

3. 肠炎沙门氏菌菌苗的使用　肠炎沙门氏菌菌苗对防控鸡白痢沙门氏菌的感染提供交叉保护作用，同时能降低因肠炎沙门氏菌感染而造成鸡白痢抗体假阳性的概率，也能防止肠炎沙门氏菌感染对食品安全造成的不利影响。

4. 药物使用　在开产前及 35 周龄用氟苯尼考进行 2 次投药，疗程 5d。同时药物的使用防止了大肠杆菌、葡萄球菌、微球菌等所携带的与沙门氏菌交叉抗原成分引起的平板凝集试验假阳性。

5. 灭鼠杀虫　灭鼠杀虫是防治沙门氏菌的重要环节。

6. 做好饲料等投入品处理　种鸡群饲料中取消鱼粉的使用，同时饲料经过高温制粒破碎，罐车运输后直接加入场区料仓，平养进入自动加料料线，笼养称重后加入料槽饲喂。设有封闭的输料系统，可有效规避饲料运输中的污染。

（本节相关资料由山东益生种畜禽股份有限公司提供）

第四节　广东省佛山市高明区新广农牧
有限公司育种场（范例 4）

一、禽场概述

广东省佛山市高明区新广农牧有限公司是国家肉鸡核心育种场、"规模化养殖场主要动物疫病净化和无害化排放技术集成与示范"项目禽白血病净化示范场、广东省原种鸡场。始创于1993年，是一家专业繁育和生产肉用种苗及商品肉鸡苗的大型现代化养鸡企业，下设1个育种中心、2个祖代场、3个父母代场，见图8-13。育种中心共有25个品系鸡（纯系）存栏3.5万多套，可年产祖代种鸡36万多套；祖代种鸡场存栏种鸡23万多套，可年产父母代种鸡600万套；父母代种鸡场存栏80多万套，可年产商品代鸡苗8 000多万只。

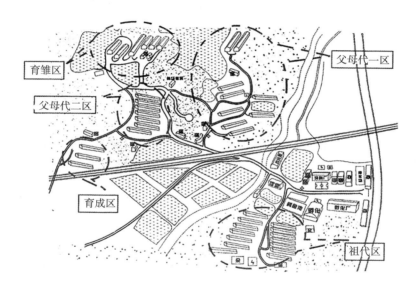

图8-13　祖代及父母代鸡舍分布示意图

公司建有种鸡舍37 480m²，育雏舍1 760m²，育成舍面积11 860m²，孵化室面积4 800m²，辅助建筑面积8 410m²，兽医实验室面积180m²。

其中育种中心场区位置相对独立，与父母代场相距5km，依山缓坡而建，与主要交通干道、生活区等有水塘隔离。见图8-14。

鸡舍均为全封闭式，自动光照、通风，水帘降温，三层笼养，自动刮粪。育种中心现有纯系25个，存栏11万只。有新广节粮型快大黄鸡K996、新广节粮型快大铁脚麻鸡、中速型麻黄鸡等品种。常用纯系10个，每系存栏1 500～2 000只，继代留种量8 000～12 000只。

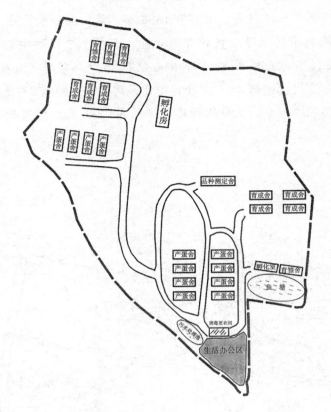

图 8-14 育种中心场地分布图

二、禽白血病净化

(一) 总体净化思路

1. 目标 以彻底根除为目标。公司认为一开始就应制定净化目标，而不是仅以降低阳性率或控制发病率为目标，将会大大缩短净化进程，总投入成本小。

2. 效益驱动力 降低成年鸡肿瘤和死亡，提升产蛋率；提升肉鸡体重、均匀度，改善肉料比；提升企业形象信誉。

3. 净化影响因素分析 ①控制传染源，包括发病鸡、带毒鸡及污染的种蛋、精液、疫苗等。②切断传播途径，水平传播（绒毛、粪便、注射针头、疫苗等），垂直传播。③保护易感动物，提高免疫力，减少鸡群应激。

（二）净化方案

1. 本底背景调查　2008 年开始本病的净化工作，对各纯系进行摸底调查，当时通用的做法是采集泄殖腔拭子样品进行 p27 抗原 ELISA 检测，结果阳性率相对较高，高的纯系可达 20%～30%（因泄殖腔拭子样品有较多假阳性，且不能排除内源性病毒。若采用蛋清或血浆病毒分离方法，背景阳性率一般低于10%）。根据背景阳性率确定留种数及监测量。

2. 初期禽白血病净化方案

1 日龄逐一胎粪检测。

7～8 周龄选种后泄殖腔拭子抽检。

24 周龄逐一检测禽白血病 A/B 亚群和 J 亚群抗体。

23～25 周龄初产蛋蛋清逐只检测 3 枚。

31～35 周龄（留种前 3～4 周）逐一分离病毒。

留种前做留种鸡蛋清检测（每 10d 做 1 次蛋清检测，共 3 次）。

留种。

按以上方案 2～3 代，2011 年泄殖腔拭子阳性率下降到 0.8%，取得很好的净化效果。

3. 禽白血病净化方案的改进　随着净化工作的推进，阳性率的下降，以及净化技术的发展，对净化方案做出调整。从 2015 年开始取消除胎粪外的泄殖腔拭子的 p27 检测（假阳性高，重复率仅为 85%）；人为提高标准（通常 ELISA阳性判定值为 >0.2，胎粪及蛋清阳性判定值为 >0.1）等。调整后的方案如下：

1 日龄逐一胎粪检测。

6～10 周龄逐一分离病毒。

23～25 周龄初产蛋蛋清逐只检测 3 枚，逐一分离病毒。

24～25 周龄禽白血病 A/B 亚群和 J 亚群抗体抽检。

31～35 周龄留种前逐一分离病毒。

35 周龄以后每 10d 逐一检测蛋清 1 次直至留种。

留种。

每只鸡检测费用 100～120 元。

4. 配套维护体系的建立与完善　①生物安全体系的建立为先导。为了开展禽白血病的净化工作，公司从修订人员、环境卫生管理制度入手，并进一步加强全封闭鸡舍等硬件设施的改造。②生产过程中的精细化管理是关键。购置小型孵化机,实现单纯系孵化;生产输精单只换吸嘴;免疫单只换针头。③升级实验室是保障。增加实验室面积,添置配备仪器与人员(现有实验室检测专职人员4名)。④加强组织机构建设是保证。成立以公司相关负责人为组长的净化领导小组,协调各方面工作。

(三)净化经验与关键技术

1. 检测环节 ①胎粪检测是建立阴性鸡群的第一步,蛋清检测应逐枚检测,防止漏检。②用敏感性高、稳定性强、重复性高的试剂盒。③保持室温恒定,试剂盒充分回温,严格按照说明书上的孵育时间和温度进行孵育,冬天建议放在恒温箱中孵育。加样时先将样品加入一次性的96孔板,再用排枪加样到反应板,以缩短加样时间。④胎粪用液氮冻融1次,蛋放置3~4d,取蛋清再冻融3次,有利于提高准确性。⑤病毒分离用血浆,以肝素为抗凝剂,24孔板进行培养。

2. 基础设施建设 为配合白血病的净化工作,在硬件方面做了以下改造。①育种场鸡舍的改造。改用全封闭式鸡舍;笼具改为单只饲养,增加可追溯性。②在育种场设立独立的孵化场。购置小型孵化机与出雏机,做到单品系入孵;定制专用出雏筐与纸袋,做到单家系出雏。③兽医检测室的扩建。增设标准细胞培养室,面积$40m^2$。超纯水仪、生物安全柜、显微镜、CO_2培养箱等,新增仪器费用100万元。④饲料厂的重建。改用颗粒料。⑤完善档案管理系统。

3. 组织与管理制度建设 ①优先保障所需资金。开展种鸡疫病净化工作是公司可持续发展的战略决策之一,领导层重视,在所需资金上优先保障安排,从未因缺少资金而中断净化工作的进行。②加强技术人员配套,生产技术部下设兽医实验室,负责公司种鸡生产的兽医方面具体工作,《种鸡疫病净化方案》由兽医实验室负责主持制定,经请上层主管审核批准并组织实行。配有大专以上学历技术操作员4人。③制定操作规范,实现标准化。先后制定了《蛋清、胎粪、血浆采样规程》《病毒分离规程》《ELISA检测规程》《单家系孵化规程》《人工授精规程》《疫苗免疫操作规程》《消毒规程》等相关操作规范。④强化生物安全措施的落实。完善环境卫生消毒和生物安全防疫制度或措施,由生产技术部负责贯彻监督执行,以确保落实到位。

4. 生产过程中的精细化管理 ①孵化除做到"单品系入孵、单家系出雏"外,另一项有效的措施是不进行雌雄鉴别,有效降低敏感期横向传播的概率。

②育雏育成阶段小笼饲养，产蛋阶段单笼饲养，尽早搬入产蛋舍，将阴性鸡群搬至干净的鸡舍。③加强饲养管理，提高免疫力，减少鸡群应激。④肠道保健。有机酸、益生菌的定期使用。⑤人工输精操作。对每只公鸡采精换手套或消毒，输精时 1 只鸡换 1 个吸嘴。⑥疫苗免疫时尽量减少活疫苗的使用（如鸡痘）。所有疫苗在使用前必须进行外源性病毒检测。免疫接种过程确保做到器械消毒、手部消毒，1 只鸡 1 个针头。

（四）投入成本分析与成效

1. 投入及成本核算　公司净化投入包括：①育种场鸡舍的改造费用约 600 万元。②独立孵化场的建设 40 万元与设备 20 万元。③增加人力资源成本 96 万元，含 1 位技术员及新增员工费用 81 万元/年。④淘汰鸡费用，平均每年 25 万元。⑤检测费用（200 万元/年，平均 120 元/只）。⑥实验室细胞培养改造费用 90 万元。⑦维护费用每年 300 万元。

2. 净化进度　从着手净化工作到通过考核验收，阶段性工作进程详见表 8-9。

表 8-9　净化工作进度表

年份	所处阶段	净化措施	进展状况
2008	本底调查	泄殖腔拭子检测	各纯系阳性率 20%～30%
2009—2011	净化	初始净化方案，进行 2～3 个代次净化	阳性率降到 12%，再降到 0.08%
2012—2014	维持阶段	净化方案同上	阳性率有所反复，但维持在 2.3% 以内的较低水平
2015—2016	持续改进阶段	改进方案，不检泄殖腔样品，降低阳性判定阈值	胎粪、蛋清、血浆阳性降为零
2016	净化维持	改进方案	通过验收

3. 净化效果　公司于 2015 年成为"规模化养殖场主要动物疫病净化和无害化排放技术集成与示范"项目第一批全国禽白血病净化项目创建场，2016 年通过省级验收成为广东省禽白血病净化场，2018 年成为"规模化养殖场主要动物疫病净化和无害化排放技术集成与示范"项目禽白血病净化示范场。

以 A 系为例，经 3 个世代，泄殖腔拭子阳性率由 29% 下降为 0.08%。随后有所反弹，改进净化方案和增加病毒分离方法后，2014 年泄殖腔拭子阳性率又降为 1.04%，蛋清阳性率 0.04%，病毒分离为阴性。2015—2016 年已连续 2 年蛋清和病毒分离为阴性（表 8-10、表 8-11）。

表8-10　A系禽白血病阳性率汇总（2008—2016）

时间	泄殖腔拭子	蛋清	病毒分离	胎粪
2008	29%	/	/	/
2009	12%	/	/	/
2010	12%	/	/	/
2011	0.80%	/	/	/
2012	1.40%	/	/	/
2013	2.30%	/	/	/
2014	1.04%	0.04%	0	0
2015	/	0	0	0.07%
2016		0	0	/

注："/"表示未开展。

表8-11　F系禽白血病阳性率汇总（2014—2016）

时间	泄殖腔拭子	蛋清	病毒分离	胎粪
2014	/	0.50%	1.20%	0.07%
2015	/	0.20%	0.41%	0
2016	/	0	0.84%	0

注："/"表示未开展。

三、鸡白痢净化方案

（一）总体思路

加强饲养管理，如保证饲料与饮水卫生，如育雏前期通过药物净化，做好肠道保健，并结合实验室检测。

（二）净化方案

种鸡在留种前通过全血平板凝集或血清凝集的方法检测淘汰所有阳性鸡。

（三）成效

2013年祖代场鸡白痢阳性率为0.1%；父母代场鸡白痢阳性率为0.43%。祖代场及父母代场鸡白痢检测结果均达到净化标准。其后维持这一水平。

（本节相关资料由广东省佛山市高明区新广农牧有限公司提供）

第五节　江苏兴牧农业科技有限公司花山育种场（范例5）

一、禽场概述

江苏兴牧农业科技有限公司是江苏立华牧业股份有限公司投资的以黄羽肉鸡育种为主的全资子公司，公司位于金坛茅山脚下，占地 20hm²。是集科研、生产于一体，以地方黄羽肉鸡良种培育、种鸡生产与销售为主导产业的高科技农业龙头企业，是江苏省畜牧生态健康养殖示范基地。有花山育种场、兴牧育种二场、祖代场、孵化场、试验场各 1 座，员工 130 名，其中技术人员 30 余人。公司主要开展雪山鸡系列的品种培育和扩繁研发和推广工作。公司自主培育的优质肉鸡——雪山鸡（配套系）于 2009 年通过国家级新品种审定。

养殖场周围无居民及生活饮用水源，有育雏舍 3 栋，育成舍 3 栋，产蛋舍10 栋（3.07 万个体笼位），配有家系孵化的小型孵化厂（10 台箱体孵化机和3 台出雏机），场区布局见图 8-15。目前存栏育种鸡 6.2 万只，年产祖代种鸡 50 万套。2018 年成为"规模化养殖场主要动物疫病净化和无害化排放技术集成与示范"项目禽白血病净化示范场。

疫病净化团队有专业的生产技术管理团队 55 人，包括遗传育种、生产管理、疾病净化与防控、饲料营养、市场研究等方面专业人员。2011 年组建了一支疾病净化（控制）专业队伍，并建立了禽白血病净化检测实验室、鸡白痢净化检测实验室，系统开展了适合于本场实际状况的净化技术体系的研发。

育雏舍为叠层式四层鸡笼、自动供水系统、人工喂料和清粪、自然通风与纵向通风相结合的通风方式、温度和光照自动控制系统。育成及产蛋舍为三层阶梯式鸡笼、输送带式自动清粪系统、半自动喂料系统、自动供水和光照控制系统、纵向通风控制系统、自动断电报警系统。设有完整的污水和病死鸡处理系统。

饲养模式为全程笼养，分 4 个阶段：育雏（1～7 周龄）、育成（8～17 周龄）、产蛋（18～60 周龄）。品种为雪山鸡，3 系配套，育种场共有 19 个纯品系。

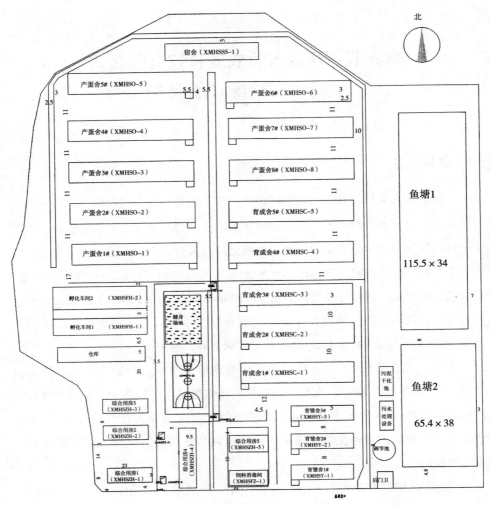

图 8-15　种鸡场布局示意图

二、禽白血病净化

（一）总体净化思路

构建阴性群，降低阳性率。做好生物安全，持续净化，进一步降低阳性率。

（二）净化方案

1. 本底背景调查　2011 年底启动禽白血病净化工作。对各纯系进行摸底调查，检测 12 周龄、14 周龄泄殖腔拭子 p27 抗原。净化前，背景阳性率较高，一般品系达 20%～40%，个别品系超过 60%。

2. 初期禽白血病净化方案 针对阳性率较高的情况，采用构建阴性核心群的净化流程（图 8-16）。花山育种场净化方案检测内容包括 0 日龄胎粪、12 周龄、开产前、纯繁前检测泄殖腔病毒和血浆病毒。实践表明，泄殖腔拭子阳性率在 50% 时，经过 1 个代次的净化，可降到 30% 左右，但稍有不慎可能出现反弹情况。泄殖腔拭子阳性率从 30% 降到 15%，其难度较大。需要增加检测次数、并对硬件进行改善，方有可能实现。

育成期（12 周龄）、产蛋前（20 周龄）、纯繁留种（40 周龄）3 个时间点全群的泄殖腔拭子和血浆 p27 抗原的检测，淘汰所有阳性鸡。12 周龄（育成）普检。结合育种鸡选育扩繁、饲养管理、病毒感染

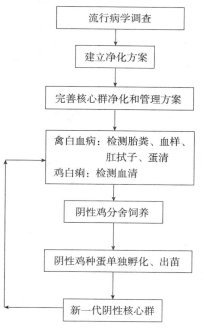

图 8-16 禽白血病净化流程示意图

和所选用的检测方法等特点，对每一只鸡采集泄殖腔棉拭子和血液样品。泄殖腔棉拭子样品：ELISA 方法检测 p27 抗原；血液样品：接种细胞分离病毒（检测工作委托扬州大学兽医学院），用 ELISA 试剂盒检测 p27 抗原。淘汰所有阳性鸡。

20 周龄（开产前）：普检。做法同 12 周龄。

23 周龄（开产）：抽检蛋清，每批种鸡抽样 184 份进行监测（结果用于对净化效果的评估，这一检测数量能满足阳性率低于 1% 时的检出率，可同时对 2 块 ELISA 板进行检测）。

40～45 周龄（留种前）：普检，方式同 12 周龄。

禽白血病净化配套的饲养管理和其他环节：禽白血病除了垂直传播，还能横向传播。特别是在育雏阶段一定要建立严格的隔离设施，后备种鸡单独育雏饲养，控制育雏饲养密度。加强种鸡马立克氏病疫苗等活毒疫苗的外源性病毒污染的检测，以避免活毒疫苗中禽白血病的污染。加强种鸡蛋的卫生消毒，以及单独

孵化和出雏。其他环节，包括种鸡生产（集蛋、孵化、育雏、育成、产蛋、人工授精）配套环节和生物安全措施的全面提升。

3. 2014 年改进方案   根据 2013 年禽白血病净化工作进展和技术评估结果，经过一个世代的净化，泄殖腔拭子阳性率降为 17%，制定 2014 的净化方案。主要增加 0 日龄胎粪检测环节。①0 日龄（胎粪）：对全同胞家系苗鸡逐只单独收集胎粪进行检测，只要有 1 只为阳性苗鸡，则淘汰整窝全同胞雏鸡，同时淘汰相应种鸡。②育成期（12 周龄）、产蛋前（20 周龄）、初产（23 周龄）、纯繁留种（40 周龄）4 个时间点的检测同 2013 年方案。③禽白血病净化配套的饲养管理和其他环节。对 0 日龄雏鸡，胎粪检测淘汰阳性鸡结束后，其余鸡进行性别鉴定、免疫注射等后续工作。其他同 2013 年方案。

4. 2015 年持续改进方案

（1）方案调整   在 2014 年的禽白血病净化工作进展和技术评估基础上，持续改进方案，制定 2015 年净化方案。主要在 4 方面做了调整：①将 p27 检测的 S/P 阈值标准从 0.2 下调为 0.13，从严淘汰，加大 AL 净化力度。②0 日龄胎粪中 ALV 检测方案调整，通过实验证实 2 只雏鸡的混样与单只雏鸡胎粪检出灵敏性一致，因此在胎粪检测环节调整为 2 只苗鸡胎粪合并检测，可以节省大量的人力财力。③加大初产蛋清检测。启动初生蛋（前 1～3 枚）收集和检测工作，同时增加纯繁前蛋清检测工作。④病毒分离工作自主化。兽医中心实验室建立规模化的细胞培养技术体系和种鸡血淋巴细胞禽白血病病毒分离培养和检测。具体方案如下：

0 日龄（胎粪）：2 只雏鸡胎粪混样，节省人力与财力。

12 周龄（育成）：普检，同 2013 年方案。

20 周龄（开产前）：普检。做法同 12 周龄。

22 周龄（开产）：普检初生蛋蛋清 1～3 枚，阳性淘汰。

24 周龄（开产后）：抽检蛋清 184 份进行监测。精液全检。

40～45 周龄（留种前）：普检，方式同 12 周龄。

（2）禽白血病净化配套的饲养管理和其他环节   进一步提升种鸡生产（包括集蛋、孵化、育雏、育成、产蛋、受人工授精）配套环节和生物安全措施。其他与 2014 年方案同。

（三）净化经验与关键技术

1. 净化早、中、后期，根据不同感染水平，及时优化不同阶段的净化技术体系。

2. 父系和母系的差异化策略：种公鸡的高频率监测和精液监测；种母鸡进行鸡泄殖腔排毒和血液病毒的检测等。

3. 净化鸡群种蛋在单独入孵，花山孵化场不得入孵非净化鸡群种蛋。

4. 不断提升自主检测能力。p27 的 ELISA 检测：2016 年平均每个月开展 4 万～5 万份样品的检测（含泄殖腔拭子、蛋清、精液、组织匀浆物等）；DF-1 细胞培养和 ALV 分离：平均每个月可开展 1 万～1.5 万份血浆样品的检测。

5. 整体净化策略的创新，上下游一体化净化。对于黄羽肉鸡育种企业，白血病净化工作若仅从核心群纯系开始，效果传递到祖代、父母代、商品代需 3～4 年的时间，原种、祖代、父母代上下游一体净化，将大大加快提升整体生产成绩。

6. 净化单元为"场"，全场各个纯系均要同步净化，不能仅仅是净化若干育种素材纯系。

7. 比较、引进并优化禽白血病国产诊断试剂，可将检测试剂成本降低约 70%。

8. 积极申请和开展结合生产实际的禽白血病净化科技项目研究，为净化方案优化提供基础，形成核心竞争力。

9. 引进硕士研究生以上层次的人才，作为公司开展净化工作的骨干，有利于保证白血病净化项目的质量。

（四）投入成本分析与成效

1. 投入成本　禽白血病投入维护费用为每只鸡约 70 元。

2. 净化进度　从着手净化工作到通过考核验收，阶段性工作进程详见表 8-12。

表 8-12　净化工作进度表

年份	所处阶段	净化措施	进展状况
2011	本底调查	泄殖腔拭子检测	一般品系达 20%～40%，个别品系超过 60%
2012—2013	净化	初始净化方案	阳性率降到 30%，易出现反复
2013—2014	改进	改进方案，增加 0 日龄胎粪检测	阳性率降到 17%（从 30% 到 15% 难度较大）

（续）

年份	所处阶段	净化措施	进展状况
2015	持续改进	持续改进方案。降低阳性判定阈值，加大初生蛋、血浆检测力度	阳性率为1.5%，血浆病毒接近0%
2016 年	净化维持	持续改进方案	通过创建场验收

3. 净化效果 ①通过2011～2015年的努力，净化前泄殖腔拭子病毒感染率为30%左右，经过检测淘汰环节结束后3周龄抽检泄殖腔拭子病毒感染率降为1.5%，血浆病毒接近0%。②生产性能得到明显的提升。父母代种鸡的四大指标的提升如下：a. 产蛋率高峰值上升11.54%（图8-17）；b. 产蛋高峰维持周数：延长约11.2周（78d）；c. 产蛋期死淘率下降约7.3%；d. 每只入舍种鸡产蛋数增加32枚。

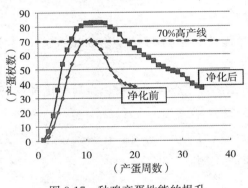

图8-17　种鸡产蛋性能的提升

三、鸡白痢净化

（一）总体净化思路

针对黄羽肉鸡鸡白痢的净化难度较高的现实情况，净化策略为与禽白血病净化和选种工作同步开展，同时加强环境控制、原料控制及生物安全水平的提升。

（二）净化方案

12周龄（育成）：普检，采样与禽白血病净化同，平板凝集试验检测血清，淘汰阳性鸡。

20 周龄（开产前）：普检。做法同 12 周龄。

40～45 周龄（留种前）：普检，做法同 12 周龄。

（本节相关资料由江苏兴牧农业科技有限公司提供）

（编者：卢受昇、黄秀英）

附　　录

种鸡场主要疫病净化现场审查评分表（试行）

类别	编号	具体内容及评分标准	关键项	分值	得分	扣分原因	合计
必备条件	Ⅰ	土地使用符合相关法律法规与区域内土地使用规划，场址选择符合《中华人民共和国畜牧法》和《中华人民共和国动物防疫法》有关规定	必备条件				
	Ⅱ	具有县级以上畜牧兽医主管部门备案登记证明，并按照农业农村部《畜禽标识和养殖档案管理办法》要求，建立养殖档案					
	Ⅲ	具有县级以上畜牧兽医主管部门颁发的《动物防疫条件合格证》，两年内无重大疫病和产品质量安全事件发生记录					
	Ⅳ	种畜禽养殖企业具有县级以上畜牧兽医主管部门颁发的《种畜禽生产经营许可证》					
	Ⅴ	有病死动物和粪污无害化处理设施设备，或有效措施					
	Ⅵ	祖代禽场种禽存栏2万套以上，父母代种禽场种禽存栏5万套以上（地方保种场除外）					
人员管理5分	1	有净化工作组织团队和明确的责任分工		1			
	2	全面负责疫病防治工作的技术负责人具有畜牧兽医相关专业本科以上学历或中级以上职称		0.5			
	3	全面负责疫病防治工作的技术负责人从事养禽业三年以上		1			
	4	建立了合理的员工培训制度和培训计划		0.5			
	5	有完整的员工培训考核记录		0.5			
	6	从业人员有健康证明		0.5			
	7	有1名以上本场专职兽医技术人员获得《执业兽医资格证书》		1			

（续）

类别	编号	具体内容及评分标准	关键项	分值	得分	扣分原因	合计
结构布局9分	8	场区位置独立，与主要交通干道、生活区、屠宰场、禽产品交易市场有效隔离		2			
	9	场区周围有有效防疫隔离带		0.5			
	10	养殖场防疫标志明显（有防疫警示标语、标牌）		0.5			
	11	办公区、生产区、生活区、粪污处理区和无害化处理区完全分开且相距50m以上		2			
	12	有独立的孵化室，且符合生物安全要求		2			
	13	净道与污道分开		2			
栏舍设置5分	14	鸡舍为全封闭式		2			
	15	鸡舍通风、换气和温控等设施运转良好		1			
	16	有饮水消毒设施及可控的自动加药系统		1			
	17	有自动清粪系统		1			
卫生环保7分	18	场区卫生状况良好，垃圾及时处理，无杂物堆放		1			
	19	能实现雨污分流		1			
	20	生产区具备有效的防鼠、防虫媒、防犬猫、防鸟进入的设施或措施		2			
	21	厂区内禁养其他动物，并有效防止其他动物进入的措施		1			
	22	粪便及时清理、转运，存放地点有防雨、防渗漏、防溢流措施		1			
	23	水质检测符合人畜饮水卫生标准		0.5			
	24	具有县级以上环保行政主管部门的环评验收报告或许可		0.5			
无害化处理9分	25	粪污无害化处理符合生物安全要求		1			
	26	病死鸡剖检场所符合生物安全要求		1			
	27	建立了病死鸡无害化处理制度		2			
	28	病死鸡无害化处理设施或措施运转有效并符合生物安全要求		2			
	29	有完整的病死鸡无害化处理记录并具有可追溯性		1			
	30	无害化处理记录保存3年以上		2			

（续）

类别	编号	具体内容及评分标准	关键项	分值	得分	扣分原因	合计
消毒管理12分	31	有完善的消毒管理制度		1			
	32	场区入口有有效的车辆消毒池和覆盖全车的消毒设施		1			
	33	场区入口有有效的人员消毒设施		1			
	34	有严格的车辆及人员出入场区消毒及管理制度		1			
	35	车辆及人员出入场区消毒管理制度执行良好并记录完整		1			
	36	生产区入口有有效的人员消毒、淋浴设施		1			
	37	有严格的人员进入生产区消毒及管理制度		1			
	38	人员进入生产区消毒及管理制度执行良好并记录完整		1			
	39	每栋鸡舍入口有消毒设施		1			
	40	人员进入鸡舍前消毒执行良好		1			
	41	栋舍、生产区内部有定期消毒措施且执行良好		1			
	42	有消毒液配制和管理制度		0.5			
	43	消毒液定期更换，配制及更换记录完整		0.5			
生产管理8分	44	采用按区或按栋全进全出饲养模式		2			
	45	制定了投入品（含饲料、药物、生物制品）使用管理制度，执行良好并记录完整		1			
	46	饲料、药物、疫苗等不同类型的投入品分类储藏，标识清晰		1			
	47	生产记录完整，有日产蛋、日死亡淘汰、日饲料消耗、饲料添加剂使用记录		1			
	48	种蛋孵化管理运行良好，记录完整		1			
	49	有健康巡查制度及记录		1			
	50	根据当年生产报表，育雏成活率95%（含）以上		0.5			
	51	根据当年生产报表，育成率95%（含）以上		0.5			

（续）

类别	编号	具体内容及评分标准	关键项	分值	得分	扣分原因	合计
防疫管理 9 分	52	卫生防疫制度健全，有传染病防控应急预案		1			
	53	有独立兽医室		0.5			
	54	兽医室具备正常开展临床诊疗和采样条件		0.5			
	55	兽医诊疗与用药记录完整		1			
	56	有完整的病死鸡剖检记录		1			
	57	所用活疫苗应有外源病毒的检测证明（自检或委托第三方）		2			
	58	有鸡群发病记录、阶段性疫病流行记录或定期（间隔＜3 个月）的鸡群健康状态分析总结		1			
	59	制定了科学合理的免疫程序，执行良好并记录完整		2			
种源管理 10 分	60	建立了科学合理的引种管理制度		1			
	61	引种管理制度执行良好并记录完整		1			
	62	引种来源于有《种畜禽生产经营许可证》的种禽场或符合相关规定国外进口的种禽或种蛋，否则不得分		1			
	63	引种禽苗/种蛋证件（动物检疫合格证明、种禽合格证、系谱证）齐全		1			
	64	有引进种禽/种蛋抽检检测报告结果：禽流感病原阴性	*	1			
	65	有引进种禽/种蛋抽检检测报告结果：新城疫病原阴性	*	1			
	66	有引进种禽/种蛋抽检检测报告结果：禽白血病病原阴性或感染抗体阴性	*	1			
	67	有引进种禽/种蛋抽检检测报告结果：鸡白痢病原阴性或感染抗体阴性	*	1			
	68	有近 3 年完整的种雏/种蛋销售记录		1			
	69	本场销售种禽/种蛋有疫病抽检记录，并附具《动物检疫证明》		1			

（续）

类别	编号	具体内容及评分标准	关键项	分值	得分	扣分原因	合计
监测净化18分	70	有禽流感年度（或更短周期）监测方案并切实可行		0.5			
	71	有新城疫年度（或更短周期）监测方案并切实可行		0.5			
	72	有禽白血病年度（或更短周期）监测方案并切实可行		0.5			
	73	有鸡白痢年度（或更短周期）监测方案并切实可行		0.5			
	74	育种核心群的检测记录能追溯到种鸡及后备鸡群的唯一性标识（如翅号、笼号、脚号等）	*	3			
	75	根据监测方案开展监测，且检测报告保存3年以上	*	3			
	76	开展过动物疫病净化工作，有禽流感/新城疫/禽白血病/鸡白痢净化方案	*	1			
	77	净化方案符合本场实际情况，切实可行	*	2			
	78	有3年以上的净化工作实施记录，保存3年以上	*	3			
	79	有定期净化效果评估和分析报告（生产性能、每个世代的发病率等）		2			
	80	实际检测数量与应检测数量基本一致，检测试剂购置数量或委托检测凭证与检测量相符		2			
场群健康8分		具有近一年内有资质的兽医实验室监督检验报告（每次抽检数不少于200羽份）并且结果符合：					
	81	禽流感净化示范场：符合净化评估标准；创建场及其他病种示范场：禽流感免疫抗体合格率≥90%	*	1/5#			
	82	新城疫净化示范场：符合申报病种净化评估标准；创建场及其他病种示范场：新城疫免疫抗体合格率≥90%	*	1/5#			
	83	禽白血病净化示范场：符合申报病种净化评估标准；创建场及其他病种示范场：禽白血病p27抗原阳性率≤10%	*	1/5#			
	84	鸡白痢净化示范场：符合申报病种净化评估标准；创建场及其他病种示范场：鸡白痢抗体阳性率≤10%	*	1/5#			
		总分		100			

注：1.创建场总分不低于80分，为现场评审通过；示范场总分不低于90分，且关键项（＊项）全部满分，为现场评审通过；2.#申报评估的病种该项分值为5分，其余病种为1分。